J. C. POGGENDORFF

BIOGRAPHISCH-LITERARISCHES HANDWÖRTERBUCH DER EXAKTEN NATURWISSENSCHAFTEN

Herausgegeben von der

Sächsischen Akademie der Wissenschaften zu Leipzig

Band VIIb • Teil 6

5. Lieferung

Leitung der Redaktion

DR. LEBRECHT WEICHSEL

AKADEMIE-VERLAG · BERLIN

1980

Dieser Lieferung liegt das Titelblatt für den Teil 6: N-Q
sowie ein Nachruf auf den ehemaligen Herausgeber Prof. H. Salie bei

Redaktionsschluß: 31. 3. 78
Erschienen im Akademie-Verlag, DDR-1080 Berlin, Leipziger Straße 3–4

Lizenznummer: 202 · 100/403/80
Gesamtherstellung: VEB Druckerei „Thomas Müntzer", 5820 Bad Langensalza
Bestellnummer: 762 757 2 (3050/VI/5) · LSV 1007
Printed in GDR
DDR 24,– M

J. C. POGGENDORFF

Biographisch-literarisches Handwörterbuch
der exakten Naturwissenschaften

J. C. POGGENDORFF

BIOGRAPHISCH-LITERARISCHES HANDWÖRTERBUCH DER EXAKTEN NATURWISSENSCHAFTEN

Herausgegeben von der
Sächsischen Akademie der Wissenschaften zu Leipzig

Band VII b · Teil 6: N–Q

Berichtsjahre 1932 bis 1962

Leitung der Redaktion

DR. LEBRECHT WEICHSEL

AKADEMIE-VERLAG · BERLIN

1980

Erschienen im Akademie-Verlag, DDR-108 Berlin, Leipziger Straße 3–4

Lizenznummer: 202 · 100/411/80
Gesamtherstellung: VEB Druckerei „Thomas Müntzer", 5820 Bad Langensalza
Bestellnummer: 762 7919 (3050/VI) · LSV 1007
Printed in GDR

NACHRUF

Am 1. August 1978 verstarb im 77. Lebensjahr nach längerer Krankheit Prof. Dr. HANS SALIÉ, emeritierter Professor der Mathematik der Karl-Marx-Universität Leipzig und langjähriger Leiter der Poggendorff-Redaktion der Sächsischen Akademie der Wissenschaften zu Leipzig.

Prof. Salié hat zusammen mit Prof. Dr. Rudolph Zaunick im Jahre 1949 im Auftrag der Sächsischen Akademie der Wissenschaften die Poggendorff-Redaktion neu begründet und die Bearbeitung des Bandes VII in Angriff genommen. Von 1956 bis 1975 stand die Redaktion des Bandes VIIa und anschließend des Bandes VIIb unter seiner Leitung. Es ist vor allem Prof. Salié, seiner Sachkenntnis und seinem unermüdlichen Einsatz für das Werk zu danken, daß die Lieferungen des Bandes VII zügig erscheinen konnten. Dies wurde dadurch möglich, daß Prof. Salié es verstanden hat, die Redaktionsarbeit rationell zu organisieren und den Mitarbeitern die besonders gearteten redaktionellen Aufgaben so nahezubringen, daß sie innerhalb kurzer Zeit selbständig ihren Aufgabenbereich mit Interesse und Einsatzfreude meisterten. Aus den Vorworten zu den Bänden VIIa und VIIb ist zu entnehmen, welche Probleme und Schwierigkeiten bei der Bearbeitung zu bewältigen waren.

Auf der öffentlichen Festsitzung der Sächsischen Akademie der Wissenschaften anläßlich des 25jährigen Bestehens der Deutschen Demokratischen Republik im Jahre 1974 gab Prof. Salié einen Bericht über den „Poggendorff, ein Standardwerk zur Geschichte der Naturwissenschaften", seine Geschichte, seine inhaltliche Gestaltung, den jetzigen Stand und die geplante Fortsetzung des Werkes. Dieser Vortrag ist in der Akademieschrift „Im Dienste produktiven Schaffens" (Akademie-Verlag Berlin 1977) erschienen. Auf der gleichen Festsitzung wurde Prof. Salié in Wurdigung seiner hervorragenden Verdienste um die planmäßige Weiterführung des Handbuches mit der Drobisch-Medaille der Sächsischen Akademie der Wissenschaften ausgezeichnet.

Nachdem Prof. Salié 1975 aus Alters- und Gesundheitsrücksichten die Leitung der Redaktion niedergelegt hatte, arbeitete er weiter an der Vorbereitung des Mathematiker-Teils der geplanten Neuausgabe des „Poggendorff". Das umfangreiche Material, das erhier für hinterließ, bietet eine wertvolle Basis für die redaktionelle Bearbeitung dieses Mathematiker-Bandes, die im Jahre 1978 begonnen wurde.

Die Mitarbeiter der Poggendorff-Redaktion, die Prof. Salié dankbar ein ehrendes Andenken bewahren, können auf der Grundlage seiner vorbildlichen Leitungstätigkeit das Werk in seinem Sinne fortsetzen.

LEBRECHT WEICHSEL

sull'Etna dal 1934 al 1936: (2) **2** ('37) 195–200. — L'Istituto vulcanologico, l'Osservatorio etneo e l'attività scientifica del personale: 201–04. — Riassunto delle principali osservazioni e ricerche fatte sull'Etna: **9** ('49) 65–80.

Relazioni, Soc. ital. Progr. Sci. Nuovo metodo per la raccolta delle sostanze che esalano durante la rifusione delle rocce eruttive: **42.** 1949, 1 ('51) 493f.

Revue Géogr. physique et Géol. dynam. L'Etna: **9** ('36) Nr. 1, 107–16.

Universo [Firenze] Sulla nota di G. Imbò: Fumarole vulcaniche e vapore acqueo: **13** ('32) zwischen S. 103 u. 106. — L'eruzione etnea del febbraio 1947 e le vicende dell'Istituto vulcanologico dell'Università di Catania: **27** ('47) 659–67.

Mit: [1]) P. Caloi; [2]) S. Cucuzza-Silvestri; [3]) A. Lo Surdo.

VI **PONTE,** Maurice Jules Henry. Physik (Elektrotechn.). — 1929– Collaborateur sci., plus tard Administrateur techn., '51– Prés.-Dir. gén., Compagnie gén. de Télégraphie sans Fil; '30– Dir., Soc. Franç. Radioélectrique; '48– Prés., Soc. Franç. des Electriciens; '49– Prés., Soc. des Radioélectriciens; '54– Vice-Pres., Inst. of Radio Engrs. (USA); '68– Dir., Agence Nation. de Valorisat. de la Recherche; Administrateur d'autres sociétés industrielles. — '56 Prix Hughes (Acad. Sci. Paris); Médaille Blondel; Commandeur de la Légion d'Honneur; Grand Officier de l' Ordre Nation. du Mérite; Commandeur de l'Educat. Nation. (⊠)

*1902, Apr. 5, Voiron, Isère.

Zur Biogr. Proc. IRE **42** ('54) 384 (m. Bildn.).

Zur Bibliogr. Notice sur les travaux scientifiques (Paris '54) 23 S.; ('58) 23 S.; ('60) 24 S.; ('62) 27 S.

HZ. (Dir.) Annales Radioélectr. **1** ('45)ff. — (Dir.) Téloude **1** ('53)ff.

MHZ. Atomes et Radiat. **1** ('46/47).

S. C. R. Congrès international d'électricité, Paris 1932 (Paris '33): Rapport sur les diffractions des ondes associées et leur applications (15 S.). — "Giornata della scienza". IV^a Sessione indetta dal C.N.R. in occasione della 32^a Fiera di Milano. Convegno di elettrotecnica e televisione, Milano 1954 (Roma '55): Les apports nouveaux de l'électronique à la mesure, dans la science et dans l'industrie. — Atti ufficiali del IV° Convegno internazionale delle communicazioni, Genova 1956 (Genova '57): Les limites de la transmission de l'information par les télécommunications et leurs conséquences.

W. Etude physique et construction des tubes électroniques, 1: Etude physique (Paris '52) 177 S. (Société Française des Electriciens. Ecole Supérieure d'Electricité, Section de radioélectricité). — L'électronique (m. P. Braillard) (Paris '59) 192 S., ('64) 192 S. (Le rayon de la science, 1). — L'informatique (m. P. Braillard) (Paris '69) 192 S. (m. Bildn.)(~ 31). — L'âge de l'électronique, conférence faite par Maurice Ponte, Paris 1965 (Paris '–) 34 S. (Les conférences des ambassadeurs, Nouvelle série, 19).

Bull. Soc. franç. Electriciens Détection d'obstacles à la navigation sans visibilité[1])[2]): (5) **9** ('39) 345–53.

C. R. hebd. Séances Acad. Sci., Paris Camille Gutton†: **257** ('63) 2584–88.

J. Physique et Radium Sur l'emploi des champs magnétiques pour la production des ondes très courtes. Emetteurs à magnétrons: (7) **3** ('32) 183Sf.

Nature [Paris] Lampes d'émission modernes: **62** ('34) 210–13. — Production des ondes ultra-courtes par les magnétrons: 219–23.

Notices et Discours, Acad. Sci., Paris Inauguration d'une rue portant le nom de Robert Esnault-Pelterie. Discours: **5.**1963/72 ('72) 397–400. — Cérémonie commémorative du centenaire de la dynamo-Gramme de Zénobe Gramme, 1826–1901. Discours: 538–44. — Inauguration d'une plaque apposée sur la maison où mourut Eugène Ducretet, rue Pierre-et-Marie-Curie à Paris. Discours: 636–40.

Onde électr. Sur l'emploi des champs magnétiques pour la production des ondes très courtes. Emetteurs à magnétrons: **13** ('34) 15 S. — L'Union Radioscientifique Internationale: **47** ('67) 1171f.

Revue gén. Electr. Une application caractéristique de la recherche scientifique au XIXe siècle: Faraday et l'induction: **77** ('68) 679–86 [m. engl., deutscher u. span. Zusammenfassg.].

Vide [Paris] Le vide dans les sciences: **17** ('62) 283f.

Mit: [1]) H. G. Elie; [2]) Hugon.

IV–VI **PONZIO,** Giacomo. Chem. — 1916–40 Prof. ord., '16–42 Dir. dell'Ist. di Chim. generale, '40– Prof. incar. (emer.), Univ. di Torino.

*1870, Juli 20, Torino;

†1945, März 30, Torino.

Nekr. A. G. Nasini, Chimica e Industria **27** ('45) 178 (m. Bildn.).

W. Compendio del corso di chimica generale ed inorganica (Torino '34) 615 S. — Lezioni di chimica organica, 1934/35 (Torino

'35) 351 S. — Lezioni di chimica inorganica e di chimica generale (Torino '35) 648 S. — Chimica organica, [Lezioni] 1936/37 (Torino '36) 496 S. — Chimica inorganica (Torino '37) 7+312 S.; [2]('41) 339 S.; [3]('43) 8+339 S. – Preparazioni ed esperienze di chimica inorganica (Torino '37) 410 S. — Chimica organica (Torino '38) 8+315 S.; [2]('42) 8+435 S. — Preparazioni e reazioni di chimica inorganica (Torino '40) 296 S.; [2]('45) 4+356 S.

Gazz. chim. ital. Ricerche sulle diossime, 83: **62** ('32) 127–31; ~87: 415–23; ~ 88: 424–27; ~ 91: 633–39; ~ 93: 854–59; ~ 94: 860–68; ~ 97: 1025–34; ~ 99: **63** ('33) 159–71; ~ 100: 730–43; ~ 104[1]): **64** ('34) 861–68; ~ 109: **66** ('36) 114–19; ~ 110: 119–26; ~ 111: Ossido del nitrile dell'acido fenilossiminoacetico: 127–34; ~ 112: Benzoilderivato dell'ossido del nitrile dell'acido fenilossiminoacetico: 134–39; ~ 115: 475–79; ~ 116: 479–86; ~ 119[2]): 812–15; ~ 121: 819–26; ~ 123 [3]): **67** ('37) 518–26; ~ 125: **71** ('41) 693–95. — Sulla reazione fra i sali di diazonio ed il trinitrometano: **63** ('33) 471–78.

Mit: [1]) F. Biglietti; [2]) M. Fornaseri; [3]) G. Tappi.

VI **POOLE,** Edgar Girard Croker. Math., Mech. — 1920–40 Fellow, '30–35 Lecturer, New College, Univ. of Oxford.
*1891, Juni 6, Limerick, Irland;
†1940, Juni 28.

Nekr. T. Chaundy, J. London math. Soc. **16** ('41) 125–30 (m. Schr.verz.). — Nature [London] **146** ('40) 88.

MHZ. Quarterly J. Math., Oxford Ser. **1** ('30) – **11** ('40).

W. Introduction to the theory of linear differential equations (Oxford '36) 8+202 S.; (New York '60) 202 S.

J. London math. Soc. Elementary evaluation of an integral: **7** ('32) 140.

Proc. Cambridge philos. Soc. The theory of the single-pass cross-flow heat interchanger[1]): **33** ('37) 403–11.

Proc. London math. Soc. Spherical harmonics having polyhedral symmetry: (2) **33** ('31/32) 435–56. — On regular logarithmic solutions of linear differential equations: **37** ('34) 209–20. — The dual integral representations of Kummer's series ${}_1F_1(a;c;x)$: **38** ('34/35) 542–52.

Quarterly J. Math., Oxford Ser. On calculations of polyhedral mean values: **3** ('32) 183–88. — The formal reduction of systems of linear differential equations: **4** ('33) 107–12. — Bessel functions as limits of Legendre functions: **5** ('34) 186–94. — On associated hypergeometric series: **6** ('35) 214–16. — A transformation of Eulerian hypergeometric integrals: **9** ('38) 230–33.

Mit: [1]) A. M. Binnie.

VI **POOLE,** Horace Hewitt. Physik. — 1921–62 Chief sci. Officer, '29–62 Registrar, Roy. Dublin Soc. — '36 Boyle Medal (Roy. Dublin Soc.).
*1885, März 15, Dublin;
†1962, Jan., Dublin.

S. Proc. 5th Pacific science congress, Canada 1933 (Toronto, Can. '34) 2129–39: Photoelectric measurement of submarine illumination: an outline of the methods and their results[2]).

Göteborgs kungl. Vet.- och Vitterhets-Samhälles Handl. Measurements of submarine daylight[5]): **5** ('37) Nr. 5, 32 S.

J. Cons. perm. int. Explorat. Mer Measurement of submarine daylight[4])[5])[6])[1])[2]): **13** ('38) 37–57. — Cube photometer measurements of the angular distribution of submarine daylight and the total submarine illumination[2]): **23** ('58) 327–36.

J. Marine biol. Assoc. United Kingdom Use of cuprous oxide and other rectifier photo cells in submarine photometry[2]): **19** ('33/34) 67–72. — The use of a selenium rectifier photoelectric cell for submarine photometry[2]): 727–36. — A cubical photometer for studying the angular distribution of submarine daylight[2]): **24** ('40) 271–78. — A balance-by-depth method for the photoelectric measurement of the vertical extinction coefficient of water[2])[7]): **28** ('49) 751–55.

Nature [London] Reversal of the current from a cuprous oxide photo cell in red light[2]): **131** ('33) 133. — Reversal of current in rectifier photo cells[2]): 547f. — Measurement of the current generated by a rectifier photoelectric cell[2]): **134** ('34) 810f. — Measurement of submarine daylight: **140** ('37) 50–52. — W. E. Thrift†: **149** ('42) 726. — Illumination and visual range under water: **150** ('42) 337–39. — Fatigue in selenium rectifier cells: **154** ('44) 274. — Uses of the globe photometer[2]): **175** ('55) 1003.

Philosophical Trans. roy. Soc. London, Ser. A Standardization of photoelectric cells for the measurement of visible light[2]): **235** ('35) 1–27.

Philosophical Trans. roy. Soc. London, Ser. B The photoelectric measurement of the penetration of light of various wave-lengths into the sea and the physiological bearing of the results[2]): **222** ('33) 129–64.

Proc. roy. Soc. London, Ser. A The photoelectric measurement of the diurnal variations in daylight in temperate and tropical regions[2])[3]): **160** ('37) 526–39.

Proc. roy. Soc. London, Ser. B Photoelectric measurements of the luminous efficiency of daylight[2]): **121** ('36/37) 1–17. — The penetration into the sea of light of various wavelengths as measured by emission or rectifier photoelectric cells[2]): **123** ('37) 151–65. — An experimental study of the scattering of light by natural waters[2]): **140** ('52/53) 321–38.

Scientific Proc. roy. Dublin Soc. Experiments on the suitability of some rectifier photo cells for the measurement of daylight[2]): (N.S.) **20** ('33) 537–46. — Some measurements of the brightness of various parts of the sky by means of a rectifier photoelectric cell[2]): **21** ('34/38) 1–8. — The measurement of the current generated by rectifier photo cells[2]): 133–39. — The standardization of photoelectric cells for the measurement of energy[2]): 363–79. — The effect of wave-length on the relation between the intensity of illumination and the current in selenium rectifier photo cells[2]): **22** ('41) 393–98. — The angular scattering of blue, green, and red light by sea water[2]): **26** ('54) 313–23.

Mit: [1]) A. Ångström; [2]) W. R. G. Atkins; [3]) N. G. Ball; [4]) G. L. Clarke; [5]) H. Pettersson; [6]) C. L. Utterback; [7]) F. J. Warren.

VI **POOLE,** John Hewitt Jellett. Geophysik. — 1929– Lecturer Physics, '34–76 Prof. Geophys., Univ. of Dublin. — '47 Boyle Medal (Royal Dublin Soc.).

*1893, März 19, Dublin;

†1976, Okt.

S. J.D.H.Wiseman, Basalts from theCarlsberg Ridge, Indian Ocean (London '37) (The John Murray Expedition 1933/34, Scientific reports, 3,1,1) Anhang: The radium content of some sub-oceanic basalts from the floor of the Indian Ocean (2 S.).

J. sci. Instruments Sensitive relay operated by fluid flow[5]): **20** ('43) 49f.

Nature [London] Radioactivity of samarium and the formation of hibernium halos: **131** ('33) 654f. — J. Joly†[4]): **133** ('34) 90–92. — R. J. Moss†: 440. — Thermal history of the earth: 574f. — Investigation of the radioactivity of rocks by the photographic method[1]): **161** ('48) 884f. — Relative abundances of potassium and argon in the earth's surface materials: **162** ('48) 775f. — Investigation of the distribution of the radioactive elements in rocks by the photographic method[1]): **163** ('49) 130f. — Origin of atmospheric argon and the radioactive decay constants of potassium-40[3]): **167** ('51) 680f. — Dr. K. C. Bailey†: **168** ('51) 679f. — Use of nuclear plates for the determination of the uranium and thorium contents of radioactive ores[6]): **169** ('52) 408f. — Measurement of the thorium content of natural materials by a γ-ray counting method[2]): **191** ('61) 62f. — Radioactivity of sodium carbonate lava from Oldoinyo Lengai, Tanganyika: **198** ('63) 1291.

Physical Rev. Emission of α-particles from the different faces of a radioactive crystal[1]): **74** ('48) 836. — The possible existence of the $4n+1$ radioactive series in chloritizedYtterby mica[3])[7]): **76** ('49) 1253f. — The half-life of ^{45}Ca [3]): **89** ('53) 529f.

Scientific Proc. roy. Dublin Soc. An investigation of the behaviour of neon discharge tubes in a flashing capacity circuit by means of a cathode ray oscillograph: (N.S.) **20** ('33) 477–86. — Some difficulties in current views of the thermal history of the earth: **21** ('34/38) 9–22. — A convenient method of measuring resistances of the order of 10^{12} ohms with a sensitive ballistic galvanometer: 57f. — A method for determining the radium content of rocks by direct alpha-ray counting: 595–608. — The theoretical efficiency of cylindrical ionization chambers when used for estimating radon by alpha particle counting: 609–14. — The evolution of the atmosphere: **22** ('41) 345–65. — The possibility of initiating thermo-nuclear reactions under terrestrial conditions: **24** ('46) 71–76. — Magnetic properties of the serpentine deposits in the Slishwood Gap, County Sligo, Ireland[8]): 135–48. — The possible existence of a fourth natural radioactive series[3])[7]): **25** ('49/51) 101–16. — The evolution of the earths atmosphere: 201–24. — The theory of the use of alpha-ray ranges in nuclear emulsions for the determination of the radioactive contents of materials[6]): 305–16. — The half-life of calcium-45[3]): **26** ('53) 129–31. — The uranium content of some specimens of phosphate rock[3])[6]): 165–72. — The use of nuclear plates for the measurement of the diffusivity of an alpha-ray active element into a solid[9]): **27** ('55) 1–15.

Mit: [1]) J. W. Bremner; [2]) F. N. Byrne; [3]) C. F. G. Delaney; [4]) H. H. Dixon; [5]) J. C. Gilmour; [6]) C. M. E. Matthews; [7]) R. C. McCormick; [8]) W. E. Seeds; [9]) J. N. T. White.

IV–VI **POOR,** Charles Lane. Astron., Navigat. — 1904–44 Prof., '44 Prof. Emer., Columbia Univ. in the City of New York; '05–20 Pres., Lowe Mfg. Co.; '10–40 Mayor, Village of Dering Harbor, Shelter Island, N.Y.

*1866, Jan. 18, Hackensack, N.J.;

†1951, Sept. 27, New York.

Nekr. S. A. Mitchell, Monthly Notices roy. astron. Soc. **112** ('52) 279f. — S. A. Mitchell, Publ. astron. Soc. Pacific **64** ('52) 48. — School and Soc. **74** ('51) 222.

Zur Biogr. The national cyclopaedia of American biography **38** ('53) 614 (m. Bildn.).

W. Men against the rule; a century of progress in yacht design (New York '37) 16+157 S.

VI **POOR,** Vincent Collins. Math. — 1907–48 from Instructor to Assoc. Prof., '48 Assoc. Prof. Emer., Univ. of Michigan, Ann Arbor, Mich.

*1876, Jan. 31, Oketo, Kans.;

†1957, März 14, Ann Arbor, Mich.

W. Analytical geometry (New York–London '34) 5+244 S.

American J. Math. On circulation functions: **61** ('39) 833–42. – Complex functions possessing differentials: **68** ('46) 147–60.

Bull. amer. math. Soc. On the theory of residues of polygenic functions: **40** ('34) 877–83. – On the Hamilton differential: **51** ('45) 945–48.

National Math. Mag. On the motion of a rigid body: **19** ('45) 391–94.

Proc. amer. math. Soc. On the two-dimensional derivative of a complex function: **1** ('50) 687–93.

Trans. amer. math. Soc. On residues of polygenic functions: **75** ('53) 244–55.

VI **POORMAN,** Alfred Peter. Mech. (angew.). — 1920–22 Assoc. Prof., '22–47 Prof., '42–44 Head of Departm. of Appl. Mechanics, '47 Prof. Emer., Purdue Univ., Lafayette, Ind.

*1877, Febr. 13, Altamont, Ill.;

†1952, Febr. 12, Lafayette, Ind.

Nekr. W. E. Edington, Proc. Indiana Acad. Sci. **62** ('53) 39f.

W. Strength of materials [3](New York '37) 13+314 S.; [4]('45) 13+339 S. – Applied mechanics [4](New York '40) 14+354 S.; [5]('49, '50) 14+388 S.

IV-VI **POPE,** Sir William Jackson. Chem. — 1908–39 Prof., Univ. of Cambridge; '14 Pres. of Sect. B, Brit. Assoc. for the Advancem. of Sci.; '17–19 Pres., Chemical Soc.; '18–35Pres., Federal Council for Chem.; '20–21 Pres., Soc. of Chem. Industry; '22–25 Pres., Int. Union for Pure and Applied Chem.; '22–36 Pres., Solvay Chemical Conference, Bruxelles; '32 Chairman, City and Guilds of London Inst. — '39 Dr. h.c. (Univ. de Bruxelles). — '14 Davy Medal (Royal Soc. London); '19 Knight Commander of the Order of the Brit. Empire; '21 Médaille Dumas (Soc. de Chim. industr.); Médaille Lavoisier (Soc. chim. de France); '32 Messel Medal (Soc. of Chem. Industry, London); '37 Grand Officier de l'Ordre de Léopold (Belgium).

*1870, März 31, London;

†1939, Okt. 17, Cambridge.

Zur Biogr. C. S. Gibson, J. roy. Soc. Arts **94** ('46) 668–74. – L. H. Lampitt, W. J. Pope, his influence on scientific organization: ibid. **95** ('47) 173–83. – G. T. Moody, W. H. Mills in: British chemists (A. Findlay, W. H. Mills) (London '47) 285–315. – Nature [London] **129** ('32) 571.

Nekr. W. Bragg, Proc. roy. Soc. London, Ser. A **173** ('39) 297. – M. Delépine, C. R. hebd. Séances Acad. Sci., Paris **209** ('39) 657–59. – C. S. Gibson, Nature [London] **144** ('39) 810–12; Obituary Notices Fellows roy. Soc. London **3** ('40/41) 291–324 (m. Bildn. u. Faks.). – W. H. Mills, Analyst **65** ('40) 258–62. – G. T. Moody, W. H. Mills, J. chem. Soc., London **1941**, 697–715. – E. K. Rideal, J. amer. chem. Soc. **62** ('40) 1317f. – H. Wuyts, Rapport Année acad. Univ. libre Bruxelles **1939/44–1944/45** ('47) 240. – Engineering **148** ('39) 479. – Industrial and Engng. Chem., News Edit. **17** ('39) 684.

Chemiker-Ztg. Über die optische Aktivität chemischer Verbindungen und die biologische Bedeutung der stereochemischen Erscheinungen: **59** ('35) 185–88.

Chemistry and Industry Optically active amines containing no asymmetric atom[3]): **10** ('32) 316. – The stacking of spheres: **12** ('34) 361f.

J. chem. Soc., London William Barlow (1845–1934): **1935**, 1328–30. – Victor Grignard (1871–1935)[2]): **1937**, 171–79. – Thomas Martin Lowry (1874–1936): 701–05. – Camille Matignon (1867–1934): 705–08.

J. Soc. chem. Industry, Trans. Forty years of stereochemistry: **51** ('32) 229–33.

Lancet Dinitro-o-cresol as a stimulator of metabolism[1]): **225** ('33) 352f.

Nature [London] Camille Matignon†: **133** ('34) 601. – William Barlow†: 637f. – Origin of the term "solute": **137** ('36) 782. – H. L. Le Chatelier†: **138** ('36) 711f. – Prof. T. M. Lowry†: 912f.

Obituary Notices Fellows roy. Soc. London William Barlow (1845–1934): **1** ('35) 367–70. – Thomas Martin Lowry (1874–1936): **2** ('38) 287–93.

Proc. roy. Soc. London, Ser. A The symmetrical spiro-heptanediamine and its resolution into optically active components[3]): **154** ('36) 53–60. – Optically active di- and tetramethyl-spiro-5,5-dihydantoins[4]): **155** ('36) 1–11.

Mit: [1]) E. C. Dodds; [2]) C. S. Gibson; [3]) S. E. Janson; [4]) J. B. Whitworth.

V,VI **POPOV,** Kiril Atanasov. Math., Physik. — 1914–20 Doz., '20–22 außerord. Prof., '22–52 ord. Prof., '52 Prof. emer., Univ. Sofija; '26– Gastprof., Univ. Berlin u. Univ. de Paris. — '26 Prix Monthyon, '57 Prix Henri de Parville (Acad. Sci. Paris); '50, '62 Dimitrov-Staatspreis I. Kl., '59 Rotbanner-Orden, '60 Orden „Volksrepublik Bulgarien" I. Kl. (Volksrepubl. Bulgarien); '59 Prof. agrégé (Univ. de Paris).

*1880, Mai 3, Šumen;

†1966, Mai 1, Sofija.

Zum 75. Geb.tag Festband: Izvest. mat. Inst., Bŭlgarsk. Akad. Nauk. **2** ('57) Nr. 2 (m. Bildn.).

Nekr. Fiziko-mat. Spisanie, Bŭlgarsk. Akad. Nauk. **9** ('66) 145 (m. Bildn.).

Zum 90. Geb.tag Fiziko-mat. Spisanie, Bŭlgarsk. Akad. Nauk. **13** ('70) 250–52.

Zur Biobibliogr. Sto godini Bŭlgarska akademija na naukite [100 Jahre Bulgarische Akademie der Wissenschaften] 1869–1969, 1 (Sofija '69) 573–78.

S. Verhandlungen des Internationalen Mathematiker-Kongresses, Zürich 1932, 2 (Zürich–Leipzig '33) 279–81: Das Hauptproblem der äußeren Ballistik im Lichte der modernen Mathematik [französ.]. — Proc. 4th International congress for applied mechanics, Cambridge 1934 (Cambridge '35) 236f.: Sur les équations aux variations dans le problème restreint des trois corps. — C. R. 2e Congrès des mathématiciens des pays slaves, Prague 1934 (Praha '35) 118–23: Sur les solutions périodiques et asymptotiques dans le problème restreint des trois corps. — Sbornik na IV Kongres na slavjanskitě geografi i etnografi. C. R. IV Congrès des géographes et des ethnographes slaves, Sofija 1936 (Sofija '38) 12f.: Sur les mesures des éléments du magnétisme terrestre dans les Balkans. — Proc. 5th International congress for applied mechanics, Cambridge, Mass., 1938 (NewYork–London '39) 724–26: Sur le mouvement pendulaire du projectile. — Jubileen sbornik na Fiziko-matematičeskoto družestvo v Sofija po slučaj 40-godišnija mŭ jubilej [Jubiläumsband anläßlich des 40jährigen Bestehens der Physikalisch-Mathematischen Gesellschaft in Sofija] (Sofija '39) Teil 2, 3–6: Über eine Verallgemeinerung des Begriffs der Ableitung einer Funktion [bulgar.]. — Atti del Convegno matematico, Roma 1942 (Roma '45) 133–41: Problème principal de la balistique extérieure. — Proc. 7th International congress for applied mechanics, London 1948, 3 (London '49) 29–39: Le théorème fondamental de Nernst et la théorie des gaz réels. — Proc. 13th International astronautical congress, Varna 1962, 1 (Wien–NewYork '64) 462–71: Quelques considérations thermodynamiques concernant l'astronautique.

W. Das Hauptproblem [2. Aufl.: Die Hauptprobleme . . .] der äußeren Ballistik im Lichte der modernen Mathematik (Leipzig '32) 11+214 S. (Mathematik und ihre Anwendungen in Monographien und Lehrbüchern, 11); ²('54) 15+278 S. (Mathematik und ihre Anwendungen in Physik und Technik, Reihe A, 11).

Abh. preuß. Akad. Wiss. Berlin Über die verallgemeinerten Ableitungen, die durch ein Iterationsverfahren gebildet sind: **1942**, Nr. 2, 19 S.

Annales Inst. Henri Poincaré Le mouvement d'un point matériel dans un milieu résistant: **2** ('32) 143–66.

Annales Physique Observations sur la notion de l'entropie et sur quelques formules qui en découlent, concernant l'énergie interne: (12) **2** ('47) 195–208. — Le théorème de Nernst et la théorie des gaz réels: **3** ('48) 725–27. — L'osmose à la lumière de la théorie des processus thermodynamiques irréversibles: **9** ('54) 261–68.

Annali Mat. pura ed appl. Considérations mathématiques sur la thermodynamique des processus irréversibles: Cas général: (4) **50** ('60) 197–205.

Atti reale Accad. Italia, Rend. Sugli integrali di alcune equazioni differenziali considerate come funzioni dei parametri che vi figurano, per grandi valori dei parametri: (7) **3** ('41/42) 524–31.

Boll. Unione mat. ital. Alcune osservazioni di natura matematica sui due principi della termodinamica: (2) **5** ('43) 141–44.

Buletinul Inst. politehn. Iaşi Généralisation de quelques résultats concernant la thermodynamique des processus irréversibles: (N.S.) **6** ('60) Nr. 1/2, 43–48 [m. russ. u. rumän. Zusammenfassg.].

Bull. astron. [Paris] Sur les solutions périodiques et asymptotiques du problème restreint des trois corps: (2) **9** ('34) 177–226. — Sur le mouvement de la terre autour de son centre de gravité: **16** ('51) 121–29.

Bull. math. Soc. roumaine Sci. Les problèmes de la balistique extérieure à la lumière des mathématiques modernes: **40** ('38) 13–22.

Čas. Pěst. Mat. a Fysiky Sur les solutions périodiques et asymptotiques dans le problème restreint des trois corps: **64** ('35) 118–23. — Sur une extension de la notion de dérivée au moyen de la théorie des probabilités: **74** ('50) 220–29 [m. tschech. Zusammenfassg.].

C. R. hebd. Séances Acad. Sci., Paris Sur le mouvement pendulaire des projectiles: **203** ('36) 295–97, 657–59. — Sur la solution des équations différentielles du mouvement pendulaire du projectile: 359–62. — Sur une extension de la notion de dérivée: **206** ('38) 1440–

42; **207** ('38) 110–12. – Sur une extension de 4a notion de dérivée. Fonctions de variables complexes: **209** ('39) 472–74. – Nouvelle extension de la notion de dérivée. Fonctions de variables complexes: 668–70. – Sur l'impossibilité d'atteindre le zéro des températures absolues: **228** ('49) 908–10; **231** ('50) 1354. – Sur une propriété des extrémales et le théorème de Jacobi: **230** ('50) 1032f., 1624. – Le théorème de Nernst et le comportement du rapport des chaleurs spécifiques des gaz au voisinage du zéro absolu: **231** ('50) 686f. – Sur les relations phénoménologiques d'Onsager: **235** ('52) 648f. – Sur l'échange de chaleur par conduction d'un système à un autre: **236** ('53) 785f. – Sur la conduction de la chaleur dans une barre homogène: 1640f. – Sur la thermodynamique des processus irréversibles dans le cas où la température et la pression restent constantes: **237** ('53) 698–700. – La thermodynamique des processus irréversibles et la théorie des phases: **238** ('54) 331–33. – Thermodynamique des processus irréversibles. Systèmes gazeux. Dissociation de HI, la température et la pression restant constantes: **239** ('54) 1192–94. – Sur une propriété des intégrales d'un système d'équations différentielles de la thermodynamique des processus irréversibles[1])[2]): 1361–63. – Sur la thermodynamique des solutions déliées. Cas de deux composantes en une phase, la température et la pression restant constantes: **240** ('55) 735–37. – Thermodynamique des processus irréversibles: **245** ('57) 925f.

Dokl. Akad. Nauk SSSR Über die Bewegung der Erde um ihren Schwerpunkt: **69** ('49) 755–58 [russ.]. – Über die Theorie der linearen Differentialgleichungen: **79** ('51) 17–20 [~]. – Über eine Grundformel in der Theorie der irreversiblen thermodynamischen Prozesse: **106** ('56) 422–24 [~].

Dokl. bolgarsk. Akad. Nauk Sur la thermodynamique des processus irréversibles: **10** ('57) Nr. 2, 97–100 [m. russ. Zusammenfassg.].

Fiziko-mat. Spisanie Über eine Eigenschaft der ballistischen Kurven: **1945**, Nr. 1/2, 21–24 (bulgar.].

Godišnik sofijsk. Univ., Fiziko-mat. Fak., Kniga 1 Sur les solutions asymptotiques et périodiques dans le problème des trois corps: **31**.1934/35 ('35) 223–76. – Sur le mouvement du projectile autour de son centre de gravité: **33**.1936/37 ('37) 339–407; **34**.1937/38 ('38) 429–46. – Sur une extension de la notion de dérivée: **35**.1938/39 ('39) 225–49; Sur une extension de la notion de dérivée d'une fonction, 2: **39**.1942/43 ('43) 221–50. – Observations sur la théorie des probabilités en chaîne de Markoff: **38**.1941/42 ('42) 319–30. – Observations de nature mathématique concernant le second principe de la thermodynamique: **39**. 1942/43 ('43) 217–20. – Sur une propriété des extrémales et le théorème de Jacobi: **42**.1945/46 ('46) 55–60. – Sur la notion de l'entropie et sur quelques formules qui en découlent: 271–88. – Sur un théorème fondamental de Nernst de la thermodynamique: 369–79. – – Alle Arbeiten bulgar. m. französ. Zusammenfassg.

Godišnik sofijsk. Univ., Prirodo-mat. Fak., Kniga 1 Das Nernstsche Theorem und die Theorie der realen Gase: **45**.1948/49 ('49) 137–53 [bulgar.]. – Bemerkungen über den Nullwert der absoluten Temperaturskala: 415–25 [~]. – Über das von Nernst formulierte Prinzip der Unerreichbarkeit des absoluten Nullpunkts der Temperatur: 428–37 [~].

Izvest. mat. Inst., Bŭlgarsk. Akad. Nauk. Sur la thermodynamique des processus irréversibles: **1** ('53/54) Nr. 1, 111–25 [bulgar. m. französ. Zusammenfassg.]. – Construction de la famille de trajectoires d'un projectile d'après les données directes obtenues des tirs aux polygônes: Nr. 2, 47–66 [bulgar. m. russ. u. französ. Zusammenfassg.]. – Sur la thermodynamique des processus irréversibles: Cas de racines doubles de l'équation séculaire: **2** ('56) Nr. 1, 13–25 [m. bulgar. u. russ. Zusammenfassg.].

Matematika i Fizika Atanas Vidulov Tinterov, 1856–1927: **4** ('61) Nr. 2, 54f. [bulgar.].

Mémorial Artillerie franç. Sur le mouvement pendulaire des projectiles: **15** ('36) 1133–79. – Sur les intégrales des équations différentielles du mouvement pendulaire des projectiles autour des points singuliers: **16** ('37) 730–34; ~ 2: 735–42; Sur le mouvement pendulaire du projectile autour de son centre de gravité, 3: Mouvement de nutation: **17** ('38) 33–40.

Mémorial Sci. math. Le mouvement d'un projectile autour de son centre de gravité: **117** ('51) 52 S.

Mémorial Sci. physiques Les bases mathématiques de la théorie des processus thermodynamiques irréversibles: **63** ('56) 87 S.

Monatsh. Math. u. Physik Sur une extension de la notion de dérivée: **48** ('39) 103–20; ~ 2: **51** ('44) 115–52.

Rend. Mat. e Appl., R. Univ. Roma Osservazioni sulla teoria delle probabilità concatenate di Markoff: (5) **3** ('42) 282–92.

Rend. Semin. mat., R. Univ. Roma Su una generalizzazione della nozione di derivata di una funzione di variabile reale o complessa: (4) **3** ('39) 162–70.

Revue Math. pures et appl. [București] Sur la thermodynamique des processus irréversibles: **1** ('56) Nr. 3, 167–73.

Revue math. Union interbalkan. Sur le mouvement pendulaire des projectiles: **1** ('36) 101–27; **2** ('38) 65–76.

Z. angew. Math. u. Physik Sur la thermodynamique des processus irréversibles: **3** ('52)

42–51 [m. engl. Zusammenfassg.]; ~2: 440–48 [m. deutscher Zusammenfassg.]; ~ 3: 5 ('54) 67–83 [~]; ~ 4: 6 ('55) 378–86 [~].

Ž. èksper. i teoret. Fiziki Mathematische Grundlagen der Theorie irreversibler thermodynamischer Prozesse: 28 ('55) 257–82 [russ.].

Ž. fizič. Chim. The application of the thermodynamics of irreversible processes to the phase theory. The case of two components in two phases: 32 ('58) 1638–47 [russ. m. engl. Zusammenfassg.]. — Oxidation of propane with oxygen at constant temperatures and pressures from a thermodynamic viewpoint: 33 ('59) 2121–27 [~]. — Die Anwendung der Gleichungen der Thermodynamik irreversibler Prozesse auf den Fall, daß eine Komponente verschwindet: 36 ('62) 1062–65 [russ.].

Mit: [1]) E. Dimitroff; [2]) K. Dotcheff.

VI **POPOV,** Metodij Atanasov. Biol. — 1916–23, '31–54 (m. Unterbrechungen) ord. Prof., '21–22 Rektor, '42–43 Dekan d. med. Fak., Univ. Sofija; Dir. d. Biol. Inst. d. Univ. Sofija u. d. Bulgar. Akad. Wiss. — '22 Medaille „Für Wissenschaft und Kultur" (Bulgarien); '24 Cothenius-Medaille (Preuß. Akad. Wiss.); '50 Dimitrov-Preis 1. Kl. (Volksrepubl. Bulgarien).

*1881, Apr. 29 (17), Šumen;
†1954, Apr. 19, Sofija.

Ehrung 1954 Benennung des Biologischen Instituts der Bulgarischen Akademie der Wissenschaften, Sofija: „Metodij-Popov-Institut".

Zur Biogr. V. Ch. Vŭlčanov, Pŭtjat na Metodij Popov. Opit za kratka biografija [Der Lebensweg M. Popovs. Versuch einer kurzen Biographie] (Sofija '63) 120 S. (m. Bildn.). — Vestn. Akad. Nauk SSSR 23 ('53) Nr. 9, 42–44.

Nekr. I. Bureš, Priroda [Sofija] 3 ('54) Nr. 3, 88–92; Nr. 4, 87–95; (Bildn. in Nr. 2, vor S. 3). — R. Goldschmidt, Nature [London] 179 ('57) 289f., 893. — P. Iliev, V. Ch. Vŭlčanov, Prof. M. Popoff, his scientific and public activities: Izvest. Inst. Biol. "M. Popov" 6 ('55) 3–27 [bulgar. m. engl. Zusammenfassg.]. — A. Karadžova-Popova, Literaturen Front 1955, Nr. 15. — W. Ludwig, Verhandlungen dtsch. zool. Ges. 1956 ('57) 481f. (m. Bildn.). — R. Popivanov, Sŭvremenna Med. 4 ('54) Nr. 5, 3–6.

Gedenkband V pamet na Metodij Popov; sbornik ot naučni trudove po biologija i medicina. In memoriam M. Popoff; papers on selected problems of biology and medicine (A. I. Chadžiolov) (Sofija '58) 8+520 S. (m. Bildn. u. Faks.); darin 1–47: A. I. Chadžiolov, M. Popoff as a biologist and his importance in world and Bulgarian science [bulgar. m. russ. u. engl. Zusammenfassg.]; 49–62: Schr.verz. 177 Nrn.; 62f.: Verzeichnis von Biographien und Bibliographien 14 Nrn.

Zur Biobibliogr. V. Ch. Vŭlčanov, Metodij Popov, 1881–1954. Bio-bibliografski prinos [Biobibliographische Studie] (I. Bureš, E. Savova) (Sofija '54) 216 S.; darin: T. Pavlov, Das Werk des Akademiemitglieds M. Popov [bulgar.]; R. Popivanov, M. Popov und seine Lehre von der Stimulation der Lebensprozesse [~]. — V. Vŭlčanov, Ergänzung zur Biobibliographie des Akademiemitglieds M. Popov: Izvest. Inst. Biol. "M. Popov" 7 ('56) 293–98 [bulgar.]; 2. Ergänzung ~: ibid. 10 ('60) 315–26 [~].

Zur Bibliogr. Spisŭk na naučnite trudove na akad. d-r Metodi Popov [Verzeichnis der wissenschaftlichen Arbeiten des Akademiemitgliedes Dr. Metodij Popov] (Sofija '53) 12 S. (Bŭlgarska akademija na naukite).

MHZ. (Verantwortl. Redakt.) Izvest. biol. Inst., Bŭlgarska Akad. Nauk. 1 ('50) – 5 ('54). — (Vorsitzender des Redaktionskollegiums) Priroda [Sofija] 1 ('52) – 3 ('54) Nr. 2.

S. Handbuch der biologischen Arbeitsmethoden (E. Abderhalden) Abt. 5: Methoden zum Studium der Funktionen der einzelnen Organe des tierischen Organismus 2, 2 (Berlin '32) 1325–34: Über die Methodik der Zellstimulation. — C. R. de la 2e Session, Congrès international des sciences anthropologiques et ethnologiques, Copenhague 1938 (København '39) 176f.: Über die rassische Zusammensetzung des bulgarischen Volkes. — Lehrbuch der deutschen Sprache für Studierende der Biologie, Geologie und Geographie, 2. Kurs (L. Rajkova, Z. Mečkova, W. K. Jude) (Sofija '54) 249f.: Zellstimulation – ihre Anwendung in der Pflanzenzüchtung und Medizin. — Rapport et communications. Congrès mondial des médecins pour l'étude des conditions actuelles de vie, Wien 1953 (Wien '54) 68–73: L'état de la santé publique en Bulgarie avant et après la guerre [russ. m. französ. Zusammenfassg.][00])[0]).

W. Sravnitelna anatomija na grŭbnačnite životni (i čoveka) [Vergleichende Anatomie der Wirbeltiere (und des Menschen)] [2](Sofija '33) 396 S. (Universitetska biblioteka, 125); [3]('46) 376 S. (~ 311); [4]('47) 384 S. (~ 341). — Obšta biologija [Allgemeine Biologie] [2](Sofija '34) 528 S. (~ 138); [3]('41) 521 S. (~ 251); [4]('45) 480 S. (~ 290); [5]('46) 596 S.; [6]('47, '48) 648 S. — Nasledstvenost, rasa i narod. Rasovata prinadležnost na Bŭlgarite. 4 Lekcii [Vererbung, Rasse und Volk. Die Rassenzugehörigkeit der Bulgaren. 4 Vorlesungen] (Sofija '38) 148 S. — Bŭlgarskijat narod meždu evropejskite rasi i narodi. Skazka [Das bulgarische Volk inmitten der europäischen Rassen und Völker. Rede] (Sofija '38) 40 S. —

(Kratŭk) Učebnik po parazitologija [(Kurzes) Lehrbuch der Parasitologie] (Sofija '41) 172 S. (Universitetska biblioteka, 242); [2]('45) 174 S. (~ 307); [3]('47) 176 S. (~ 349). – Sŭdbini na slavjanstvoto [Schicksale der Slaven] (Sofija '47) 27 S. (Biblioteka "Izbori", 18). – Meždunarodnijat lekarski kongres za izučavane na uslovijata na života [Der Internationale ärztliche Kongreß zum Studium der aktuellen Lebensbedingungen, Wien 1953] (m. G. Uzunov, E. Janev) ([Sofija '53]) 44 S. – Kletŭčnata stimulacija i nejnoto priloženie v rastenievŭdstvoto i medicinata [Die Zellstimulation und ihre Anwendung in der Pflanzenzüchtung und in der Medizin] [2](Sofija '57) 348 S. – Antropologija na bŭlgarskija narod, 1: Fizičeski oblik na bŭlgarite [Anthropologie des bulgarischen Volkes, 1: Die physische Natur der Bulgaren] (m. G. Markov) (Redakt. A. I. Chadžiolov) (Sofija '59) 296 S. [m. russ. u. deutscher Zusammenfassg.].

Acta agric. sinica Results of seed stimulation experiments made in 1952: **4** ('53) Nr. 1, 89–91.

Acta cancrol. [Budapest] Über die Wirkung einiger chemischer Stimulationsmittel auf das Wachstum von Krebstumoren: **2** ('36/37) 173–80.

Agristud [Praha] La stimulation des fonctions vitales: **1** ('54) 8f.

Archiv Gynäkol. Über eine Schwangerschaftsreaktion auf allgemeiner Zellstimulationsbasis[5]): **154** ('33) 522–37.

Biochemische Z. Über die Hebung des Atmungskoeffizienten bei stimulierten Samen[19]): **264** ('33) 434–36.

Biologia generalis Durch chemische Einwirkungen experimentell erzeugte Mutationen bei Drosophila melanogaster[5]): **13** ('37) 595–631.

Biologisches Zbl. Über die pflanzlichen Auxine und ihre Wirkung auf Einzellige: **53** ('33) 661–68.

C. R. Acad. bulgare Sci. Experimentally induced sexual processes in protozoa, 1: Conjugation of infusoria: **1** ('48) Nr. 2, 27–29. – Experimental studies on the influence of garlic upon cholera vibrios: **2** ('49) Nr. 1, 53–56. – Ertragssteigerung bei landwirtschaftlichen Kulturen durch Stimulation[7]): **6** ('53/54) Nr. 2, 61–64 [russ. m. deutscher Zusammenfassg.]. – Enzymochemische Untersuchungen an stimulierten Samen[17]): 65–68 [~].

Godišnik med. Akad. "Vulko Červenkov" Durch chemische Einwirkungen experimentell erzeugte Mutationen bei Drosophila melanogaster[5]): **17** ('38) 91–119 [bulgar. m. deutscher Zusammenfassg.].

Godišnik sofijsk. Univ., Med. Fak. Weitere Versuche über die experimentelle Erzeugung von Mutationen bei Drosophila melanogaster durch chemische Einwirkungen[5]): **19** ('40) 279–91. – Versuche zur Verlangsamung des Tumorwachstums bei weißen Mäusen: **20** ('41) 451–57 [bulgar. m. deutscher Zusammenfassg.]. – Neue Erfahrungen über die Stimulationsbehandlung von Wunden[11])[13]): **22** ('43) 399–410 [~].

Izvest. biol. Inst., Bŭlgarska Akad. Nauk. Studies on the influence of psychogenic factors upon the incretory glands: **1** ('50) 107–22 [bulgar. m. engl. Zusammenfassg.]. – Contributions to the problem of producing citric acid by the method of fermentation[22])[14]): 430–48 [bulgar. m. russ. u. engl. Zusammenfassg.]. – Enzymochemische Untersuchungen mit stimulierten Samen[17]): 449–54 [bulgar. m. deutscher Zusammenfassg.]; ~ 2[17]): **5** ('54) 181–92 [~]. – Stimulationsfeldversuche[22])[16])[2])[10]): **1** ('50) 475–504 [~]. – Erhöhung der Antikörperbildung durch Immunostimulation[15]): **2** ('51) 185–204 [~]. – Verfahren zum Abbau des Nikotins in fermentierten Tabakblättern[17]): 209–12 [~]. – Düngemittel und Samenstimulation: 299–310 [~]. – Stimulationsversuche an Reis, Zuckerrüben, Kartoffeln, Mais, Tabak, Weizen, Roggen, Gerste und Reben[7])[17])[16])[18])[10])[21])[12])[9]): **3** ('53) 1–75 [russ. m. bulgar. u. deutscherZusammenfassg.]. – Über die Wundbehandlung durch Anwendung von Stimulationsmitteln: 76–84 [~]. – Results of field stimulation experiments and mass-production sowings with stimulated seeds performed in 1953[7])[17])[18])[16])[21])[9])[12])[10]): **5** ('54) 1–53 [bulgar.], 54–62 [russ.], 63–71 [engl.]. – Allgemeine Anleitung zur Stimulierung landwirtschaftlicher Nutzpflanzen nach der Methode von M. Popov: 169–80 [russ.]. – Summierung der bei mehrmaliger stimulierender Einwirkung erzielten Ergebnisse[7])[18]): 219–28 [bulgar. m. deutscher Zusammenfassg.]. – Expériences de stimulation de tabac[18])[6])[4]): 239–48 [bulgar. m. französ. Zusammenfassg.]. – Die Ertragssteigerung bei Weizen, Roggen und Gerste durch Stimulierung nach der Methode von M. Popov[16]): 249–58 [bulgar. m. deutscher Zusammenfassg.]. – Stimulationsversuche mit Tomaten [21]): 277–96 [~]. – Stimulationsversuche zur Rebenveredlung[16])[23]): 297–302 [~]. – On some new practical methods of stimulation[7]): 303–08 [bulgar. m. engl. Zusammenfassg.]. – Verminderung des Nikotingehaltes des Tabaks durch Behandlung mit ultravioletten Strahlen[17]): 329–38 [bulgar. m. deutscher Zusammenfassg.]. – Über die Möglichkeit der Erhöhung des Ernteertrages durch Tiefkultur von Getreide und Mais[21]): 361–72 [~].

Izvest. Inst. Biol. "M. Popov" Enzymochemische Forschung an stimulierten Samen, 3[17]): **6** ('55) 61–67 [bulgar. m. deutscher Zusammenfassg.]. – Weitere Arbeiten in späteren Jahrgängen.

Izvest. Inst. eksper. i socialna Med. Lebensprozesse und Zellstimulation: **1** ('49) 5–21 [bulgar. m. russ. u. deutscher Zusammenfassg.]. — Experimentelle Auslösung der Geschlechtsprozesse bei Protozoen: 49–59 [~]. — Experimentelle Studien über die mikrobociden Eigenschaften des Knoblauchs auf Cholera-Vibrionen: 60–81 [~].

Kooperativno Zemedelie Ergebnisse der Stimulierung landwirtschaftlicher Kulturpflanzen: **9** ('54) Nr. 2/3, 39–43 [bulgar.].

Lekarski Pregled Aus der Biochemie der Befruchtung: **5** ('43) Nr. 8, 1–3 [bulgar.].

Národopisný Sborn. Ein Blick auf die Anthropologie der Bulgaren und der Slowaken: **5** ('44) 1–18 [slowak.].

Priroda [Sofija] Stimulation der Zellfunktionen: **1** ('52) Nr. 1, 16–23 [bulgar.]. — Erhöhung des Ertrags bei landwirtschaftlichen Nutzpflanzen durch eine Stimulation der Samen: **2** ('53) Nr. 1, 15–21 [~]. — Zur Frage des Kartoffelanbaus durch Pflanzen von Samensetzlingen: Nr. 4, 105f. [~]. — Ergebnisse der Einführung der Stimulationsmethoden in der landwirtschaftlichen Praxis im Jahre 1953: Nr. 5, 88–93 [russ.].

Prosveta Bulgarische und europäische Rassen und Völker: **6** ('40) 432–48 [bulgar.].

Rodina [Sofija] Die Rassenbiologie des bulgarischen Volkes und ihre Einwirkung auf seine historische Entwicklung: **1** ('39) Nr. 3, 14–24 [bulgar.]. — Was ist Rasse?: **2** ('40) Nr. 4, 76–88 [~].

Scientia De la stimulation cellulaire: **69** ('41) 56–61. — Über die Polyploidie bei Pflanzen und Tieren: **82** ('47) 79–84.

Spisanie bŭlgarsk. Akad. Nauk. Stimulierung der Lebensfunktionen: **1** ('53) Nr. 1/2, 124–27 [bulgar.].

Z. induktive Abstammungs- u. Vererbungslehre Über chemisch erzeugte Mutationen bei Drosophila melanogaster[5]): **73** ('37) 467–69.

Z. Krebsforsch. Über Reaktionsunterschiede zwischen Carcinomgewebe und Normalgewebe: **40** ('33/34) 89–97. — Über die Wirkung chemischer Stimulationsmittel auf das Wachstum von Mäusetumoren, 2: **52** ('41/42) 32–36.

Z. Rassenkunde u. ges. Forsch. am Menschen Über die rassische Zusammensetzung des bulgarischen Volkes: **9** ('39) 1–6.

Mit: 1) —; 2) B. Botev; 3) —; 4) D. Dimitrov; 5) A. Dimitrova; 6) D. Georgiev; 7) P. Iliev; 8) E. Janev; 9) G. Kalŭpčiev; 10) Ch. Kazaski; 11) L. Linkov; 12) P. Maždrakov; 13) N. Nedjalkova; 14) M. Nikolov; 15) R. Popivanov; 16) E. Popov; 17) I. D. Popov; 18) Mich. Popov; 19) M. Stefanova; 20) G. Uzunov; 21) L. Velikov; 22) V. Ch. Vŭlčanov; 23) D. Lilov.

V,VI **POPOVICI,** Constantin. Math., Astron., Geod. — 1911–14 Außerord. Prof., '14–37 ord. Prof. u. Dir. d. Astron. Observat., Univ. din Iaşi; '38–40 ord. Prof. u. Dir. d. Astron. Observat., Univ. din Bucureşti.

*1878, März 24 (12), Iaşi;
†1956, Nov. 26, Bucureşti.

Nekr. Analele Acad. Republ. popul. romîne **6** ('56) 513f.

MHZ. Mathematica [Cluj] 1929–1948.

S. Actes du Congrès interbalkanique de mathématiciens, Athènes 1934 (Athēnai '35) 35: Allocution; 51–53: Fonctions bornées en chaque point d'un intervalle et pourtant non bornées sur l'intervalle; 163–73: Equations intégro-fonctionnelles et fonctionnelles; 197–99: Explication analytique des poches d'air; 249–60: Nouvelles intégrales des équations aux dérivées partielles par conditions aux limites. — C.R. 2e Congrès des mathématiciens des pays slaves, Prague 1934 (Praha '35) 1: Le salut de la délégation roumaine; 163f.: Fonctions: 1) bornées en chaque point d'un intervalle et pourtant 2) non bornées dans l'intervalle; nouvelles intégrales de l'équation de Fredholm. — Şt. Burileanu, Curs de mecanică raţională, 2 (Bucureşti '44) 489–96: Die Energie: Konservative und nichtkonservative Bewegung von Energie [rumän.].

W. Facerea lumilor şi cercetări personale asupra vîrstei sistemului solar (Bucureşti '43) 24 S. (Biblioteca "Vestes Bună", 11). — The third centenary of the birth of Newton. Newton and modern problems of celestial mechanics (Bucureşti '43) 24 S. (Publicaţiile Academiei de Ştiinţe din România, Ser. III, Memorii şi monografii, 6).

Analele Acad. române, Mem. Secţ. şti. Eine neue Theorie der Bildung der Kometenschweife: **23** ('46/47) 1–11 [rumän.].

Analele Acad. Republ. popul. romîne, Ser. A Prolongation of nonanalytical functions: **2** ('49) 811–48 [rumän. m. russ. u. engl. Zusammenfassg.].

Annales sci. Univ. Jassy, Partie I Nouvelles solutions des équations intégrales et intégro-fonctionnelles: **24** ('38) 18–56.

Annales Soc. polon. Math. Sur les formes que doit avoir un vase qui, plongé dans l'eau, la partie immergée soit une fonction donnée $x_1(x)$ de la hauteur totale x du vase: **17** ('38) 67–90. — Les espaces conjugués, leurs transformations infinitésimales et intégration par conditions à la limite: **20** ('48) 323–34.

Buletin şti., Acad. Republ. popul. române, A, Ser. Mat., Fizică şi Chim. Ausnahmen von der Regel, die die Zahl und die Stetigkeit der Integrale einer partiellen Differentialgleichung mit Randbedingungen angibt: **2** ('50) 627–30 [rumän. m. russ. u. französ. Zusammenfassg.].

Buletin şti., Acad. Republ. popul. romîne, A, Secţ. Şti. mat. şi fizice Stabilité pondérée:

4 ('52) 243–61 [rumän. m. russ. u. französ. Zusammenfassg.]. — Sur certaines équations intégro-fonctionnelles: 527–31 [~]. — Über die Stetigkeit analytischer Funktionen mit mehreren komplexen Variablen: 5 ('53) 477–80 [rumän.].

Buletinul Soc. Şti. Cluj, România Equations de M. Volterra qui admettent des intégrales dépendant d'une fonction arbitraire: 8 ('34/37) 533–38. — Intégration des équations différentiello-fonctionnelles: 539–48.

Bull. math. Soc. roumaine Sci. Sur certaines erreurs de raisonnement: **40** ('38) Nr. 1/2, 221–28. — Sur la stabilité des positions d'équilibre et des trajectoires: 253–57.

Bull. Sect. sci., Acad. roumaine Comment peut-on déduire d'un cliché photographique la distribution de la matière cosmique dans l'espace d'une nébuleuse dont la forme est connue: **24** ('41) 161–66. — Sur l'attraction éclairée et sa répercussion sur le mouvement et la distribution de la poudre cosmique autour d'une étoile: **26** ('43/44) 673–77. — Time in luminous attraction: **27** ('44/45) 595–98. — L'origine des comètes: **28** ('45) 206–08.

Čas. Pěst. Mat. a Fysiky Fonctions: 1) bornées en chaque point d'un intervalle et pourtant 2) non bornées en intervalle: **64** ('34/35) 163. — Nouvelles intégrales de l'équation de Fredholm: 163f.

C.R. hebd. Séances Acad. Sci., Paris Sur la nécessité d'introduire une nouvelle notion concernant le discontinu: **196** ('33) 234–36. — Intégration des systèmes d'équations fonctionnelles: **197** ('33) 12–14. — Sur l'explication analytique des poches d'air: **198** ('34) 439–41. — Sur l'équilibre cinématique: **200** ('35) 35–38. — Sur les solutions périodiques de l'équation de M. S. Chapman: **201** ('35) 378–80. — Sur l'énergie de l'attraction éclairée: **208** ('39) 2052–54. — Sur l'âge du système solaire: **210** ('40) 39–42, 138–40. — Sur le mouvement et la distribution de la poudre cosmique autour d'une étoile: **218** ('44) 784f.; **219** ('44) 114–16. — Sur la troisième loi de Képler dans l'attraction éclairée: **224** ('47) 723–25. — Une nouvelle théorie de la formation des queues des comètes: 1415f., 1474f. — Mécanique de forces non instantanées: **226** ('48) 1250f. — Un projectile issu d'un astre peut-il devenir le satellite de cet astre?: **227** ('48) 330f.

C.R. Séances Acad. Sci. Roumanie Détermination de la latitude de l'Observatoire de Bucarest[1]): **1** ('37) 1–6.

C.R. Séances Inst. Sci. Roumanie Sur l'énergie de l'attraction éclairée: **4** ('40) 1–3. — Sur l'âge du système solaire: 3–9. — Sur une modification de la loi Newton Coulomb: 359–67.

C.R. Séances Acad. Sci. Roumanie Sur une nouvelle loi newtonienne et son application à l'atome de hydrogène: **5** ('41) 7–17.

Însemnări ieşene Die Expansion des Universums: **1** ('36) 14f. [rumän.].

Mathematica [Cluj] Nouvelles solutions de l'équation de Fredholm dans un intervalle fermé: **9** ('35) 194–208, 328–31. — Equations de M. Volterra qui admettent des intégrales dépendant d'une fonction arbitraire: **13** ('37) 196–201. — Intégration des équations différentiello-fonctionnelles: 202–11. — Topologie fonctionnelle: **19** ('43) 119–25. — Problèmes proposés concernant certaines analogies: **22** ('46) 147–54.

Revue math. Union interbalkan. Nouvelles solutions des équations de Volterra à limites périodiques: **1** ('37) 173–86.

Mit: [1]) N. Dinulesco.

V,VI **PORLEZZA,** Camillo. Chem. (anorg.). — Prof. ord. e Dir. dell'Ist. di Chim. gen., Univ. di Pisa; Prof., Ist. Super. Agraria di Pisa. — — Genauere Daten nicht bekannt. (⊠)

*1884, Dez. 2, Bergamo.

S. Associazione italiana di tecnica idrotermale (A.I.T.I.). Atti, II Congresso nazionale. Il problema termico nella tecnica idrotermale. Recoaro Terme 1960 (Pisa '61) 46–123: Effetti dell'aumento di temperatura su acque minerali e fanghi.

W. Riassunto delle leggi e dei concetti fondamentali della chimica generale. Anno accademico 1936/37 (Pisa ['37]) 272+32 S. — Appunti di analisi chimica, **1**: Analisi qualitativa (Pisa '40) 97 S.; ²(Pisa ['49]) 115 S. — Chimica generale (Pisa '41) 352 S. — Lezioni di chimica generale. Anno accademico 1947/48 (Pisa–Roma '48) 263 S. — Reazioni degli elementi chimici più comuni (Pisa '40) (Università di Pisa, Facoltà di Scienze); Neuauflagen: ('52) 88 S., ('60) 4+96 S.

Annali Chim. appl. La Grotta Giusti da Monsummano[3]): **28** ('38) 281–89.

Atti Soc. ital. Progr. Sci. Sulla identificazione del bismuto mediante lo stannito sodico: 21.1932, 2 ('33) 377f.

Atti Soc. toscana Sci. natur., Pisa, Mem., Ser. A Indagini chimiche e chimico-fisiche sull'acqua oligo-minerale "Cristallo" di Massa[1]): **61** ('54) 156–66. — Nuove indagini chimiche e chimico-fisiche sull'acqua "Uliveto" di Uliveto Terme (Pisa)[1]): 219–30. — Indagini chimiche e chimico-fisiche sull'acqua minerale "Donata" della località Arnaccio (Pisa)[1]): 231–40. — Osservazioni sperimentali sul potere assorbente del quarzo cristallino e fuso nella zona infrarossa dello spettro[2]): **62** ('55) 496–99. — Osservazioni sperimentali sul comportamento spettroscopico del quarzo fuso fra 1.0 e 4.5 micron[2]): 500–03. — Indagini chimico-fisiche e analitiche sull'acqua minerale

"Mathelda" di Bagni di Casciana (Pisa)[1]: **64** ('57) 251–64. — Indagini chimiche e chimico-fisiche sull'acqua termo-minerale di Caldana (Venturina, Livorno)[1]: 265–76. — Indagini chimico-fisiche e analitiche sull'acqua "Serena" in S. Marco (Pisa): 277–86. — Indagini chimiche sull'acqua minerale della fonte "Pillo" di Gambassi (Firenze): **68** ('62) 213–18.

Mit: [1]) P. Pirone; [2]) S. Rama; [3]) M. Tramontano-Guerritore.

IV-VI **PORRO dei SOMENZI,** Francesco. Astron. — 1911–37 Prof. ord. Astron., Prof. incar. Geogr. fisica, Dir. dell'Osservat. meteorol., Univ. di Genova. (☒)

*1861, Mai 5, Cremona;

†1937, Febr. 16, Genova.

Nekr. Coelum **7** ('37) 57. — Himmelswelt **47** ('37) 108. — Revista astron. **9** ('37) 142f. (m. Bildn.).

Ue. (aus d. Engl.) G. B. Airy, Gravitazione, spiegazione elementare delle principali perturb azioni nel sistema solare (L. Gabba) (Milano '45) 31+190 S.

W. Fondamenti delle riduzioni per un nuovo catalogo di stelle dedotto dalle osservazioni di Giuseppe Piazzi a Palermo, 1792–1814 (Roma '33) 387 S. (Reale Accademia d'Italia, Collezione "Varia", 4). — Problemi dell'universo (Bologna '34) 175 S.

Sophia [Padova] Giovanni Schiaparelli: **4** ('36) Nr. 1/3, 19–28.

V,VI **PORTER,** Alfred William. Physik. — 1890– Demonstrator, '12– Reader, then Assist. Prof., '23–28 Prof., Univ. College, '28 Prof. Emer., Univ. of London. — '06–12 Recorder of Math. and Physical Sect., '28 Pres. of Section A, Brit. Assoc. for the Advancem. of Sci.; '13–14 Pres., Röntgen Soc., London; '20–22 Pres., Faraday Soc. — '14 Hon.D.Sc. (Univ. of Melbourne).

*1863, Nov. 12, Birkenhead;

†1939, Jan. 11, West Kirby, Cheshire.

Nekr. W. Bragg, Proc. roy. Soc. London, Ser. A **173** ('39) 288. — A. F. [A. Ferguson], Nature [London] **143** ('39) 147f.; Philosophical Mag. (7) **27** ('39) 388. — A. O. Rankine, Obituary Notices Fellows roy. Soc. London **3** ('39/41) 87f. (m. Bildn. u. Faks.). — Proc. physic. Soc. **51** ('39) 1045–47. — Trans. Faraday Soc. **35** ('39) 302f. (m. Bildn.).

MHZ. Philosophical Mag. (7) **13** ('32) – **27** ('39).

S. Encyclopaedia Britannica; a new survey of universal knowlegde **20** (Chicago,Ill.–London–Toronto–... '65) 764–66: Sky[2]); **21** ('65) 98–110: Thermodynamics and physical chemistry; 595–604: Surface tension. (Alle Beiträge auch in früheren Auflagen).

W. The method of dimensions (NewYork–Toronto–London '33) 7+80 S., [2](London '43), [3]('46), Neudruck: ('58) 7+80 S. (Methuen's monographs on physical subjects). — Thermodynamics [2](London '42), Neudruck: (New York–London '45) 7+96 S., [3](London '46), [4](London–NewYork '51) 7+124 S. (~).

J. sci. Instruments Crystal-rotating device for use on a fiber spectrometer[1]): **20** ('43) 15.

Nature [London] Surface tension near the critical point: **130** ('32) 929f.

Philosophical Mag. On the volume of the meniscus at the surface of a liquid, 1: Cylindrical tubes: (7) **14** ('32) 694–98; ~ 2: Conical tubes: 698–700; ~ 3: **17** ('34) 511–17. — The calculation of surface tension from experiment, 1: Sessile drops: **15** ('33) 163–70; ~ 2: **21** ('36) 703–06; ~ 3: 706–08; ~ 4: **22** ('36) 726–29. — On surface tension near the critical point: **20** ('35) 1163–66. — On the calculation of surface tension from the measurement of sessile drops: **24** ('37) 823; **25** ('38) 752–54. — Capillary ascent in cylindrical tubes: **26** ('38) 519f.

Trans. Faraday Soc. The vapour pressures of binary mixtures: **28** ('32) 95–97. — Capillary ascent or depression of liquids in cylindrical tubes: **29** ('33) 702–07; ~ 2: Wide tubes: 1307–09.

Mit: [1]) F. Happey; [2]) J. W. Strutt.

VI **PORTER,** Charles Walter. Chem. (org.). — 1905 B. S., '05– Instructor, then until '17 Prof., Utah Agric. College, Logan, Utah; '17–18 Lecturer, '18–20 Assist. Prof., '20–26 Assoc. Prof., '26–46 Prof., '25–41 Assist. Dean of the College of Chem., '41–46 Dir. of the chem. Laboratories, '46 Emer. Prof., Univ. of California, Berkeley, Cal.

*1880, Mai 16, Morgan, Utah;

†1971, Okt. 21.

Nekr. J. Cason, W. F. Giauque, J. H. Hildebrand, In Memoriam, California Univ. **1974/76**, 122f.

W. The carbon compounds; a textbook of organic chemistry [2](Boston,Mass.–NewYork '33) 469 S., [3]('38) 8+495 S. — General chemistry; a first course (m. L. E. Young) (New York '40) 11+644 S.; [2]('43) 11+527 S.; [3](New York '50, London '55) 14+608 S.; [4](Englewood Cliffs, N.J. '58) 11+628 S. — Laboratory manual (m. L. E. Young) (New York '40, '41) 255 S., [2]('44) 260 S.; 3. u. 4. Aufl. u. d. T.:

Laboratory manual for general chemistry [3](New York '50) 278 S., [4](Englewood Cliffs, N.J. '60) 318 S. — Organic chemistry (m. T. D. Stewart) (Boston, Mass. '43) 5+577 S.; Answers to questions and problems (m. T. D. Stewart) ('45) 84 S. — Organic chemistry for the laboratory (m. T. D. Stewart) (Boston, Mass.-NewYork '43) 6+222 S. — The essentials of organic chemistry (m. T. D. Stewart) (Boston, Mass. '48) 6+394 S.; [2]('53) 394 S.

California Engr. Some chemical and physical effects of vibration: **17** ('39) 506–.

J. amer. chem. Soc. The rearrangement of triphenyl-methyl ortho-tolyl ether[8]): **54** ('32) 363–65. — The nitration of phenylacetic acid[11]): 1199–204. — The preparation and properties of tertiary butyl phenylacetate[11]): 2453–55. — The nitration of the methyl, ethyl and tertiary-butyl esters of phenylacetic acid[11]): 2507–10. — Dipole moments of the chlorobenzophenone oximes[8]): **55** ('33) 4745f. — Dipole moments and molecular structure of amides[5]): **56** ('34) 2549–54. — Chlorobenzophenone oximes[10]): 2688f. — Racemization in the preparation of the Grignard reagent: **57** ('35) 1436. — The rearrangement of acetylchloroaminobenzene in the presence of radioactive hydrochloric acid[7])[6])[4]): **58** ('36) 2467–72. — Stereochemistry of deuterium compounds, 1: Optical rotation of methylhexyldeuterocarbinol[12]): **59** ('37) 328f.; ~ 2: α-Methylbenzylamine[12]): 1437f. — A molecular rearrangement induced by ultrasonic waves[12]): **60** ('38) 1497–500. — Further studies on a molecular rearrangement induced by ultrasonic waves[1]): **63** ('41) 3434f.

Review sci. Instruments An improved magnetostriction oscillator[9]): **10** ('39) 142–46. — An efficient piezoelectric oscillator[9]): 269f.

Ferner ein vervielfältigtes Manuskript: Production of intense ultrasonic vibrations (m. W. W. Salisbury) (Oakland, Cal. '38) 25 S.

Mit: [1]) E. W. Barrett; [2]) –; [3]) –; [4]) R. S. Halford; [5]) W. D. Kumler; [6]) F. A. Long; [7]) A. R. Olson; [8]). G. S. Parsons; [9]) W. W. Salisbury; [10]) H. B. Wilcox; [11]) D. L. Yabroff; [12]) L. E. Young.

VI **PORTEVIN,** Albert Marcel Germain René. Metallurgie. — 1925–50 Prof., '44–46 Prés. du Conseil, '45–50 Dir. de la Recherche sci. et techn., '47–50 Prés. du Conseil d'Administration, '50–62 Membre et Prés. hon. du Conseil d'Administration, Ecole Centrale des Arts et Manufactures, Paris; '29– Prof., '37– Dir., Prés. du Conseil de Perfectionnement, Ecole Sup. de Fonderie, Paris; '30– Prof., Ecole de Soudure Autogène, Paris; Prés. de l'Inst. de Soudure; '59 Prés. de l'Inst. de France; Conseiller sci., Administrateur, Prés. ou Membre d'Honneur du nombreuses sociétés sci. ou techn. françaises et étrangères. — Dr. h.c.: (Univ. libre de Bruxelles; Univ. Kraków; Univ. Louvain; Univ. Laval, Quebec; Univ. Zürich; Univ. Gent). — Grand Officier de la Légion d'Honneur; '35 Bessemer Gold Medal (Iron and Steel Inst., London); '58 Carl-Lueg-Goldmedaille (Verein Deutscher Eisenhüttenleute); Carnegie Medal (Amer. Soc. for Metals); Platin Medal (Inst. of Metals, London); Médaille Trasenster (Assoc. des Ingénieurs de Liège); nombreuses décorations par des gouvernements étrangers. (⊠)

*1880, Nov. 1, Paris;

†1962, Apr. 12, Àbano Terme, Padova.

Zur Biogr. G. C. [G. Chaudron] in: Centenaire de la Société chimique de France (1857–1957) (Paris '57) 224f. — C. Duval, R. E. Oesper, J. chem. Educat. **29** ('52) 201f. (m. Bildn.). — Annales Chim. analyt. **25** ('43) 16, 127 (m. Bildn.). — Nature [London] **169** ('52) 821f. — Verleihung der Carl-Lueg-Medaille: Stahl u. Eisen **78** ('58) 1727; Dank von Prof. Dr. Portevin: 1727f. (m. 2 Bildnissen).

Nekr. P. G. Bastien, Biographical Mem. Fellows roy. Soc. **9** ('63) 223–35 (m. Bildn., Faks., Schr.verz.-Auszug). — G. Chaudron, C. R. hebd. Séances Acad. Sci., Paris **254** ('62) 4109–12. — G. Darrieus, Notices et Discours, Acad. Sci., Paris **4** ('64) 582–87. — G. Poivilliers, ibid. 587–89. — G. Delbart, Revue Métallurgie [Paris] **59** ('62) 377–79 (m. Bildn.). — P. Laffitte, Bull. Soc. chim. France **1962**, 1276f. — Bull. Soc. chim. France **1964**, 1–5 (m. Bildn., Schr.verz.). — J. Iron and Steel Inst. **200** ('62) 558, 1070f. — Materialprüfung **4** ('62) 307 (m. Bildn.).

Zur Bibliogr. Notice sur les travaux scientifiques de M. Albert Portevin (Paris [' ?]) [nicht nachgewiesen]; Complément (période 1936–1942) à la Notice ~ (Paris '42) 44 S.

H. Métallurgie et métallographie (Paris '35) (Actualités scientifiques et industrielles, 301). — H. Coste, Etude générale sur les segments de moteurs (Paris '38) (Publications scientifiques et techniques du Ministère de l'Air, 125).

S. Traité de chimie minérale (P. Pascal) **12** (Paris '34) 179–271: Introduction à la chimie des alliages métalliques. — Communications présentées au 14e Congrès de chimie industrielle, Paris 1934, **2** (Paris '34): Expériences en vue de déterminer l'indice d'uniformité d'épaisseur des dépôts électrolytiques et le pouvoir de pénétration des bains électrolytiques de nickelage et de chromage[10]) (17 S.); Einfluß verschiedener Faktoren auf die Ergebnisse von Korrosionsversuchen in feuchtem Medium mit gewöhnlichen und mit schwach rostenden Stählen [französ.][20]). — Atti ufficiali, XI Congresso internazionale dell'acetilene, della saldatura autogena e delle industrie relative, Roma 1934 (Roma '34/35): Etude thermique de la soudure oxy-acétylénique et à l'arc électrique[36]). — Symposium on the welding of iron and steel, London 1935, 2 (London '35) (Iron and Steel Institute) 483–506: Nitrogen in its relation to welding[36]); Micro-mechanical study of welds[8]). — C.R., conférences, communications, 15e Congrès international de chimie industrielle, Bruxelles 1935, **1** (Paris '35) 223–41: Etude micromécanique des soudures[8]). — Mémoires, Congrès international de fonderie, Bruxelles 1935 (Bruxelles '35) 267–71: Praktische Bemerkungen zur gegenwärtigen Erzeugung von hochwertigem Gußeisen [französ.][26]). — 7e Congrès international des mines, de la métallurgie et de la géologie appliquée, Paris 1935, **1** (Paris ['36]) 321–38: Etude expérimentale de l'hétérogénéité des métaux et alliages[8]); 339–57: Prüfung der Schmiedbarkeit im Laboratoriumsversuch [französ.][34])[24]). —Proc. 12th International congress of acetylene, oxy-acetylene welding and allied industries, London 1936 (London '36) 176–217: Métallurgie, propriétés et contrôle des soudures[3])[36]); 590–99: Quelques exemples d'étude analytique de l'hétérogénéité des soudures[28]); 677–703: Etude de la formation des nitrures métalliques dans la soudure des aciers[36]). — Atti X Congresso internazionale di chimica, Roma 1938, **1** (Roma '39) 341–57: Metallurgie und der Transport zu Lande, zu Wasser und in der Luft [ ].

W. Précis de métallographie microscopique et de macrographie (m. L. Guillet) [3](Paris '32) 407 S. — Introduction à l'étude des traitements thermiques des produits métallurgiques (Paris '34) 120 S. [Sonderdruck der Artikelreihe in: Aciers spéc., Métaux et Alliages; siehe auch dort]; engl.: Introduction to the study of heat treatment of metallurgical products (Cleveland, O.–NewYork '39) 8+246 S.; span.:Introducción al estudio de los tratamientos térmicos de los productos metalúrgicos (Montevideo '45). — Réactifs d'attaque métallographique, notions générales et formulaire relatifs aux réactifs micrographiques et macrographiques (m. P. Bastien) (Paris '37) 18+267 S. — Introduction à l'étude des métaux, structure et propriétés (Paris '41) 1+35 +3 S. — Aptitude à la mise en œuvre des pièces mécaniques (Paris '44) 49 S. (Centre syndical de documentation et de formation des techniciens de la machine-outil, 1944). — Aptitude à la mise en œuvre des matériaux métalliques (St.-Germain-Laye '47) 26 S. (∼ 1946). — Les propriétés des métaux et alliages sont l'expression de leur structure (Alençon '47) 19 S. (Les conférences du Palais de la Découverte, 26 janvier 1941). — Les aciers inoxydables (Alençon '47) 15 S. (∼ 1er mars 1942). — Introduction à l'étude de la corrosion métallique dans les industries pétrolières et chimiques (m. M. Ballay, J. Bénard, G. Chaudron, J. Duflot, P. Lacombe) (Paris '52) 220 S. — Métallurgie (m. P. Bastien, J. Durand, A. Sourdillon, M. Fourment) (Paris '57) 3 Bände (Techniques de l'ingénieur). — Annexes au cours de métallographie (Ecole supérieure de Fonderie), Année 1958, **1** (Paris '58) 22+471 S.

Aciers spéc., Métaux et Alliages Introduction à l'étude des traitements thermiques des produits métallurgiques: **7** ('32) 242–56, 282–97, 318–28, 396–412; **8** ('33) 2–18, 203–22, 231; **9** ('34) 2–23. — Les bases scientifiques de la soudure autogène: **8** ('33) 384–99. — Sur le développement de la purification de l'acier: **9** ('34) 84–92. — Corrosion et applications de métaux: 287–90.

Métaux et Corrosion Contribution à la discussion du rapport par Sir Robert Hadfield et S. A. Main sur la corrosion du fer et de l'acier[20]): **12** ('37) 9–15. — Vergleich der Ergebnisse von Korrosionsversuchen an der See und im Prüfraum an einigen weichen unlegierten Stählen und an schwach legierten Stählen[20]): 201–09 [französ.]. — Conditions de la surface et corrosion: **13** ('38) 43–62. — Méthodes de dosages sur microprélèvements et applications aux études métallurgiques[28]): 77f. — Etat actuel du problème de la corrosion des aciers doux par des nitrates[20]): 171–76. — L'influence de divers facteurs sur les essais de corrosion: **14** ('39) 17–29. — Quelques conclusions de l'étude expérimentale de la corrosion des soudures[28]): 49–56. — Les propriétés des métaux et alliages sont l'expression de leur structure: **15** ('40) 79–86. — Floris Osmond. L'homme et l'œuvre: **24** ('49) 223–30.

Métaux, Corrosion, Usure Introduction aux Conférences sur la corrosion de 1941: **16** ('41) 1–3. — Observations sur les déformations dans les copeaux provenant de l'usinage des métaux[1]): 30f. — A propos du centenaire de D.-K. Tchernoff: Rôle de la cristallographie dans les origines de la métallographie: 88f. — Aperçu sur la métallographie du zinc: **17** ('42) 83–88. — Les deux modes de départ de l'hydrogène lors du recuit du fer[7])[30]): 175–77. — Aptitude à la mise en œuvre des pièces mécaniques: **20** ('45) 71–76, 85–96, 99–106.

Aluminium [Berlin] Untersuchung über die Schmiedbarkeit verschiedener Leichtmetall-Legierungen[1]): **18** ('36) 558–63. — Französische Forschungsarbeiten über das Gießen von Leichtmetall-Legierungen: **21** ('39) 183–91.

Annales Acad. Sci. techn. Varsovie Essais de caractérisation de la forgeabilité des métaux et alliages[34])[24]): **2** ('35) 167–98. — Etude expérimentale de l'hétérogénéité chimique des lingots. Application à un alliage fer–nickel–chrome–carbone[8]): **3** ('36) 1–16. — Les transformations au refroidissement dans les aciers [22]): **4** ('37) 177–95.

Annales Univ. saraviensis, Sci. La qualité de l'acier: **2** ('53) 124–65.

Annuaire, Assoc. techn. Fonderie Graphitisation de la fonte: **1937/38**, 275.

Archiv Eisenhüttenwesen Fortschritte bei der Gasbestimmung in Stahl und Ferrolegierungen durch Vakuumschmelzung[6]): **9** ('36) 555–62.

Archives int. Hist. Sci. Reaumur, métallurgiste et chimiste: **13** ('60) No. 50/51, 99–103.

Bull. Assoc. techn. Fonderie Métallographie et fonderie. Introduction à l'étude scientifique de la fonderie: **6** ('32) 19–25. — Etat actuel de l'étude de la coulabilité des métaux et alliages: 422–27. — Einige praktische Bemerkungen zur gegenwärtigen Herstellung von hochfestem Gußeisen[26]): **9** ('35) 301–04 [französ.]. — Impuretés et purification de l'acier: **10** ('36) 123–28. — Influence de divers facteurs sur la graphitisation à la solidification des fontes[26]): 333–. — Le rôle de la capillarité en fonderie[1]): 367–. — Développements métallurgiques dans la fonderie: **11** ('37) 58–65. — Die scheinbare Dichte von Gußstücken: 218f. [französ.]. — Hitzebeständiges Gußeisen[1]): 220–31 [~]. — Le rôle du laboratoire dans le fonderie: 429–38. — Kornverfeinerung von Werkstücken. Zusammenfassende Betrachtung über den heutigen Stand dieser Frage: **12** ('38) 253–64 [französ.]. — Nature et stabilité de quelques cémentites spéciales[1])[17]): **13** ('39) 68–. — Etude de recristallisation d'une austénite spéciale au nickel–chrome[6]): **14** ('40) 47–50.

Fonderie Définition et classification des défauts de fonderie d'origine métallurgique: **1951**, 2345. — Gaz et soufflures congénitales (ou endogènes) en fonderie: **1953**, 3457–79. — Contraintes résiduelles dans les pièces de fonderie[33]): **1955**, 4585–94. — Emploi des gaz en fonderie et en métallurgie: **1958**, 153–56.

Bull. Soc. chim. France Sur un four dans le vide permettant l'étude des gaz dégages par les métaux fondus[29])[7]): (5) **2** ('35) 1278. — Constitution et structure des alliages: **3** ('36) 785f., 1189–237. — Nos idées récentes sur les états de surface des métaux: **5** ('38) 839.

Bull. Soc. Encouragement Industrie nation. A propos des cahiers des charges: **134** ('35) 145–47. — Folgerungen aus der sauren Schlackenführung der Hochöfen: **139** ('40) 150–52 [französ.]. — Die Härtung von Metallen durch absorbierte Gase: 198f. [~].

Bull. Soc. franç. Minéral. Etude des inclusions dans les métaux[6]): **61** ('38) 308–56. — A propos du centenaire de D. K. Tchernoff: Rôle de la cristallographie dans les origines de la métallographie: **62** ('39) 283–88. — Synthèse du diopside dans une réaction de four métallurgique[38]): **65** ('42) 128f. — Nouvelles études dilatométriques des minéraux[8]): **66** ('43) 131–52.

Bull. Soc. franç. Minéral. et Cristallogr. Etudes entreprises sur l'analyse physicochimique des minerais de fer: **75** ('52) 46–56. — Structures sphérolithiques et leur utilisation industrielle: **77** ('54) 192–212.

Bull. Soc. Ing. soudeurs Les bases scientifiques de la soudure autogène: **4** ('33) 901–.

Chaleur et Industrie Méthodes d'études de la corrosion des métaux et alliages par les gaz à température élevée et leurs applications[34]) [22]): **15** ('34) 167–200. — Etude thermique de la soudure oxy-acétylénique et à l'arc électrique[36]): **16** ('35) 409–24. — Matériaux métalliques pour échangeurs de chaleur: **17** ('36) 11f. — Conductibilité thermique et électrique des métaux et alliages: **18** ('37) 15–20.

Chimie et Industrie La corrosion des métaux et alliages industriels par les solutions phosphoriques[35]): **27** ('32) No. spéc. 3bis, 360–65. — Aperçu sur les tendances actuelles dans la métallurgie du fer: **31** ('34) No. spéc. 4bis, 147–57. — Quelques conditions de résistance à l'attaque par l'acide chlorhydrique d'alliages fer–nickel–tungstène ou molybdène[34])[22]): 464–71. — La constitution et les propriétés des alliages de magnésium avec l'aluminium et le cuivre[1]): 490–519. — La plasticité et la rupture à chaud des aciers: **35** ('36) 525f. — Quelques conséquences de l'étude expérimentale de la corrosion des soudures[28]): **41** ('39) No. spéc. 4bis, 234–39. — Contribution à l'étude du rôle des inclusions dans la corrosion des aciers[19]): 249–59. — Untersuchung des Oberflächenzustands von Stählen bei Korrosion durch natürliche Angriffsmittel und Salzlösungen[20]): 260–70 [französ.]. — Quelques résultats sur la corrosion des aciers doux par des nitrates[20]): 471–73. — Etude sur la recristallisation d'une austénite spéciale au chrome–nickel[6]): **45** ('41) No. spéc. 3bis, 270–74. — Korrosions-Tagungen während des Jahres 1941: **46** ('42) 131f. [französ.].

Courrier Normalisat. Développement du soudage dans l'industrie: **20** ('53) 397–404.

C.R. hebd. Séances Acad. Sci., Paris Facteurs principaux de la coulabilité des métaux purs[1]): **194** ('32) 599–601. — Coulabilité des alliages. Relation avec l'intervalle de solidification[1]): 830–53. — Durcissement structural à chaud des alliages fer–nickel–tungstène[34]) [22]): 1237–39. — Un mode particulier de corrosion des aciers austénitiques au chrome–nickel [35]): 1741–43, 2247. — Contribution à l'étude du système ternaire magnésium–aluminium–cuivre[1]): **195** ('32) 441–43. — Contribution à l'étude des propriétés physiques et mécaniques des alliages magnésium–aluminium–cuivre, riches en magnésium[1]): **196** ('33) 693–96. — L'évolution des inclusions dans l'élaboration des aciers[32]): 1321–23. — Contribution à l'étude de la coulabilité des alliages ternaires[1]): 1396–98. — Contribution à l'étude de la constitution des alliages ternaires magnésium–cuivre–silicium[4]): 1603–05. — Remarques sur l'étude de la corrosion des métaux et la corrosion des divers alliages de magnésium[1])[4]): 1999–2002. — Procédé d'étude de la distribution des déformations élastiques dans les pièces métalliques soumises à des efforts extérieurs[10]): **198** ('34) 146–48. — Déplacement du point de Curie avec la concentration dans les austénites fer–nickel–tungstène (ou molybdène)[34])[22]): 1141–44. — Etude expérimentale de l'état thermique pendant la soudure autogène[36]): **199** ('34) 34–36. — Quelques conditions à réaliser dans les essais de corrosion des aciers en milieu humide[20]): 789–91. — Sur l'absorption de l'azote par fusion du fer dans l'arc et le diagramme fer–azote[36]): 1613–15. — Etude micromécanique des soudures[8]): **200** ('35) 319–21. — Sur une nouvelle méthode d'extraction des gaz dans les métaux[30])[7]): **201** ('35) 212–14. — Etude du pouvoir de pénétration des bains électrolytiques[10]): 810–21. — La résistance mécanique de la peau d'alumine et son influence sur la tension superficielle du métal fondu[1]): **202** ('36) 1072–74. — Influence de divers facteurs sur la graphitisation à la solidification des fontes[26]): 1343–45. — Etude mécanique de la forgeabilité de divers types d'alliages légers et ultra-légers[1]): 2072–74. — Module élastique de certains composés définis intermétalliques[18]): **203** ('36) 237–39. — Action de diverses additions en faible proportion sur la corrosion marine de l'acier extra-doux[20]): 1514–16. — Influence des éléments d'addition de l'acier sur l'absorption d'azote par fusion à l'arc[36]): **204** ('37) 48–51. — Contribution à l'étude du rôle des inclusions dans la corrosion des aciers[10]): 125–27. — Les transformations au refroidissement des aciers[8]): 772–74. — Contribution à l'étude du rôle des gaz dans les métaux[7])[30]): 1252–54. — Méthodes de dosages sur microprélèvements et applications aux études métallurgiques[28]): **206** ('38) 518–20. — Nouveaux procédés pour l'étude de la diffusion métallique[9]): **207** ('38) 71–73. — Quelques conséquences du procédé de dégazage des métaux à la température ordinaire[7])[30]): 235–37. — Sur un mode de décomposition de l'austénite[22]): 1412–14. — Nature et stabilité de quelques cémentites spéciales[1])[18]): **208** ('39) 346–48. — Sur la formation de structures granulaires dans le domaine supérieur de transformation des aciers[22]): 1404–06. — Sur le caractère spécifique des structures formées dans la décomposition fractionnée des austénites au refroidissement en fonction de la température du séjour isotherme[22]): 1498–500. — Sur la cinétique de décomposition fractionnée des austénites en condition isotherme[22]): **209** ('39) 379–81. — Sur la cinétique de décomposition des austénites dans la région supérieure du domaine intermédiaire[22]): 556–58. — Influence de la trempe sur le module élastique de certaines catégories d'alliages[18]): **210** ('40) 335–38. — Observations sur les déformations dans les copeaux provenant de l'usinage des métaux[1]): **211** ('40) 543–45. — A propos de la morphologie comparée des structures à deux constituants dans les alliages: **212** ('41) 392f. — Influence des interruptions au cours des essais de fluage[24]): **213** ('41) 19–21. — Sur le temps d'inhibition au début de la décomposition des austénites[22]): 687–89. — Phénomènes observés lors du chargement en hydrogène du fer monocristallin et polycristallin[30])[7]): **214** ('42) 554f. — Sur la fragilité intergranulaire des aciers non corroyés[22]): 843f. — Mise en évidence de la solubilité de l'oxydule de fer dans le fer solide chauffé: 950–53. — Contribution à l'étude du cheminement de l'hydrogène dans le fer monocristallin et polycristallin[7])[30]): **215** ('42) 351–53. — Influence comparée de divers réducteurs sur la désoxydation et l'oxydation du cuivre[1])[18]): 441–43. — Sur le dépôt de ferrite dans les aciers hypoeutectoïdes[22]): 485–87. — L'influence des facteurs physicochimiques et structuraux sur la forgeabilité des métaux et alliages[1]): **217** ('43) 5–8. — Observations sur les transformations polymorphiques des agrégats cristallins[8]): **218** ('44) 538–40. — Notice sur les travaux scientifiques de Sir Robert Abbott Hadfield: **222** ('46) 24–28. — Sur la structure de l'eutectique des fontes grises[25]): 574–76, 764. — Influence des inclusions sur la qualité de l'acier: 1193–95. — Frottement interne des alliages métalliques[18]): **223** ('46) 261–63. — Phénomènes d'auto-trempe en soudure[28])[15]): 303–06. — Influence de la forme du graphite sur le frottement interne des fontes[5])[17]): **230** ('50) 891f. — Les "flocons" dans les pièces d'acier[24]): **231** ('50) 1188–90. — Analyse thermoélastique des transformations des bronzes d'aluminium[5])[17])[27]): 1373–75. — Analyse thermoélastique des transformations des bronzes[5])[14])[17]): **232** ('51) 1041f. — Remarque au sujet de la note de MM. P. Bastien et J. Dedieu: "Sur la position du point A_r''' dans les aciers inoxydables au chrome–nickel et son déplacement par écrouissage": **233** ('51) 51. — Étude de l'homogénéisation des ségrégations dendritiques de phosphore et d'arsenic dans des aciers alliés[23]): 1617–19. — Observations sur la note de MM. Collette et Jacqué: Contribution au diagramme fer–carbone par l'étude des vitesses de réaction dans le système fer–méthane–hydrogène[8]): **236** ('53) 1269. — Contribution à l'étude du durcissement secondaire des aciers ferritiques peu alliés et de ses applications au fluage[9])[13]): **239** ('54) 138–41. — Conditions d'apparition de la structure de Widmanstätten dans le cas particulier d'un acier hypoeutectoïde[9])[13]): 209–12. — Sur la terminologie métallographique: oligocomposants et oligoconstituants: 1325–27. — Analyse thermoélastique des transformations du titane[5]): **243** ('56) 1085f. — Observations au sujet de la note précédent de MM. P. Bastien et G. Stora: "Décomposition de l'austénite en phase α sous l'effet des contraintes latentes dans les aciers inoxydables du type 18-8": **244** ('57) 2615f. — Notice nécrologique sur Edouard Houdremont: **246** ('58) 3557f. — Allocution (Séance annuelle des prix du 14 décembre 1959): **249** ('59) 2655–64. — Notice nécrologique sur Pierre Chevenard: **251** ('60) 1698–700.

Engineering Contribution to the study of inclusions in steels[32]): **135** ('33) 528–30. — Die Bildung metallischer Nitride beim Schweißen von Stahl[36]): **141** ('36) 688 [engl.].

Fonderia Der Graphit der Gußeisenlegierungen: **12** ('37) 507–09 [ ]. — Kornverfeinerung von Gußstücken: **14** ('39) 59–64 [ ]. — Natur und Stabilität einiger Spezialzementite[1])[17]): 151f. [ ].

Fonderie belge Die Erscheinungsformen des Graphits in Gußeisen: **1937**, 575–79 [französ.]. — Kornverfeinerung von Werkstücken: **1938**, 781–95 [~]. — Allgemeine Gesichtspunkte bei der Herstellung von Legierungen auf dem Schmelzwege: **1940**, 918–36 [~]. — Die Gießbrüche: **1953**, 135–50 [~]. — Généralité de la notion d'oligoéléments, particulièrement en métallographie: **1958**, 147–53.

Foundry Trade J. Capillarity as a factor in foundry practice[1]): **55** ('36) 28–32, 34. — Refinement of the structure of castings: **59** ('38) 311f., 354–56, 375f. — General principles applicable to the compounding of alloys by melting: **61** ('39) 157–59, 165–68. — Residual stresses in castings[33]): **99** ('55) 9–17, 413–16.

Génie civil Facteurs principaux de la coulabilité des métaux purs[1]): **100** ('32) 248–. — Remarques sur la caractérisation expérimentale de la dissolution des métaux par les réactifs chimiques[1]): 559–63. — Un mode particulier de corrosion des aciers austénitiques au chrome–nickel: 571–. — Le différence entre fer, acier et fonte: **104** ('34) 384. — L'absorption de l'azote par fusion du fer dans l'arc et le diagramme fer–azote[36]): **106** ('35) 66–. — Etude microméchanique des soudures[8]): 119–. — Impuretés et la purification de l'acier: **107** ('35) 517–20. — Etude du pouvoir de pénétration du bains électrolytiques[10]): 523–. — Influence de divers facteurs sur la graphitisation à la solidification des fontes[26]): **108** ('36) 428–. — Module élastique de certains composés définis intermétalliques[18]): **109** ('36) 129–. — Hétérogénéité chimique et ségrégation: 402–05. — Action de diverses additions en faible proportion sur la corrosion marine de l'acier extra-doux[20]): **110** ('37) 67–. — Les transformations au refroidissement des aciers[8]): 272–. — Les écoles de spécialisation d'ingénieurs: L'Ecole Supérieure de Fonderie: **112** ('38) 131–. — Méthodes de dosages sur microprélèvements et applications aux études métallurgiques[28]): 214–. — Nouveaux procédés pour l'étude de la diffusion métallique[8]): **113** ('38) 89. — Les problèmes posés par la lutte contre la corrosion: 525–. — Nature et stabilité de quelques cémentites spéciales[1])[18]): **114** ('39) 160–. — L'influence de la métallurgie sur les progrès des transports: 456. — Contribution à l'étude de la décomposition isothermique de l'austénite au refroidissement[22]): 509–11. — Sur le caractère spécifique des structures formées par la décomposition fractionnée des austénites au refroidissement en fonction de la température du séjour isotherme[22]): 1509–. — Die Anwendung magnetoskopischer Prüfungen: **115** ('39) 437 [französ.]. — Sur la cinétique de décomposition des austénites dans la région supérieure du domaine intermédiaire[22]): 464f. — Observations sur les déformations dans les copeaux provenant de l'usinage des métaux[1]): **117** ('41) 79. — Sur quelques phénomènes observés lors du chargement en hydrogène du fer monocristallin et polycristallin [30])[7]): **119** ('42) 246f. — L'influence des facteurs physicochimiques et structuraux sur la forgeabilité des métaux et alliages[1]): **121** ('44) 96f.

Gießerei, Techn.-wiss. Beih. Gießereiwesen u. Metallkunde Beitrag zur Diskussion des Aufsatzes von Dr. Ing. W. Patterson und zur Diskussionsbemerkung von Prof. A. De Sy: Nr. **9** ('52) 439.

Industrie chim. belge Les méthodes d'analyse métallographique et leur extension à la chimie minérale: **16** ('51) 157–66.

Industrie chim. et Phosphate réunis Métallographie et chimie: **37** ('50) 151f.

Industrie électr. Etude du pouvoir de pénétration des bains électrolytiques[10]): **44** ('36) 571–.

Inst. Hierro y Acero Estado actual de los procedimentos de metalurgia rapida Ugine-Perrin: **2** ('49) Nr. 6, 6–15. — Anwendung physikalisch-chemischer Methoden der Metallographie auf die mineralogische Analyse von Eisenmineralen: **5** ('52) 215–20 [ ].

Iron and Coal Trades Rev. Contribution to the study of the chemical resistance of various special steels[34])[22]): **129** ('34) 373f. — Corrosion of stainless steel: **137** ('38) 127–. — Hardenability of steel and cast iron. Its significance and measurement: **154** ('47) 683–88, 719–24, 769–73.

J. amer. Welding Soc. A note on some results concerning the variation of chemical composition in the gas welding of ordinary steels[28]): **14** ('35) Nr. 8, 9–11.

J. Inst. Metals The phenomena of quenching and tempering in alloys: **51** ('33) 315–56. — Castability of ternary alloys[1]): **53** ('33) 236–47; **54** ('34) 45–58. — Study of the forgeability of various light and ultralight alloys [1]): **59** ('36)

83–110, 401–25. — Segregation and liquation of alloys and their application to non-ferrous metallurgy[11]): **75** ('49) 949–72, 1196–202.

J. Iron and Steel Inst. Contribution to the study of inclusions in steels[32]): **127** ('33) 153–87. — Contribution to the study of non-metallic inclusions in steels[32]): **128** ('33) 443–50. — Contribution to the study of the chemical resistance of various special steels[34])[22]): **130** ('34) 219–77. — Morphology of the inclusions in siderurgical products [,1.2][6]): **132** ('35) 237–80; ~ 3: Chromium alloys and chromium steels: **134** ('36) 213–39; ~ 4: Titanium, zirconium and vanadium steels and alloys[6]): **135** ('37) 223–32; ~ 5: General conclusions[6]): 233–44; ~: Discussion: 245, 252, 301, 321.

J. Physique et Radium Aperçu sur les aciers du point de vue de leur rapport avec la physique: (8) **4** ('43) 17–31.

Jernkontorets Ann. Reduktionsmechanismus der Einwirkung des Zusatzes von Aluminium zu Silicateinschlüssen im Stahl[6]): **120** ('36) 738–40 [schwed.].

Korrosion u. Metallschutz Vergleichende Korrosionsprüfungen mit handelsüblichem Flußeisen und niedrig legiertem Stahl im Meer und im Laboratorium[20]): **14** ('38) 205–13.

Mémoires Soc. Ing. civils France L'état actuel de notre connaissance au regard de la structure des métaux et des alliages et les conséquences industrielles: **85** ('32) 7–42.

Mémoires Soc. roy. belge Ing. et Industriels, Ser. B Etude de l'état et des propriétés des surfaces des métaux: **7** ('48) 267–79. — Les alliages zinciques: 280–92.

Mémorial Artillerie franç. Les alliages légers et ultra-légers dans l'industrie de guerre: **16** ('37) 283–96.

Metal Industry [London] Tempering and quenching of alloys: **42** ('33) 491–93, 521–24, 543–45. — Capillarity as a factor in the foundry practice[1]): **48** ('36) 683–87, 716–20. — Einfluß von betrieblichen Gegebenheiten auf die Eigenschaften von Gießereierzeugnissen: **50** ('37) 327–30 [engl.]. — General principles applicable to the compounding of alloys by melting: **55** ('39) 127–32, 155–59, 177–79.

Metal Progr. On the use of cement as binder for facing sand: **22** ('32) 52. — Solidification of foundry alloys: **25** [oder **26**?] ('34) 44–. — Metals of high purity: **27** ('35) 66–68. — Dispersion hardening and intercrystalline corrosion of solid solutions: **30** ('36) 70f. — Effect of cold working on the grain size of austenite: **32** ('37) 116f. — Einfluß von Kratzern und Schrammen auf die Korrosionsneigung von rostfreien Stählen: **34** ('38) 62–64 [engl.]. — Interdendritic pipe in steel castings: 152f. — What is a metallic surface: 233. — Acid operation of blast furnaces: 590f. — Hardening of metals by absorption of gases: 694f. — Effect of aluminium on inclusions in steel: **35** ('39) 68–. — Interpretation of magnetic patterns: 377f. — Einsturz der Brücke über den Albert-Kanal bei Hasselt: 491f. [engl.]. — Acicular troostite: 593f. — Characteristic temperatures of metals and alloys: **36** ('39) 275f. — Farbige Oberflächenschichten in der Mikrographie: 761f. [engl.]. — Chemical heterogeneity in alloys: **37** ('40) 69f. — Toughness (impact strength) unaffected by alternating stresses (fatigue): 563f. — Rapid dephosphorization of mild rimmed steel: 660–88. — Nitrogen is the "carbon" of ferritic steels: **38** ('40) 185f. — Converter steel for shells: 294. — Ductility, a metallic property: 810f. — Durch gleichzeitiges Auftreten mehrerer Umstände bedingte Unfälle: **39** ('41) 67f. [engl.]. — Morphology and kinetics of the constituants in quenched steels: **50** ('46) 311. — Substitute metallurgical products: 485–94. — Hydrogen in metals: 1206–08. — Rapid refining by the Ugine-Perrin method: **55** ('49) 475–81.

Metal Treatment and Drop Forging Effect of strain hardening and tempering on 18-8 stainless steels[1])[12]): **18** ('51) 465–68.

Metalen Les divers aspects industriels des phénomènes de trempe des aciers: 8 ('53) 247–50, 267–72, 298–300, 307–10.

Microtecnic [Lausanne] Internationale Forschungsgemeinschaft für mechanische Produktionstechnik: **7** ('53) 114f.

Moniteur Prod. chim. Gegen chemische Angriffe beständige Stähle: **14** ('32) Nr. 163, 3–9.

Monthly J., Inst. Metals Study of the forgeability of various light and ultra-light alloys[1]): **3** ('36) 401–25.

Nature [Paris] Nouveau procédé d'étude de la distribution des déformations élastiques dans les pièces métalliques soumises à des efforts extérieurs[10]): **62** ('34) 299–301.

Notices et Discours, Acad. Sci., Paris Funérailles de Georges Charpy, Paris, le 29 novembre 1945 (Discours): **2.**1937/48 ('49) 471–76. — Cérémonie du soixante-quinzième anniversaire de l'Union des Ingénieurs sortis de l'Université de Louvain, Paris, le 9 avril 1948 (Discours): 708–12. — Cérémonie de la pose de la première pierre des Laboratoires de l'Institut de Recherches de la Sidérurgie à Saint-Germain-en-Laye, 19 juin 1948 (Discours): 723–29. — Denis Papin, grand mécanicien, grand inventeur: 730–35. — Cérémonie commémorative du trois-centième anniversaire de la naissance de Denis Papin à la Closerie des Coudraies, Chitenay, Loir-et-Cher, 20 juillet 1947 (Discours): 736f. — Cérémonie du centenaire de la naissance de Floris Osmond: L'homme et l'œuvre: **3.**1949/56 ('57) 72–93. — Notice sur la vie et les travaux de Maxime Laubeuf (1864–1939): 277–85.

Proc., Inst. brit. Foundrymen Capillarity as a factor in foundry practice[1]): **29** ('35/36) 88–116. – Allgemeine Gesichtspunkte bei der Herstellung von Legierungen durch Schmelzen: **32** ('38/39) 213–28 [engl.]. – Restspannungen in Gußkörpern[33]): **48** ('55) A60–A72 [ ].

Revista Acad. Ci. exactas, físicas y natur. Madrid Les aciers inoxydables: **46** ('52) 5–24.

Revue Fonderie moderne Influence de divers facteurs sur la graphitisation à la solidification des fontes[26]): **31** ('37) 113f.

Revue gén. Sci. pures et appl. Métallographie et chimie: **57** ('50) 51–53. – Chimie minérale et chimie organique: **58** ('51) 82–85.

Revue Métallurgie [Paris] Les travaux de la section "Métaux" au Congrès de Zürich de la nouvelle Association Internationale pour l'Essai des Matériaux: **29** ('32) 44–51. – Caractérisation des propriétés mécaniques des pièces moulées en fonte grise: 61–73. – Bemerkungen über die mechanische Prüfung von Gußeisen: 140–42 [französ.]. – La question des essais mécaniques des fontes: 306–14. – Etat actuel des méthodes de dosage de l'oxygène et des oxydes dans le fer et l'acier[6]): 414–21, 449–69, 492–506, 553–64. – Contribution à l'étude des inclusions des aciers[32]): **30** ('33) 175–87. – Observations générales au sujet de la détermination de la perte de poids dans les essais de corrosion: 275–79. – Emploi du microscope dans l'étude et le contrôle des revêtements électrolytiques[10]): 323–48. – Essais d'une méthode de mesure continue de faibles corrosions accompagnées de dégagement gazeux[34]) [19]): 362–65. – Méthodes d'études de la corrosion des métaux et alliages par les gaz à température élevée et leurs applications[34])[22]): **31** ('34) 101–15, 186–91, 219–36. – Procédé d'étude de la distribution des efforts élastiques dans les pièces métalliques[10]): 147–58. – Préparation des éprouvettes de corrosion sur rôles: 212f. – Etude expérimentale de l'hétérogénéité des métaux et alliages[8]): **33** ('36) 96–113. – Contribution à l'étude de la forgeabilité. Recherches d'un essai de laboratoire[34])[24]): 114–32. – Certains défauts constatés en service sur les essieux coudés de locomotives: 209–14. – Sur la morphologie des inclusions des produits sidérurgiques[6]): 400–08, 448–59, 516–24, 574–83, 627–37, 671–76; **34** ('37) 307–26. – Contribution à l'étude du rôle de l'azote dans les soudures[36]): **33** ('36) 705–20; **34** ('37) 225–37. – P. C. Gilchrist (1851–1930)[17]): **33** ('36) 756–. – Les recherches de Henry Le Chatelier sur la constitution des produits métallurgiques[17]): **34** ('37) 39–52. – Etudes analytiques de l'hétérogénéité chimique dans les soudures[28]): 277. – Formation des nitrures métalliques dans la soudure des aciers[36]): 281. – Application des méthodes potentiométriques à la prévision de la corrodabilité des alliages ferreux[19]): 564–74. – Gustav Tammann (1861–1938): **36** ('39) 310f. – Beitrag über das in Nickelstählen nach langsamer Abkühlung beobachtete Gefüge: 316–21 [französ.]. – Principes généraux applicables à la préparation des alliages par fusion: 429–45. – La qualité des aciers et les aciers de qualité: **37** ('40) 34–47, 61–70. – Le centenaire de Tchernoff[2]): 129–33. – Caractérisation métallographique des déformations plastiques de quelques copeaux d'usinage[1]): **38** ('41) 165–84. – La mise en évidence directe de la solubilité de l'oxydule de fer dans le fer pur solide[6]): **39** ('42) 225–32. – Sur les limites du diagnostic radiographique dans l'examen des soudures[21]): **40** ('43) 97–107. – Propriétés complexes en métallurgie: 161–74. – A propos de l'expression durcissement structural: **41** ('44) 42–44. – Trempabilité: 193–207, 243–47. – Morphologie des structures micrographiques: 313–30. – Sur la structure de l'eutectique des fontes grises [25]): **43** ('46) 129–31. – Les phénomènes de ségrégation et de liquidation dans les alliages. Leur application à la métallurgie des métaux nonferreux[11]): **47** ('50) 104–18. – Les flocons dans les pièces d'acier[34]): 889–94. – La trempe de l'acier par refroidissement dans les liquides et les travaux de H. Le Chatelier: **48** ('51) 497–504. – Gaz et soufflures congénitales (ou endogènes) en fonderie: **50** ('53) 445–64. – Un exemple de transposition des phénomènes et lois en métallographie: des alliages légers d'aluminium aux alliages austénitiques résistants à chaud: 809–16. – Exposé sur les titres et travaux du prof. A. F. Westgren: **52** ('55) 2–4. – Les métaux de la mine du platine: 173–78. – Emploi des gaz en fonderie et en métallurgie: **54** ('57) 813–16. – E. Houdremont: **55** ('58) 797.

Revue Nickel Gegen chemischen Angriff beständige Stähle: **3** ('32) 75–90 [französ.]. – Durch Temperaturerhöhung härtbare Legierungen[34])[32]): **4** ('33) 78f. [~].

Revue sci. A propos de l'organisation des recherches techniques: **73** ('35) 440f.

Revue Soudure autogène L'absorption de l'azote par fusion du fer dans l'arc et le diagramme fer–azote[36]): **27** ('35) 12–. – Influence des constituants de l'alliage sur l'absorption d'azote par fusion de l'acier à l'arc[36]): **29** ('37) 14f.

Revue techn. luxembourgeoise Le développement des méthodes de la purification de l'acier: **25** ('33) 38–49. – Etat actuel des procédés de métallurgie rapide (Ugine–Perrin): **41** ('49) 203–11.

Revue univ. Mines., Métallurgie, Trav. publ., Sci. et Arts appl. Industrie Les aciers chimiquement résistants, dits "inoxydables": (8) **7** ('32) 198–223. – Etat actuel des méthodes de dosage de l'oxygène et des oxydes dans le fer et dans l'acier[6]): **9** ('33) 162. – Méthodes d'études de la corrosion des métaux et alliages par le gaz[34])[u.a.]): **10** ('34) 553–56. – La qualité des aciers et les aciers de qualité: **15** ('39) 320–37. — Aspects métallurgiques des problèmes de la soudure: (9) **9** ('53) 375–83.

Schweizer Arch. angew. Wiss. u. Techn. Etudes sur la forgeabilité de l'aluminium et des alliages légers: **6** ('40) 247–53 [m. deutscher Zusammenfassg.].

Science Rep., Tôhoku imp. Univ., Ser. I Nouvelle méthode pour extraire les gaz des métaux et contribution à l'étude des gaz retenus par l'aluminium[7])[29]): Honda Anniversary volume ('36) 933–39.

Stahl und Eisen Einflußgrößen bei Korrosionsversuchen: **58** ('38) 1421–32.

Strojnický Obzor Chemische Heterogenität und Seigerung: **17** ('36) 20– [tschech.].

Technique moderne Les phénomènes à la trempe et au revenu des alliages: **26** ('34) 573–78, 682–90. — La grosseur de grain de l'acier: **30** ('38) 536–38.

Técnica metalúrg. Osmond, der Begründer der Metallographie: **8** ('52) 397–404 [ ].

Trans. amer. Foundrymen's Soc. Gase und natürlich vorkommende Blasen in der Gießereipraxis: **60** ('52) 109–24 [engl.].

Trans. Faraday Soc. Experimental study of the influence of the support or cathode on the structure of electrolytic deposits obtained in aqueous solution[10]): **31** ('35) 1211–18.

Usine Conséquences industrielles des recherches métallurgiques: **41** ('32) Nr. 4, 25–29. — Die Formfüllfähigkeit der reinen Metalle[1]): Nr. 12, 29– [französ.]. — Über die Prüfung von Gußeisen: Nr. 13, 37– [~]. — Beziehung zwischen der Formfüllfähigkeit der Legierungen und dem Erstarrungsintervall[1]): Nr. 14, 27– [~]. — Corrosion des aciers austénitiques au chrome-nickel[35]): Nr. 34, 25–. — Durcissement à chaud des alliages au fer–nickel–tungstène[34]): Nr. 37, 23–. — Sur des phénomènes de ségrégation: Nr. 43, 34f. — Les bases scientifiques de la soudure autogène: **42** ('33) Nr. [?], 25–27. — Phénomènes de trempe et d'étirage dans les alliages: Nr. 33, 21–24; Nr. 34, 24–27. — Métaux et alliages modernes: **44** ('35) Nr. 6, 25–27. — Influence de divers facteurs sur la graphitisation à la solidification des fontes[26]): **45** ('36) Nr. [?], 25–. — Etude mécanique de la forgeabilité de divers types d'alliages légers et ultralégers[1]): Nr. [?], 27–. — Recherche scientifique et industrie moderne: **46** ('37) Nr. 11, 25–27. — Verwendung von Zinklegierungen als Austauschwerkstoffe für andere Metalle und Legierungen[31])[37])[16]): **51** ('42) Nr. 9, 31–33 [französ.]. — — Vermutlich weitere Arbeiten in dieser Zeitschrift.

Ferner eine Vorlesungsskripte „Cours de métallurgie" (bearb. von O. Quevron) (ca. '41).

Mit: [1]) P.G. Bastien; [2]) N.T. Belaiew; [3]) L. Bloch-Sée; [4]) M. Bonnot; [5]) R. Cabarat; [6]) R. Castro; [7]) G. Chaudron; [8]) P.Chevenard; [9]) A. Constant; [10]) M. Cymboliste; [11]) M. Dannenmuller; [12]) J. Dedieu; [13]) G. Delbart; [14]) P. Gence; [15]) H. Granjon; [16]) R. Grunberg; [17]) L. Guillet; [18]) L. Guillet, jr.; [19]) L. Guitton; [20]) E. Herzog; [21]) G. A. Homes; [22]) H. Jolivet; [23]) A. Kohn; [24]) J. de Lacombe; [25]) H. Laplanche; [26]) R. Lemoine; [27]) R. LeRoux; [28]) A. Leroy; [29]) A. Moreau; [30]) L. Moreau; [31]) Patain; [32]) R. Perrin; [33]) J. Pomey; [34]) E. Prétet; [35]) A. Sanfourche; [36]) D. Séférian; [37]) E. Wagner; [38]) J. Wyart.

V,VI **POSEJPAL,** Václav. Physik (exper.). — 1919–21 Außerord. Prof., '21–35 ord. Prof., '29–30 Dekan u. '30–31 Prodekan d. naturwiss. Fak., Karlova Univ., Praha; Generalsekretär d. Forschungsrates der ČSR; '24 Vizepräs., Int. Union f. Reine u. Angew. Physik. — '24 Dr. h.c. (Univ. de Nancy); '33 Dr. h.c. (Univ. de Poitiers). — Chevalier de la Légion d'Honneur (Frankreich); Officier de l'Instruction Publique (Frankreich). (⊠)
*1874, Dez. 20, Rasochy, Böhmen;
†1935, Apr. 8, Praha.

Zum 60. Geb.tag V. Dolejšek, Čas. Pěst. Mat. a Fysiky **64** ('34) 2–.

Nekr. B. Hostinský, Václav Posejpal (Praha '36) 47 S. (m. Bildn., Faks. u. Schr.-verz.) (Česká Akademie Věd a Umění). — Nature [London] **135** ('35) 946.

C.R. hebd. Séances Acad. Sci., Paris Formule générale pour les sauts d'absorption: **195** ('32) 36–39. — Rayon atomique du carbone dans le diamant: **196** ('33) 337–39. — Nouvelles remarques sur le rayon atomique du carbone dans le diamant: 1655–57. — Matérialisation de l'éther: **198** ('34) 59–61. — Matérialisation de l'éther polarisé: 014 16. Sur la formation de l'hydrogène dans le vide: **199** ('34) 180–88.

J. Physique et Radium Sur le passage des rayons photoniques par les atomes: (7) **3** ('32) 390–407. — Rayons atomiques et moléculaires: **4** ('33) 741–48.

Věstn. král. české Spol. Nauk Une méthode pour la mesure directe des sauts d'absorption: **1933**, Nr. 15, 9 S.

VI **POSNJAK,** Eugene. Chem., Kristallogr. — 1913–47 Chemist, Geophysic. Labor., Carnegie Instn., Washington, D.C.
*1888, Juni 23, Moskva;
†1949, Aug. 5, Santa Barbara, Calif.

Todesanzeige Nature [London] **164**('49) 646.

Nekr. Science [USA] **110** ('49) 265.

American J. Sci. The system Ca_2SiO_4–Fe_2SiO_4[2])[9]): (5) **25** ('33) 273–97. — The system CaO–FeO–SiO_2[2])[9]): **26** ('33) 193–284. — Equilibrium relationships of Fe_3O_4, Fe_2O_3, and oxygen[4])[8])[10]): **30** ('35) 239–316. — Clays and other minerals from the deep sea, hot springs and weathered rocks[8]): **35A** ('38) 179–84. — The system calcium sulfate-water: 247–72. — Deposition of calcium sulfate from sea water: **238** ('40) 559–68.

American Mineralogist Zeolitic alteration of pyroclastics[3]): **18** ('33) 167–71. — Separation planes in magnetite[4])[8]): **21** ('36) 504–10. — Sulfate incrustations in the Copper Queen Mine, Bisbee, Arizona[8]): **22** ('37) 567–71.

J. amer. ceram. Soc. Notes on the x-ray diffraction patterns of mullite[4]): **16** ('33) 569–83.

J. amer. chem. Soc. Molecular rotation in the solid state. The variation of the crystal structure of ammonium nitrate with temperature[5])[6]): **54** ('32) 2766–86.

J. Washington Acad. Sci. The crystal structure of tenorite (cupric oxide)[11])[7]): **23** ('33) 195–98.

Z.Kristallogr., Kristallgeom., Kristallphysik, Kristallchem. Silicate structures of the cristobalite type, 1: The crystal structure of α-carnegieite ($NaAlSiO_4$)[1]): **81** ('32) 135–41; ∼ 2: The crystal structure of Na_2CaSiO_4[1]): 370–75; ∼ 3: Structural relationship of high-cristobalite, α-carnegieite and Na_2CaSiO_4[1]): 376–85. — Spinel structures: with and without variate atom equipoints[1]): **82** ('32) 325–41. — The crystal structure of ilmenite[1]): **88** ('34) 265–70. — Notes on some structures of the ilmenite type[1]): 271–80. — Geometrical and optical properties, and crystal structure of tenorite[11])[7]): **90** ('35) 120–42.

Mit: [1]) T. F. W. Barth; [2]) N. L. Bowen; [3]) M. W. Bramlette; [4]) J. W. Greig; [5]) S. B. Hendricks; [6]) F. C. Kracek; [7]) C. J. Ksanda; [8]) H. E. Merwin; [9]) J. F. Schairer; [10]) R. B. Sosman; [11]) G. Tunell

III–VI **POSSE,** Konstantin Aleksandrovič. Math. — 1883–1919 Prof., Univ. Petersburg→Petrograd. (⊠)
*1847, Okt. 28 (16), Petersburg;
†1928, Aug. 24, Leningrad.

VI **de POSSEL,** René. Math. — 1933–34, '36–37 Maître de Conférences, Univ. d'Aix-Marseille; '34–36 Maître de Conférences, Univ. de Clermont-Ferrand; '37– Chargé de Cours, Univ. de Besançon; puis Prof., Univ. d'Alger; plus tard Prof. Analyse numérique et Dir. de l'Inst. de Programmation, Fac. des Sci., Univ. de Paris. — '43 Prix Francœur, '49 Prix Leonard Eugene Dickson (Acad. Sci. Paris). — — Genauere Daten nicht bekannt. (⊠)
*1905, Febr. 7, Marseille.

S. Encyclopédie française **1**: L'outillage mental, **3**: Mathématique (Paris '37) 1·64, 1–7: Les ensembles. — Proc. Symposium on questions of numerical analysis, Rome 1958 (Roma '–) 1–3: Quelques problèmes arithmétiques traités sur le calculateur électronique ELLIOT 402. — Les mathématiques de l'ingénieur (Mons '58) (Mémoires et Publ. Soc. Sci., Arts et Lettres Hainaut, Volume hors série 1958) 32–43: Influence des roues profilées et de la loi de frottement sur le mouvement de lacet d'un véhicule de chemin de fer. — La méthode axiomatique dans les mécaniques classiques et nouvelles. Actes du 4e Colloque international de logique et philosophie des sciences, Paris 1959 (Paris '63) 23–28: Sur les axiomes de la mécanique classique.

W. Quelques problèmes de représentation conforme (Paris '32) 103 S. (Thèse). — Sur la théorie mathématique des jeux de hasard et de réflexion (Paris '36) 45 S. (Actualités scientifiques et industrielles, 436. Conférences du Centre universitaire méditerranéen de Nice, 1).

Anais Fac. Ci. Porto Initiation à la topologie: **31** ('46) 220–39.

Annales Inst. Fourier, Univ. Grenoble La notion physique d'énergie vis-à-vis des définitions du travail et de la force: **2** ('50) 185–95.

Annales Univ. Grenoble Sur l'indétermination de la puissance d'un torseur réparti: (N. S.) **21** ('46) 109–15.

Buletinul Inst. politehn. Iaşi Sur les variétés à deux dimensions, les ensembles de capacité maximale et le prolongement des variétés conformes: (N.S.) **10** ('64) Nr. 3/4, 11–14 [m. rumän. Zusammenfassg.].

Colloques int. Centre nation. Rech. sci. Hypothèses de la théorie des relations qui permettent d'associer, à un bon ordre d'un ensemble, un bon ordre, défini sans ambiguité, de l'ensemble de ses parties[2]): **70** ('58) 51–55.

C.R. hebd. Séances Acad. Sci., Paris Sur quelques problèmes de représentation conforme: **194** ('32) 42–44. — Sur les fonctions étoilées et les ensembles du type maximum: 159–61. — Sur les ensembles du type maximum, et le prolongement des surfaces de Riemann: 585–87. — Théorie de la mesure. Sur le prolongement d'une fonction additive d'ensemble: **197** ('33) 385–87. — Un théorème sur les fonctions d'ensemble complètement additives[1]): 885–87. — Sur la dérivation abstraite des fonctions d'ensembles: **201** ('35) 579–81. — Sur un espace sans base dénombrable qui est complètement ordonné et dont tout intervalle fermé est homéomorphe à un intervalle numérique: **222** ('46) 1202f. — Sur la définition d'un torseur réparti et sur l'évaluation de sa puissance: 1470–72. — Sur les applications des torseurs répartis à la dynamique des corps à une dimension rectifiables et des milieux continus: **223** ('46) 127–29. — Sur la généralisation de la notion de système dérivant: **224** ('47) 1137–39. — Sur les systèmes dérivants et l'extension du théorème de Lebesgue relatif à la dérivation d'une fonction à variation bornée: 1197f. — Sur le principe de Huyghens pour une onde électromagnétique[3]): **232** ('51) 1819–21. — Sur le sillage d'une plaque perméable[4]): **236** ('53) 2211–13. — Traînée d'une bande perméable de largeur constante[4]): **238** ('54) 1966–68. — Traînée et porosité aérodynamique d'une bande perméable; cas des tôles perforées[4]): **239** ('54) 579f. — Sur certaines suites d'équivalences dans une classe ordonnée, et sur leur application à la définition des parentés entre relations[2]): 940–42. — Sur les variétés à deux dimensions, les ensembles du type maximum et le prolongement des variétés conformes: **249** ('59) 985–87.

C.R. hebd. Séances Acad. Sci. Paris, Ser. A Sur l'existence d'ensembles d'entiers qui interviennent en théorie ergodique: **262** ('66) 1144f.

Gazeta Mat. [Lisboa] Les principes mathématiques de la mécanique classique: **7** ('46) Nr. 28, 1–9; Nr. 29, 9–12.

Izvest. mat. Inst., Bŭlgarsk. Akad. Nauk. La dérivation abstraite: **12** ('70) 59–64 [m. bulgar. u. russ. Zusammenfassg.].

J. Ecole polytechn., Paris Quelques problèmes de représentation conforme: (2) **30** ('32) 1–98.

J. Math. pures et appl. Sur la dérivation abstraite des fonctions d'ensemble: (9) **15** ('36) 391–409. — Sur la représentation conforme d'un domaine à connexion infinie sur un domaine à fentes parallèles: **18** ('39) 285–90. — Deux lemmes sur les variétés à deux dimensions et leur application au polygone fondamental d'une variété conforme prolongeable: **41** ('62) 35–61.

Mathematica [Cluj] Graphes et jeux de "prise" (Nimspiele): [N.S.] **10** ('68) 123–25.

Mathematische Ann. Sur quelques propriétés de la représentation conforme des domaines multiplement connexes, en relation avec le théorème des fentes parallèles: **107** ('32) 496–504.

Nucléus [Paris] Le Colloque de mathématiques de Clermont-Ferrand: **1** ('63) 24–30.

Publ. sci. Univ. Alger, Sér. A Sur le sillage d'une plaque perméable[4]): **1** ('55) 267–80.

Rend. Semin. mat. e fisico Milano Sur certains ensembles d'intervalles du cercle et sur le prolongement des surfaces de Riemann: **30** ('60) 188–90.

Revista Fac. Ci., Univ. Coimbra Les théories modernes de l'intégration: **15** ('46) 29–39.

Revue Math. pures et appl. [București] Les équations linéaires dans un espace vectoriel algébrique topologique et de Banach: **1** ('56) Nr. 3, 203–07.

Mit: [1]) C. Chevalley; [2]) R. Fraïssé; [3]) C. Pouget-Michel; [4]) J. Valensi.

VI **POTAPENKO,** Gennady Wassily. Physik, Geophysik. — 1930–32 Research Fellow, '32–62 Assoc. Prof., California Inst. of Technol., Pasadena, Calif.; '43–45 Techn. Dir., Aircraft Specialities Co., California. — '14 Silbermedaille (Univ. Moskva); '28 Physik-Preis (Wiss. Rat d. RSFSR).
*1894, Apr. 6 (März 25), Kimry, Rußland.

Erfindungen Ultra short wave radar. — Aseptic air system.

Zur Biogr. Engineering and Sci. **26** ('62) Nr. 1, S. 26 (m. Bildn.).

S. Internationaler Kongreß für Kurzwellen in Physik, Biologie und Medizin, Wien 1937 (Referate und Mitteilungen) (Wien–Leipzig '37) 109–11: On the generation of ultra-short electric waves[4]); 133f.: On the measurement of the dispersion and absorption of ultra-short electric waves in dielectrics; 135: On the dispersion and absorption of ultra-short electric waves[6]).

Arkiv Fysik An extension of the Slätis theory of the Drude-Coolidge method of measuring the dielectric constant and the coefficient of absorption[7]): **2** ('50) 69–79.

Nature [London] Gill-Morrell and Barkhausen-Kurz oscillations: **130** ('32) 238f.

Naturwissenschaften Magnetische Permeabilität der ferromagnetischen Metalle bei sehr hoher Frequenz[6]): **21** ('33) 818f.

Philosophical Mag. On the generation of ultra-short electromagnetic waves using the scheme of H. Barkhausen and K. Kurz: **14** ('32) 1126–42.

Physical Rev. Investigations in the field of the ultra-short electromagnetic waves, 1: The generator for the production of ultra-short undamped waves: **39** ('32) 625–37; ∼ 2: The normal waves and the dwarf waves: 638–65; ∼ 3: Electronic oscillations in vacuum tubes and the causes of the generation of the dwarf waves: **40** ('32) 988–1001; ∼ 4: On the dependence of the ultra-short electromagnetic waves upon the heating current and upon the amplitude of the oscillations: **41** ('32) 216–30. — Anomalous dispersion and absorption of electric waves in solutions of amino acids and dipeptides[1]): **57** ('40) 1185.

Physikalische Z. Dipolverluste und Molekülstruktur[3]): **38** ('37) 635f. — Dispersion und Absorption kurzer elektrischer Wellen und Molekülstruktur[3]): **40** ('39) 100–04.

Reviews modern Physics A new method of determining the relaxation time and the dipole moment of polar substances[7]): **20** ('48) 143–50.

Science [USA] Effect of ultra-short radio waves on plant growth[5])[2]): **90** ('39) 470f.

Z. anorg. u. allg. Chem. Über die Verwendung von Elektronenröhren und ungedämpften Hochfrequenzschwingungen in der quantitativen Spektralanalyse: **215** ('33) 44–48.

Z. Physik Ein neues Meßverfahren zur Bestimmung der ferromagnetischen Eigenschaften von Metallen im Gebiete sehr hoher Frequenzen (Drahtbrückenverfahren)[6]): **104** ('37) 779–803.

Mit: [1]) J. B. Bateman; [2]) L. R. Brantley; [3]) E. Keutner; [4]) C. Y. Meng; [5]) J. van Overbeek; [6]) R. Sänger; [7]) D. Wheeler.

V,VI **POTRON,** Maurice Marie Jean. Math. — 1928–41 Prof., Inst.Cathol., Paris.
*1872, Mai 31, Paris;
†1942, Jan. 22, Vannes, Morbihan.

S. C.R. Congrès international des mathématiciens, Oslo 1936, **1** (Oslo '37): Sur les équilibres économiques; Sur certaines intégrales abéliennes.

Annales sci. Ecole norm. sup. Sur les normalisants des s_i dans les groupes gauche et quadratique: **51** ('34) 141–51.

Bull. math. Fac. Sci. et grandes Ecoles Sur la différentielle binôme: **1** ('34) 161–69. — Sur une expression de la courbure tangentielle d'une courbe tracée sur une surface: **2** ('35) 97–101.

Bull. Soc. math. France Sur l'irréductibilité des polynômes à plusieurs variables: **60** ('32) 127f.; **63** ('35) 226–30. — Sur les matrices non négatives, et les solutions positives de certainssystèmes linéaires: **67** ('39) 56–61.

C.R. hebd. Séances Acad. Sci., Paris Sur certaines transformations conformes dans un espace de Riemann: **195** ('32) 747–49. — Sur les espaces de Riemann admettant un groupe de transformations isométriques à $n(n+1)/2$ paramètres: 850–52. — Sur les matrices non négatives: **204** ('37) 844–46.

J. Ecole polytechn., Paris Sur l'intégrale de différentielle binôme: (2) **33** ('35) 161–74.

J. Math. pures et appl. Sur les espaces de Riemann admettant un groupe isométrique à $n(n+1)/2$ paramètres: (9) **13** ('34) 197–216. — Sur la décomposition d'un groupe continu fini: **19** ('40) 143–61.

Mémorial Sci. math. Les groupes de Lie: **81** ('36) 64 S. — Théorie des groupes abstraits[1]): **91** ('38) 41 S.

Revue gén. Sci. pures et appl. Sur les fondements de l'arithmétique: **51** ('40) 141–44.

Revue Math. spéc. Sur un type de problèmes de cinématique résolus par l'intégrale singulière d'une équation différentielle: **42** ('32) 217f.

Ferner eine Broschüre: Les équilibres consommation–production et prix–salaires: étude mathématique (Paris '33) 12 S.

Mit: [1]) J.-A. de Séguier.

VI **POTTER,** Harold Herbert. Physik. — 1924–28 Assist. Lecturer, '28–58 Lecturer, Univ. of Bristol.
*1900, Jan. 15, Bristol;
†1959, Nov. 24, Hanham, Bristol.

Nekr. Nature [London] **184** ('59) 1912.

J. sci. Instruments A device for maintaining a steady direct current: **11** ('34) 95f.

Nature [London] Sharpness of the magnetic Curie point[1]): **139** ('37) 411.

Philosophical Mag. Magneto-resistance and magneto-caloric effects in iron and Heusler alloys: **13** ('32) 233–48.

Proc. physic. Soc. The electrical resistance of ferromagnetics: **49** ('37) 671–78. — Electrical resistance and thermo-electric power of the transition metals: **53** ('41) 695–705.

Proc. roy. Soc. London, Ser. A The magneto-caloric effect and other magnetic phenomena in iron: **146** ('34) 362–87.

Mit: [1]) N. F. Mott.

VI **POULSSON,** Poul Edvard. Pharmakol. — 1895–1928 Prof. u. Dir. d. Pharmakol. Inst., '28 Prof. Emer., Königl. Frederiks-Univ. Oslo; '28–35 Dir. d. Staatl. Vitamin-Inst., Oslo.
*1858, Apr. 18, Larvik;
†1935, März 19, Ullern b. Oslo.

Nekr. J. M. Aas, Fettchemische Umschau **42** ('35) 86f. — W. Heubner, Klinische Wschr. **14** ('35) 1159. — G. Liljestrand, Archives int. Pharmacodyn. et Thérapie **52** ('36) 123–28. — E. Rost, Medizinische Klin. **31** ('35) 500. — O. Rygh, Nature [London] **135** ('35) 818; Tidsskr. Kjemi og Bergvesen **15** ('35) 49f. — C. G. Santesson, Hygiea [Stockholm] **97** ('35) 369–76; Naunyn-Schmiedebergs Arch. exper. Pathol. u. Pharmakol. **178** ('35) 649–53. — O. Scheel, Norsk. Mag. Lægevid. **96** ('35) 548–50. — S. Thorup, Norske Vid.-Akad. Oslo Årbok **1935**, 53–56. — K. Zeiner-Henriksen, Nordisk med. Tidskr. **9** ('35) 843.

Zur Biogr. J. H. Berner, Norsk biografisk leksikon **11** (Oslo '52) 150–52.

W. Om torsklevertranens verkningar och medicinska användning (Bergen '27) 22 S. (Kommiteen för främjande av bruket av norsk medicintran); deutsch: Über die Wirkung des Dorschlebertrans und seine medizinische Anwendung (Bergen'27) 22 S.; französ.: Des effets de l'huile de foie de morue et de son emploi médical (Bergen '27) 23 S.; italien.: Degli effetti dell'olio di fegato di merluzzo e del suo uso medicinale (Oslo '28) 24 S.; span.: Efectos del aceite de hígado de bacalao y de su empleo en la medicina (Oslo '28) 24 S.; engl.: On the effects and medicinal use of cod-liver oil (Oslo '28) 22 S., ('33) 23 S.; ungar.: (Oslo '33) 24 S. — Om fiskleveroljans och om bestrålade preparats verksamhet vid rakitis (Oslo '31) 16 S. (Statens vitamininstitut); engl.: On the action of cod-liver oil and irradiated preparations in rickets (Oslo '31) 16 S.; deutsch: Über die Wirksamkeit von Dorschlebertran und bestrahlten Präparaten bei Rachitis (Oslo '31) 15 S., ('33) 16 S.; span.: La acción del aceite de hígado de bacalao y de las preparaciones irradiadas en el raquitismo (Oslo '31) 16 S., ('33) 16 S.; italien.: Dell'azione terapeutica dell'olio di fegato di merluzzo e dei preparati irradiati sulla rachitidi (Oslo '31) 15 S.; französ.: Des effets de l'huile de foie de morue et des préparations irradiées sur le rachitisme (Oslo '32) 16 S.; ungar.:(Oslo '33) 8 S. — Lehrbuch der Pharmakologie für Ärzte und Studierende [Orig.: Lærebog i farmakologi for læger og studerende (Kristiania '05)] [10](Leipzig '34) 11+602 S.; Neubearb. von G. Liljestrand: [11]('37) 11+622 S., [12]('40) 12+637 S., [13]('44) 12+656 S., [14]('44) 12+656 S., [15]('45) 12+656 S., [16]('49) 10+673 S. — Poulsson's Text-book of pharmacology and therapeutics (S. Alstead) [2](London '38) 11+557 S.; [3](London '40, Brooklyn, N.Y. '41) 11+557 S.

Indian med. Rec. The vitamin content of cod-liver oil[1]): **54** ('34) 222–24.

Medizinische Welt Neuere praktische Ergebnisse der Vitaminforschung: **8** ('34) 501–05.

Norsk Mag. Lægevid. Kurze Bemerkungen über Hormone und Vitamine: **94** ('33) 886–90 [norweg.].

Skandinavisches Arch. Physiol. On the vitamin content of cod-liver oil, as influenced by the nutritional state of the cod[1]): **66** ('33) 92–96.

Mit: [1]) F. Ender.

VI **POVARNIN,** Georgij Georgievič. Chem., Ledertechnol. — Bis 1902 Stud., Technol. Inst. Char'kov; '15–21 Prof., Technol. Inst. Tomsk; '22–30 Prof., Inst. f. Volkswirtsch., Moskva; '30– wiss. Sachverständiger f. verschiedene Institutionen. (⊠)

*1881, Jan. 6 (1880, Dez. 25), Petersburg;

†1946.

W. Proizvodstvo dubil'nych sokov iz mestnogo syr'ja [Die Produktion von Gerbbrühen aus örtlichen Rohstoffen] (Moskva '45) 63 S.

Koževenno-obuvnaja Promyšl. SSSR Über die Spritbehandlung von Leder: **16** ('37) Nr. 4, 38f. [russ.]. — Zur Frage der „Gas"-Gerbung: Nr. 8, 32f. [~]. — [Titel unbekannt]: **1939,** Nr. 4, 49–52 [~].

Sborn. Rabot central'n. naučno-issled. Inst. koževenno-obuvn. Promyšl. Sulfogruppen enthaltende synthetische Gerbstoffe aus pyrogenetischem Teer[2])[1])[3]): Nr. **7** ('35) 88–93 [russ.].

Mit: [1]) O. Borodina; [2]) P. Konovalenko; [3]) A. Piščulina.

VI **POWELL,** Sargent Gastman. Chem. (org.). — 1919–20 Assoc., '20–26 Instructor, '26–34 Assist. Prof., '34–43 Assoc. Prof., '43–63 Prof., '63 Prof. Emer., Univ. of Washington, Seattle, Wash.

*1895, Dez. 21, Seattle, Wash.;

†1963, Dez. 31, Seattle, Wash.

J. amer. chem. Soc. The condensation of 2-butanone with normal aliphatic aldehydes[4])[1]): **55** ('33) 1153f. — The condensation of 2-butanone with aldehydes of the type RR'CHCHO [1]): **58** ('36) 1871f. — The condensation of n-butyraldehyde with 2-butanone, 2[2]): **60** ('38) 1914–16. — Condensation of isobutyraldehyde with aliphatic ketones[3]): **66** ('44) 372–76. — Condensation of butanal with 4-heptanone and 3-hexanone and attempted condensation of 2-ethyl-2-hexenal with 4-heptanone[5]): **70** ('48) 3627–30. — Base-catalyzed condensations of aldehydes with α,β-unsaturated ketones[6]): **79** ('57) 1934–38.

Mit: [1]) M. M. Baldwin; [2]) D. A. Ballard; [3]) F. Hagemann; [4]) H. C. Murray; [5]) A. T. Nielsen; [6]) W J. Wasserman.

VI **POWER,** John. Astron. — 1905–20 Assist., Cape Observat. (⊠)

*1860, Juli 14, Waterford, Irland;

†1934, Jan. 27, Rosebank, Cape Province.

Nekr. Nature [London] **133** ('34) 602. — Observatory **57** ('34) 136f.

V,VI **POZZI-ESCOT,** Marius Emmanuel. Chem. — 1906–50 Prof., Escuela Nacion. de Agricultura, La Molina, Lima; '35–45 Prof., '38 Dr., Univ. Nacion. de San Marcos, Lima; bis '36 Techn. Dir., Sociedad Química Industrial, Lima; '36–62 Beratender Chemiker verschiedener industrieller u. techn. Organisationen.

*1880, Dez. 13, Bergerac, Dordogne, Frankr.;

†1963, Jan. 29, Lima, Peru.

W. Le pH, force d'acidité et d'alcalinité: définitions, détermination et applications, oxydo-réduction; rH, principes de titrimétrie

[3](Paris '36) 12+171 S.; [4]('41) 12+263 S.; Neuaufl.: ('43) 12+263 S. – Lecciones de química analítica (Lima '46) 92 S.

Actas y Trabajos Congr. peruano Quím. Technische und ökonomische Grundlagen für die zukünftige Alkali-Industrie: **3** ('49) 171–79. – Reduktion von Nitraten durch Nichtmetalle: 193–96. – Die Analyse von Gärungsprodukten: 216. – Präzisionsbestimmung von Stickstoff in organischen Verbindungen: 457. – Die Storch-Reaktion in der Milchindustrie: 538–41. – Die Säure–Base-Funktion von Düngemitteln im Boden: 595f. – Chemische und ökonomische Gesichtspunkte der Herstellung von Ammoniumchlorid als Düngemittel: 597. – Die Notwendigkeit einer technisch-chemischen Kontrolle von in der Landwirtschaft verwendeten kupferhaltigen pilztötenden Sprühmitteln: 598. – Die Chloride der anbaufähigen peruanischen Böden; Chloride aus Guano: 669. – Stabilisierung und Konservierung von Insel-Guano: 670–72. – Ursachen für Fehler bei der ebulliometrischen Bestimmung von technischem Alkohol: 818–24. – – Alle Arbeiten span.

Agronomía [Lima] Die Chemie des Insel-Guanos und Hinweise auf dringliche Probleme seiner Fabrikation: **8** ('43) Nr. 31, 5–10 [span.]. – Analytische Methoden zur Abtrennung von Kationen: Nr. 32, 13–29 [~].

Annales Chim. analyt. et Chim. appl. Dosage de la rotenone dans les végétaux du genre Derris: (3) **17** ('35) 233–35.

Annales Falsificat. et Fraudes Dispositif pour les évaporations et les dessiccations par chauffage superficiel: **42** ('49) 51f. – Dispositif gazovolumétrique pour analyses industrielles: 188–90.

Boletín Soc. quím. Perú Modifikation des Bestimmungsverfahrens für Rotenon: **1** ('35) Nr. 4, 50 [span.]. – Die Natriumcarbonatlager an der peruanischen Küste: Nr. 5, 28–35 [~].

Bull. Assoc. Chimistes Das Insektizid Rotenon und Reaktionen für seine Identifizierung: **55** ('38) 27–30. – Neue Reaktion zum Nachweis von Glyzerin. Die Möglichkeit einer kolorimetrischen Bestimmung: 353f. – Reaktion zum Nachweis von Zitronensäure: **63** ('46) 363. – Reaktion und Reagens zum Nachweis von Cadmium: 364. – – Alle Arbeiten französ.

Industries agric. et aliment. Thiohydantoinsäure: **64** ('47) 145. – Methode zur Schnellbestimmung von Nitraten: 147. – Gerät zum einfachen Eindampfen zur Trockne und zum Kalzinieren von Kieselerde und ähnlichen Produkten: **65** ('48) 249f. – Eine Präzisionsmethode zur Bestimmung von Alkohol durch Destillation: **66** ('49) 119–21. – – Alle Arbeiten französ.

Bull. Soc. Chim. France Note de laboratoire. Sur les eaux minérales d'Aréquipa au Pérou: (5) **3** ('36) 1382.

Chimie et Industrie Le soufre en agriculture: **30** ('33) 533f.

C.R. hebd. Séances Acad. Sci., Paris Un cas de xénie chez la vigne: **208** ('39) 1046.

J. Pharm. et Chim. A propos du mémoire de J. A. Sanchez: D'une nouvelle réaction colorée des hexoses et son application au dosage colorimétrique du glucose dans le sang: (8) **24** ('36) 121.

Lait A propos d'une nouvelle méthode de numération directe des microbes du lait: **14** ('34) 494f. – Détermination de l'eau incorporée au beurre par une méthode de contrôle rapide: **30** ('50) 225–28.

Revista Ci. [Lima] Die Reaktionen des Rotenons, 2: Nr. **417** ('36) 21–25; ~ 3: Nr. **420** ('37) 47–51. – Trennung von Eisen und Aluminium durch gravimetrische Präzisionsanalyse: Nr. **417** ('36) 27–29. – Kolorimetrische Bestimmung von in Wasser gelöstem Sauerstoff: 31–38. – Herstellung von Chlorschwefel: 49–54. – Mikrochemische Reaktion zur Unterscheidung von Nickel und Kobalt: Nr. **418** ('36) 59–61. – Mikroskopische Prüfung für Rotenon: 63f. – Mikrochemische Prüfung für Molybdän: 65f. – Mikrochemisches Nachweisverfahren für Aminobenzoesäure und seine Anwendung auf den mikrochemischen Nachweis von Kupfer: 67f. – Mikrochemische Prüfung für Sulfate und Schwefelsäure mit Hilfe von p-Diaminobiphenyl: 69f. – Prüfung für Molybdän: 71–73. – Mikrochemische Charakteristika gewisser Doppelchloride zyklischer Basen und ihrer Derivate: Nr. **419** ('37) 33–52. – Mikrochemische Prüfung für Molybdän durch das Phosphomolybdat von Tri-β,β,β-ethanolamin: Nr. **420** ('37) 13f. – Experimentelle Demonstration des Solvay-Soda-Prozesses für Lehrzwecke: 15–24. – Der Wert theoretischer Vorstellungen bei der analytischen Arbeit; Untersuchungen über das Permanganat-Abscheidungsverfahren bei der Analyse alkoholischer Getränke: 31–40. – Neue Hinweise für die Bestimmung von Rotenon in Pflanzen: 41–46. – Kristallisation von Platinchlorid – mikrochemische Anwendungen: Nr. **421** ('37) 19–22. – Einige Charakteristika und mögliche mikrochemische Anwendungen von Pikraten und Pikrolonaten zyklischer Amine: 23–30. – Ein neues Reagens zum Nachweis und zur Bestimmung von Kupfer: 31–34. – Reaktionen des Vanadiums, 1: Vanadium(II)-benzoat: Nr. **422** ('37) 61–66; ~ 2: Katalytische Hydrierung von Säuren zu Aldehyden: 67–69. – Äthanolaminjodide: 71–74. – Empfindliche Prüfung für Cocain: 77f. – Die Herstellung von Kohlendioxid: **40** ('38) 99–120. – Der Kohlendioxidgehalt der Atmosphäre von Lima: 133–40. – Ein neues

Reagens für Cadmium: 267f. — Die Nitratbestimmungsmethode von Schloesing; Beitrag zu ihrer Realisierung: 269–72. — Neue Reaktionen für die Untersuchung und kolorimetrische Bestimmung von Zuckern: 273–78. — Neue analytische Reaktionen für Triäthanolamin: 279–83. — Eine neue organische Quecksilberverbindung: Darstellung und Eigenschaften von Mercuritriäthanolammoniumchlorid: 285–87. — Die Einwirkung von Äthanolaminjodid auf Quecksilbersalze: Komplexes Dichlorid: 289–91. — Eisen in peruanischen Trauben: 293–98. — Bestimmung der flüchtigen Acidität von Weinen: 299–302. — Einwirkung von Äthanolaminen auf Lösungen verschiedener Metallsalze: Kupfer-, Quecksilber-, Cadmium-, Kobalt- und Nickelsalze: 303–07. — Die Verbrennung von Kohlenstoff in Sauerstoff - experimentelle Demonstration einer Behauptung: 309–20. — Verwendung von Kupfersalzen als spezifische Antiseptika in Hefekulturen und bei technischen Gärungsprozessen: 465–70. — Laboratoriumsmethoden zur Bestimmung von Blei, verwendet bei den Untersuchungen der Schmelzhütten-rauch-Kommission in La Droya 1930–1933: **42** ('40) 231–48. — Absolutmethode zur Bestimmung der Feuchtigkeit in Guano: 785–90. — Bildung von NO_2 bei der Verbrennung von Wasserstoff: **46** ('44) 127–32. — — Alle Arbeiten span. — — Vermutlich noch zahlreiche weitere Arbeiten in dieser Zeitschrift.

Revista Quím. e Farm. Bestimmung des Rotenons in Pflanzen der Gattung „Derris": **1** ('36) 177–79 [span.].

Weitere Publikationen.

VI **PRAKASH,** Satya. Chem. — 1932–67 Prof., Fac. of Chem., '67–71 Research Prof. (retired), Departm. of Physics, Univ. of Allahabad, Uttar Pradesh; '71 Renunciation. — Prizes from Governm. of India and from Uttar Pradesh State; '61 Harisharananand Medal; '65 Greeves Medal; further medals and honours for scientific literature in Hindi.

*1905, Aug. 24, Bijnor, Indien.

Zum 70. Geb.tag [Festschrift, herausgegeben von der Hindi-Akademie der Wissenschaften (Vijnana Parishad)] (Allahabad '75) (m. Bildn. u. Schr.verz.).

II. Bharat ki sampada [Wealth of India] **1** (New Delhi '71), **2** ('72), **3** ('72), **4** ('76), Suppl. **1** [On livestock and poultry] ('73), Suppl. **2** [Fish and fishery] ('75). [In Hindi].

MH. Baudhāyana Śulbasūtram [Baudhāyana's aphorisms on Vedic geometry applied to fire altars] (New Delhi '68)(Dr. Ratna Kumari publication series, 4) [engl. u. in Sanskrit].

HZ. Vijnana Parishad Anusandhan Patrika **1** ('58) - **20** ('77).

Ue. (aus d. Sanskrit ins Engl.) Āpastamba Śulbasūtram [Āpastamba's aphorisms on Vedic geometry applied to fire altars] (New Delhi '68) (m. Originaltext in Sanskrit) (Dr. Ratna Kumari publication series, 5).

W. An introduction to inorganic chemistry; for B. Sc. students of the Indian universities (Allahabad '34) 4+478 S.; ab 2. Aufl. u.d.T.: Advanced inorganic chemistry; for ~ [2](New Delhi '44); (m. R. D. Tiwari u. a.) [3]('50), [4]('52), [5]('54), [6]('56), [7]('58), [8]('60), [9](61) 712 S.; (m. G. D. Tuli, S. K. Basu) [11]('65) 807 S., [12]('67), [13]('69) 8+864 S., [14]('73), [15]('74); weitere Auflagen in Allahabad erschienen. — Agnihotra, or an ancient process of fumigation. A study from the chemical standpoint (Delhi '37) 15+199 S.; [2](New Delhi '74) 101+8 S. — A critical study of philosophy of Dayānanda (Ajmer '38) 3+4+454 S.; 2. Aufl. u.d.T.: Dayānanda's outline of the Vedic philosophy (New Delhi '74). — Humanitarian diet (Allahabad '41) 187 S.; [2]('77) 224 S. — A textbook of analytical chemistry for B.Sc. students (m. R. D. Tiwari) (Allahabad '45) 323 S.; [2]('48); [3]('51); [4]('55); [5]('59); [6]('62); [7]('63); [8]('65); [9]('66) 323 S. — Advanced chemical calculations in organic, analytical and physical chemistry (m. R. D. Tiwari) (New Delhi '48); [2]('52); [3]('56); [4]('59); [5]('62) 427 S. — Samanya rasayana shastra [Textbook of general chemistry for B. Sc. students] (Allahabad '51) 1096+24 S. — Vaijnanika vikasa ki Bharatiya parampara [Ancient traditions of sciences in India. A course of lectures to the Bihar State Academy of Literature] (Patna '54). — Advanced chemistry of rare elements (New Delhi '50); [2]('60) 4+665 S.; [3]('66), (New York '67) 8+808 S.; [4](New Delhi '75) 889 S. — Pracina Bharata men rasayana ka vikasa [Development of chemistry in ancient India] (Lucknow '60) 840 S. — Ultrasonics and colloids (m. A. K. Ghosh) (Allahabad '61) 142 S.; (Bombay '62) 142 S. — Founders of sciences in ancient India (New Delhi '65) 2+6+6+675 S.; in Hindi: (New Delhi '67) 2+4+5+4+612+17+8+8 S. — Chemical study of some Indian archaeological antiquities (m. N. S. Rawat) (Bombay–NewDelhi–NewYork '65) 85 S. (Uttar Pradesh State Council of Scientific and Industrial Research monographs, 10). — Sabun aur glycerine [Soap and glycerine] (Lucknow '66) 12+495 S. — A critical study of Brahmagupta and his works, a most distinguished Indian astronomer and mathematician of the sixth century (New Delhi '66) 344 S., Neuaufl.: ('68) 3+344 S. — Coinage in ancient India; a numismatic archaeochemical and metallurgical study of ancient Indian coins (m. R. Sing) (New Delhi '68) 22+6+546 S. — Chemistry for engineers; for universities and technological institutions (m. S. P. Sangal) (Allahabad

'69) 707 S. — Bhautika rasayana [Textbook of physical chemistry] (m. Sheo Prakash) (Lucknow '69) 10+537 S. — Vincit veritas; a collection of lectures on Indian culture and philosophy in South Africa (Allahabad '71) 331 S. — Standard English–Hindi dictionary (m. B. P. Misra) (Allahabad '71) 49+1573 +3 S. — Man and his religion (Nairobi, Kenya '72) 103 S., (New Delhi '73) 96 S.; in Hindi: (Allahabad '75) 103 S.; in Suaheli: (Nairobi, Kenya '76) 94 S. — Rasayanik silp ki ekaka samkriyayen [Unit operations of chemical technology] (m. Sh. Laxmi) (Lucknow '73) 623+19 S. — The nectareal songs of the Vedas (New Delhi '75) 50+1 S. — Patanjala rajayoga [The ancient system of Yoga introduced by Patanjali] (New Delhi '75)10+347 S. (m. Bildn.). — Parables and dialogues from the Upanisads (New Delhi '75) 13+204 S. (m. Bildn.). — Physico-chemical aspects of high polymers (m. Som Prakash Srivastava) (New Delhi '77) 6+222 S. (Science pocket monograph series, 1).

Acustica Ultrasonic studies in sulfosalicylic acid chelates of Cd(II) and Th(IV)[12]: **19** ('67) 98–102 [m. deutscher u. französ. Zusammenfassg.]. — Non-linearity acoustic parameter in higher alkanes[11])[28]): **27** ('72) 28–30.

Allahabad Univ. Studies Formation of inorganic jellies: 8 ('32) 119–54. — Formation of organic jellies, 1: **10** ('33) 257–83. — The theory of clotting of blood, 3: The indefinite fluidity of blood in body vessels, and the relation between setting time and syneresis of blood clot: **11** ('35) 431 f. — Negatively charged sols of ferric tungstate, molybdate, arsenate, phosphate and borate[15]): **1943**, Chem. Sect., 1–18. — Ultrasonic waves and chemical systems[17])[10]): **1965**, 1–21. — Ultrasonically induced cavitation[17]): 23–45.

Biochemische Z. Zur Theorie der Blutgerinnung [,1]: **249** ('32) 39–47.

Bull. chem. Soc. Japan The oxidation of Fe^{2+} by ultrasound[17])[29]): **37** ('64) 1404–07. — Stability of cobalt ferrocyanide sol in ultrasonic field. The ultrasonic dispersion of cobalt ferrocyanide [18])[19]): **38** ('65) 1426–30. — Relation between ultrasonic velocity and viscosity in aqueous solutions of electrolytes[20])[12]): **39** ('66) 2114–16.

Chimie analyt. Action des ultrasons sur les halogénures organiques. Décomposition ultrasonique d'une solution aqueuse de tétrachloropropane[17]): (4) **46** ('64) 607–12. — L'effet d'ondes ultrasoniques sur un hydrosol de platine[16]): **47** ('65) 188–93. — Etudes potentiométriques et conductométriques de la stabilité de l'hydrosol de tellure dans un champ d'ultrasons[19])[18]): 304–08. — Décoloration par ultrasons des solutions de bleu de méthylène[21])[25]): **51** ('69) 263–66.

Current Sci. The temperature of zero conductance of certain dyes[26]): **18** ('49) 403 f.

Indian J. Chem. Effect of concentration, bulk and intensity on the sonochemical decomposition of tetrachloroethane[17])[9]): **2** ('64) 76 f. — Relation between ultrasonic velocity and viscosity in aqueous solutions of silver nitrate[33]): 499 f. — Decolorization of Amaranth 0 dye by ultrasonic waves[18])[17]): **5** ('67) 3–5. — A method for the calculation of stability constants of complexes from ultrasonic velocity measurements[12])[20]): **6** ('68) 31–33. — Electrical and thermal resistivities of copper, silver and gold[27])[21]): **13** ('75) 123–28.

Indian J. Physics and Proc. indian Assoc. Cultivat. Sci. Cryotropic behaviour of some inorganic jellies: 8 ('33/34) 231–42. — Magnetic study of sols and gels, 1: 243–58. — Velocity of ultrasonic waves in solutions of electrolytes[32]): **32** ('58) 62–65.

J. acoust. Soc. America Kinetics of the decolorization of Congo red under ultrasonic radiation[19]): **32** ('60) 138–40.

J. Colloid and Interface Sci. The influence of ultrasonic waves on silver hydrosol[7]): **14** ('59) 338–42.

J. indian chem. Soc. Note on the relation between coagulation and gelation points of sols: **9** ('32) 137–39. — Influence of temperature on the setting of inorganic jellies: 193–202. — On the stability of lithium urate sols: **10** ('33) 35–39. — Preparation and properties of zirconium sulfosalicylic acid jellies: 281–85. — Study of inorganic jellies: P. C. Rây volume (33') 99–106. — Note on the formation of a ruby-red jelly of zirconium sulfosalicylic acid[1]): **11** ('34) 419 f. — On magnetic birefringence in mercurisulfosalicylic acid sols[1]): 449–54. — Studies in the negatively charged colloidal solutions of various ferric salts, 1: Negatively charged mixed sol of ferric oxide and ferric vanadate[15]): **23** ('46) 111–16; ~ 2: Negatively charged ferric borate sol[15]): 391–96; ~3: Negatively charged mixed sol of ferric oxide and ferric molybdate[15]): 413–19; ~ 4: Negatively charged ferric tungstate sol[15]): 445–50; ~ 5: Negatively charged ferric arsenate sol[15]): **24** ('47) 389–95. — Hydrogen-ion concentration and absorption of nickel acetylacetone[34]): **33** ('56) 761 f. — Studies in complex formation with colloidal mercurisulfosalicylic acid, 1: Complex beryllium mercurisulfosalicylic acid [29]): **34** ('57) 197–203; ~2: Complex aluminium mercurisulfosalicylate[29]): 807–13; ~ 3: Uranyl mercurisulfosalicylate[29]): **35** ('58) 555–61. — Preparation of thorium jellies with pyridine bases[3]): **34** ('57) 779. — Complex formation of uranyl ion with o-cresotic acid. Potentiometric, colorimetric and conductometric study[34]): **35** ('58) 119–24. — Composition of cupric o-cresotate chelates: a colorimetric study[34]): 139–43. — Formation of aluminium o-cresotate chelate: potentiometric and conductometric studies[34]): 445–50. — Decomposition of organic halogen compounds by ultrasonic waves,

2: Mechanism of the decomposition of methylene dichloride in aqueous solutions[32]): 797–803. — Composition and apparent instability constant of uranyl 1-hydroxy-2-naphthoate chelate[34]): **36** ('59) 19–22. — The influence of ultrasonic waves on gold hydrosol[7]): 396–98. — Kinetics of the fading of chrysoidine under ultrasonics[19]): 601–04. — The effect of ultrasonic waves on Oden's sulfur sol[16]): 696–98. — Temperature effect on the molecular solution volumes of urea, potassium iodide, potassium chloride, and potassium chromate[26])[9]): **40** ('63) 700–02. — Inhibition of ultrasonic decomposition of aqueous organic halides in presence of ethanol, acetone, and dioxane[17]): **41** ('64) 315–18. — Ultrasonic coagulation of selenium sol in presence of oxygen and in presence of organic substances[18]): **42** ('65) 91–96. — Stability of nickel ferrocyanide sol in an ultrasonic field: sono dispersion of nickel ferrocyanide[18])[19]): **44** ('67) 508–12.

J. physic. (and Colloid) Chem. Variations in extinction coefficients during the course of jelly formation: **36** ('32) 2483–96. — Conductivity measurements of thorium and other jelly-forming systems: **37** ('33) 907–16. — Temperatures of zero conductance and infinite viscosity of some negatively charged colloidal systems[15]): **50** ('46) 251–56. — Ultrasonic studies of thorium phosphate jellies at different temperatures[31])[13]): **55** ('51) 1413–17. — Structural study of the complex barium citrate by ultrasonic waves[9])[17]): **68** ('64) 3078–80. — Structural studies of chelates by ultrasonic waves [20]): **70** ('66) 3325–29.

J. prakt. Chem. Kinetics and mechanism of sonochemical decomposition of aqueous bromoform solution[17])[29]): (4) **26** ('64) 140–46.

J. Sci. and industr. Res., Sect. B Relationships between ultrasonic velocity, compressibilities and certain thermodynamic functions[17]): **21** ('62) 593–95. — Chemical reaction induced or catalyzed by ultrasonic waves: Decolorization of dyes by ultrasonic waves[19]): **24** ('65) 629f.

Kolloid-Z. Über grenzflächengebundenes und strukturmäßig gebundenes Wasser in anorganischen Gallerten: **60** ('32) 184–91. — Bemerkung über die Bildung von Spiralringen in trocknenden Gelen[8]): **63** ('33) 315. — Über die Kontinuität der Phasen während der Sol–Gel-Umwandlung: **64** ('33) 293–300. — Die Theorie der Blutgerinnung, 2: **65** ('33) 88–92. — Viskositätsänderungen an gelbildenden Solen in Abhängigkeit von Zeit und Elektrolytkonzentration[24]): **121** ('51) 147–51. — Viskosität und Kinetik bei der Bildung einiger anorganischer Gele. (Kinetik der Sol–Gel-Transformation)[24]): **128** ('52) 15–18. — Der Einfluß von Neutralsalzen auf die Leitfähigkeit des Quecksilber(II)-sulfosalicylsäuresols[29]): **133** ('53) 38f. — Untersuchungen über kolloidale Sulfosalicylsäure, 1: Komplexbildung mit dreiwertigem Eisen[29]): **142** ('55) 24–27 [m. engl. Zusammenfassg.]. — A note on the influence of ultrasonic waves on the conductivity of colloidal solutions[7]): **151** ('57) 72f. — The influence of ultrasonic waves on the hydrogen ion concentration and the stability of colloidal solutions[7]): **158** ('58) 33–35 [m. deutscher Zusammenfassg.]. — Preparation of zirconium jellies with a pyridine base[3]): 130f. — The influence of ultrasonic waves on the viscosity of ceric hydroxide sol[7]): **160** ('58) 33–35 [m. deutscher Zusammenfassg.]. — The influence of ultrasonic waves on the viscosity and stability of vanadium pentoxide sol[16]): **167** ('59) 39–41 [∼]. — Decolorization of brilliant green under ultrasonic radiations[19]): **175** ('61) 50–53 [∼]. — The influence of ultrasonic waves on manganese dioxide sol[16]): 56–58 [∼]. — The influence of ultrasonic waves on cobaltous hydroxide sol [16]): **181** ('62) 46–49 [∼]. — Ultrasonic decolorization of Safranine O[19]): **187** ('63) 53–56 [∼]. — Ultrasonic decolorization of bromocresol green[19]): **188** ('63) 59–61 [∼]. — The influence of ultrasonic waves on manganese dioxide sol in the atmosphere of nitrogen[18]): 136–38 [∼]. — The influence of ultrasonic waves on tellurium hydrosol[16]): **190** ('63) 60–62. — The influence of ultrasonic waves on selenium hydrosol[16]): 135–38.

Nature [London] Preparation of ferric succinate jellies[15]): **163** ('49) 878. — Ultrasonic velocity in potassium chloride solutions in the region of their negative viscosities[24])[31]): **168** ('51) 522f. — Inhibition of ultrasonic decolorization of rhodamine B in presence of organic substances[19]): **191** ('61) 1292.

Naturwissenschaften Structural studies of complexes by ultrasonic waves[9])[17]): **52** ('65) 11f.

Proc. indian Acad. Sci., Sect. A On non-spherical nature of colloidal particles in relation to the formation of jelly structure: **4** ('36) 332–44. — Kinetics of sol–gel transformation, 3: The influence of temperature on the setting of some inorganic jellies[6]): **11** ('40) 318–30; ∼ 4: Influence of purity of the sol on the setting of ferric arsenate and ferric phosphate jellies[6]): 331–46; ∼ 5: Influence of different coagulating electrolytes on the setting of ferric phosphate gel[6]): **14** ('41) 577–83. — Studies in blue perchromic acid, 1: Kinetics of the decomposition of the blue perchromic acid in various organic media[22]): **18** ('43) 1–7.

Proc. nation. Acad. Sci., India On the compositions of the negatively and positively charged colloidal solutions of various ferric salts and their dependence on the dissociation constants of their polybasic acids[15]): **15** ('46) 73–81.

Talanta Ultrasonic study of the chelate of Chrome Azurol S with aluminium(III)[16])[17]): **11**

('64) 1113–20 [m. deutscher u. französ. Zusammenfassg.].

Tetrahedron Sonocleavage of halogens from aliphatic chains and aromatic rings[17]): **21** ('65) 903–08, 2717.

Vijnana Parishad Anusandhan Patrika Conductometric and colorimetric study of the complexes formed from uranyl nitrate and 1-hydroxy-2-naphthoic acid[34]): **1** ('58) 1–11. – Diffusion of potassium chloride through ferric arsenate gels[16]): 183–90. – The influence of ultrasonic waves on chromium hydroxide sols[7]): **2** ('59) 15–27. – Decomposition of pyridine, 2-aminopyridine, and quinoline by ultrasonic waves with water as a catalyst[3]): 141–46. – The influence of ultrasonic waves on Prussian blue, copper ferrocyanide and uranium ferrocyanide sols[7]): 219–24. – Study of the kinetics of the decolorization of aniline blue under ultrasonic waves[19]): **3** ('60) 31–34. – Influence of ultrasonic waves on tungstic acid sol[16]): 79–85. – Chemical composition of ancient copper and bronze found in Kausambi archaeological excavations[23]): 173–79. – Composition of uranyl 1-naphthol-2-sulfonate chelate. A colorimetric study[14]): 241–47. – Callendar's gas equation and compressibility [17]): **4** ('61) 5–10. – Chemical study of ancient plasters found at Kausambi[23]): 23–30. – Compressibilities from the van der Waals equation[17]): 87–91. – Redox processes in an ultrasonic field, 1: Decolorization of dyes[19]): 319–25; ~ 2: Oxidation of colloids[16]): 327–34. – Corrosion products of ancient bronzes and coppers of Kausambi[23]): **5** ('62) 61–72. – Sonochemical reactions in a nitrogen atmosphere[17]): 123–29. – Decomposition of tetrachloroethane by ultrasonic waves[17])[29]): **6** ('63) 169–77 [in Hindi m. engl. Zusammenfassg.]. – Effect of ultrasonic waves on sulfur sol in absence of oxygen[18]): **7** ('64) 1–6 [~]. – Effect of temperature on the molar volume of a solution; a theoretical consideration[17])[9]): 7–12 [~]. – Effect of ultrasonic waves on chromic hydroxide sol in absence of oxygen[18]): 71–76 [~]. – Ultrasonic velocity in aqueous solution of thorium nitrate[33])[12]): 117–21 [~]. – Effect of ultrasonic waves on aqueous solutions of organic compounds, 1: Tetrabromoethane[21]) [19]): **9** ('66) 109–15 [~].

Z. anorg. u. allg. Chem. Einfluß verschiedener Stoffe auf die Peptisation von Ferriarsenat, -phosphat, -wolframat und -molybdat durch Ferrichlorid[35]): **205** ('32) 241–50. – Kinetik der Sol–Gel-Umwandlung, 1: Beziehung zwischen Konzentration des koagulierenden Elektrolyten und der Erstarrungszeit der Gallerte[6]): **208** ('32) 163–68. – Herstellung und Eigenschaften von Gallerten der Zirkonsulfosalicylsäure: **215** ('33) 249–54. – Magnetische Untersuchungen an unlöslichen amorphen Stoffen, 1: Magnetische Suszeptibilität verschiedener Eisensalze[1]): **217** ('34) 27–32. – Über das Zersetzungsprodukt des blauen Chromperoxyds[22]): **275** ('54) 94–97.

Z. physik. Chem. [Frankfurt/M.] Ultrasonic studies in electrolytic mixtures[33])[19]): **50** ('66) 113–19. – Structural studies of EDTA metal chelates by ultrasonic waves, 1: Chelates with cadmium and mercury[12]): **55** ('67) 259–67; ~ 2: Chelates with zinc and strontium[12])[20]): **61** ('68) 247–52.

Z. physik. Chem. [Leipzig] Decomposition of organic halogen compounds by ultrasonic waves, 1: Mechanism of the decomposition of carbon tetrachloride in the presence of water [32]): **208** ('58) 127–30. – Composition of uranyl o-cresotate complex; a colorimetric study[34]): 181–87. – Composition of ferric o-cresotate; a spectrophotometric study[34]): **209** ('58) 326–34. – Ultrasonic decolorization of rhodamine B [19]): **221** ('62) 145–52. – Effect of certain organic liquids on the sonochemical decomposition of bromoform[17])[19]): **228** ('65) 272–76. – Structural study of the complex lead citrate by ultrasonic waves[9]): **229** ('65) 294–98. – Ultrasonic studies in chelate forming system, 1: Zirconium oxychloride – catechol chelate[33]): **231** ('66) 310–14; ~ 2: Barium chelate of EDTA [ethylenediaminetetraacetic acid][12]): **236** ('67) 59–63.

Weitere Publikationen in Hindi.

Mit: [1]) L. N. Bhargava; [2]) –; [3]) Y. N. Chaturvedi; [4]) –; [5]) –; [6]) H. L. Dube; [7]) A. K. Ghosh; [8]) S. Ghosh; [9]) F. M. Ichhaporia; [10]) K. S. L. Kapur; [11]) S. K. Kor; [12]) Sh. Laxmi; [13]) V. Mehra; [14]) H. H. Misra; [15]) S. P. Mushran; [16]) A. Dh. Pandey; [17]) J. Dh. Pandey; [18]) O. Prakash; [19]) Sheo Prakash; [20]) Som Prakash; [21]) B. Prasad; [22]) R. Ch. Rai; [23]) N. S. Rawat; [24]) P. N. Saxena; [25]) P. K. Sharma; [26]) T. N. Shivapuri; [27]) A. K. Singh; [28]) C. L. Singh; [29]) R. S. Singh; [30]) –; [31]) A. M. Srivastava; [32]) S. Ch. Srivastava; [33]) S. P. Srivastava; [34]) S. C. Tripathi; [35]) H. P. Varma.

VI **PRASAD,** Badri Nath. Math. – 1924–29, '32–46 Lecturer, '46–49, '51–58 Reader, '58–61 Prof. and Head of the Departm. of Math., Univ. of Allahabad; '49–51 Prof., Bihar Univ., Patna; '58 Founder, '58–66 Pres., Allahabad Math. Soc.; '61– Pres., Indian Math. Soc.; Pres., Vijnan Parishad; Pres., National Acad. of Sci. of India; '52–55, '58–61 General Secretary, '65–66 General Pres., Indian Science Congress. – '63 Title "Padma Bhushan" (Pres. of India). (⊠)

*1899, Jan. 12, Mohammadabad-Gohna, Distr. Azamgarh;

†1966, Jan. 18.

Nekr. Gedenkband: Indian J. Math. **9** ('67): Prof. B. N. Prasad Memorial Volume; darin I–XVII: U. N. Singh, Biogr. u. Schr.verz. (m. Bildn.). – S. R. Sinha, Indian J. Math. **7** ('65) Nr. 2, I f. (m. Bildn.).

HZ. Indian J. Math. 1 ('58) – 7 ('65).

S. Proc. International congress of mathematicians, Amsterdam 1954, 1 (Groningen–Amsterdam '57) 461f.: On the theorems of consistency for Riesz summability. – Abstracts of short communications to be presented at the International congress of mathematicians, Edinburgh 1958 (Edinburgh '58) 64f.: The second theorem of consistency for Riesz summability. – Calcutta Mathematical Society. Golden jubilee commemoration volume (1958–1959) 1 (Calcutta '60) 225–33: Recent researches on the second theorem of consistency. – 27th Conference, Indian Mathematical Society, Ahmedabad 1961 (Allahabad '61): Mathematics in India; Certain aspects of the researches on Dirichlet series (23 S.).

Annali Mat. pura ed appl. On the summability (C, 1) of the conjugate series of a Fourier series: (4) 11 ('32/33) 207–14. – On convergence of ultraspherical lacunary series[2]): **67** ('65) 395–403.

Annals Math. Non-summability of the conjugate series of a Fourier series: (2) **33** ('32) 771f.

Annual Nr., Nation. Acad. Sci., India The absolute summability of Fourier series: **1959**, 31–48.

Bull. Allahabad Univ. Math. Assoc. Aryabhata of Kusumpura[4]): **15** ('51) 24–32.

Bull. Calcutta math. Soc. Direct proof of Young's theorem for the convergence of the conjugate series of a Fourier series: **24** ('33) 137–42, 161.

Duke math. J. The summability factors of a Fourier series[1]): **24** ('57) 103–17.

Indian J. Math. On the Gibbs phenomenon for the Nörlund means[5]): **1** ('58) 21–27.

J. indian math. Soc. On the Nörlund summability of the r-th derived Fourier series[5]): (N. S.) **14** ('51) 159–70. – On the multiplication of absolutely summable Dirichlet series[3]): **24** ('61) 421–31.

J. London math. Soc. A new theorem on the representation of a function by Fourier's single integral: **7** ('32) 36–38. – A theorem on the Cesàro summability of the allied series of a Fourier series: Corrigendum: 80.

J. Math. pures et appl. Contribution à l'étude de la série conjuguée d'une série de Fourier: (9) **11** ('32) 153–205.

Mathematics Student Certain aspects of the researches on Dirichlet series: **31** ('64) 145–66.

Mathematische Ann. The second theorem of consistency in the theory of absolute Riesz summability[3]): **140** ('60) 187–97.

Mathematische Z. On the summability (C, 1) of Fourier series: **40** ('35) 496–502. – On the strong summability of the derived Fourier series and its conjugate series[6]): **56** ('52) 280–88; **57** ('52/53) 481f.

Nature [London] Fourier series: **157** ('46) 689.

Proc. Acad. Sci., India On the summability of Fourier series by arithmetic means: **4** ('34/35) 39–46. – Note on the convergence of the conjugate series of a Fourier series: 125–28.

Proc. indian Sci. Congr. On the summability of Fourier series by means of arithmetic: **20** ('33) 127–. – Summability of a Fourier series and its conjugate series: **32** ('45) Nr. 2, 24 S. – General Presidential address (A): Science in India; (B): Recent researches in the absolute summability of infinite series and their applications: **53** ('66) 47 S.

Proc. London math. Soc. On the summability of Fourier series and the bounded variation of power series: (2) **35** ('33) 407–24.

Proc. nation. Inst. Sci. India, Part A On the Nörlund summability of derived Fourier series[6]): **16** ('50) 71–82. – On strong Riesz summability of a Dirichlet series[7]): **26** ('60) Suppl. II, 180–209.

Science [USA] Indian Science Congress, 39th Session: **115** ('52) 639.

Science and Culture Summability of a Fourier series and its conjugate series: **10** ('45) Nr. 9, Suppl. I.

Tôhoku math. J. Note on the summability of the conjugate series of a Fourier series: **36** ('33) 223f.

Trans. amer. math. Soc. On the second theorem of consistency in the theory of absolute Riesz summability[3]): **85** ('57) 122–33.

Einige weitere Publikationen in Hindi.

Mit: [1]) S. N. Bhatt; [2]) D. P. Gupta; [3]) T. Pati; [4]) R. Shukla; [5]) J. A. Siddiqi; [6]) U. N. Singh; [7]) P. Srivastava.

V,VI **PRASAD,** Ganesh. Math. – 1923–35 Prof., Univ. Calcutta; '18 Founder, '18–35 Life-Pres., Benares Math. Soc., Pres., Calcutta Math. Soc. (☒)
*1876, Nov. 15, Ballia;
†1935, März 9.

Nekr. S. C. Bagchi, Bull. Calcutta math. Soc. **27** ('35) 93–98. – Gorakh Prasad, Nature [London] **135** ('35) 644. – L. Narayan, Proc. Benares math. Soc. [N.S.] **1** ('39) 107–14. – Indian J. Physics and Proc. indian Assoc. Cultivat. Sci. **9** ('35) 415.

W. A treatise on spherical harmonics and the functions of Bessel and Lamé 1 (Benares City–NewYork '30) 12+159 S.; 2 ('32) 13+248 S. – Six lectures on the mean-value theorem of the differential calculus (Calcutta '31, NewYork '32) 10+107 S. – Some great mathematicians of the nineteenth century; their lives and their works 1 (Benares City '33) 16+347 S.; 2 ('34) 18+324 S.

Bull. Calcutta math. Soc. E. W. Hobson (1856–1933): **25** ('33) 31–54.

Proc. Benares math. Soc. On Lebesgue's integral mean-value for a function having a discontinuity of the second kind: **14** ('32) 1–6.

Proc. indian Sci. Congr. On the differentiability of the indefinite integral and certain summability criteria: **19** ('32) 89–102.

Tôhoku math. J. On Lebesgue's absolute integral mean-value for a function having a discontinuity of the second kind: **38** ('33) 147–50.

VI **PRASAD,** Mata. Chem. (physikal.). — 1925– Prof., and Head of Chem. Departm., (Roy.) Inst. of Sci., Univ. of Bombay. — — Weitere Daten nicht bekannt. (⊠)

*1898, Febr. 18, Gursahaiganj, Distr. Fatehgarh.

Analyst Volumetric determination of potassium dichromate and potassium permanganate in a mixture[72]): **58** ('33) 148f.

Bull. Acad. Sci. unit. Prov. Agra and Oudh, Allahabad, India An x-ray investigation of the crystals of diphenyl nitrosoamine[28]): **2** ('32/33) 129–34.

Current Sci. Electrical resistance of gel-forming mixtures during setting[59]): **2** ('33/34) 216. — Influence of magnetic field on electrolysis[8]): 345. — An x-ray investigation of the crystals of m-azotoluene[9]): **3** ('34) 200f. — Determination of the time of setting of gels[43]): **4** ('35) 310f. — Crystal structure of hydrazobenzene[49]): **5** ('36/37) 387. — Crystal structure of p-azotoluene space group[25]): 423f. — x-Ray investigation of the crystals of acenaphthene [52]): **6** ('37) 220f. — Magnetic anisotropies and molecular orientations in crystals of acenaphthene[49]): 554f. — Heterogeneous reaction between chromic sulphate and manganese dioxide[40])[51]): **8** ('39) 361f. — Sodium oleate gels in pinene[32]): **9** ('40) 119. — Molecular structure of some selenium and tellurium compounds[14]): 175f. — Gel formation by mutual interaction of oppositely charged sols[33]): **12** ('43) 19. — Cupric-ammino-sulphates[5]): **14** ('45) 263f. — Law of additivity of magnetic susceptibilities in hydrates[14])[6]): **17** ('48) 324f.

Indian Forest Leaflet Plant and wood ashes – a potential source of commercial potash[10]): Nr. **95** ('47) 27 S.

Indian J. agric. Sci. Physicochemical changes in black cotton soil during nitrification[44]): **11** ('41) 978–92.

Indian J. Physics and Proc. indian Assoc. Cultivat. Sci. x-Ray investigations of the crystals of copper formate dihydrate[31]): **6** ('31/32) 41–49. — An x-ray investigation of the crystal structure of p-amino azobenzene[25]): **8** ('33/34) 77–81. — An x-ray investigation of the crystals of anthranilic acid[25]): **9** ('34/35) 239–43. — An x-ray investigation of the crystal structure of meta-azotoluene[9]): 319–21. — Anomalous diamagnetism of selenium[14]): **11** ('37/38) 1–8. — Magnetic properties of tellurium on colloidalization[14]): 393–98.

J. chem. Physics Magnetic study of some hydrates[14])[24])[6]): **17** ('49) 813–18. — Diamagnetic susceptibilities of mercuric and mercurous ions[14])[16]): 819–25. — Magnetic susceptibilities of some ions, 1: A study of the alkaline earth salts of organic acids[24])[63])[27]): **18** ('50) 936–41; ~ 2: A study of alkali salts of organic acids[14])[24])[27]): 941–43. — Magnetic study of some hydrates of boron compounds[24])[22]): **19** ('51) 686–89. — Magnetic study of some organometallic compounds of arsenic[38]): 1051–56; **20** ('52) 201. — Magnetic study of some inorganic compounds of arsenic, antimony, and bismuth[24])[38]): **19** ('51) 1440–44. — The diamagnetism of ammonium ion[24])[27])[11]): **20** ('52) 129–32.

J. Colloid Sci. Behaviour of some alkali soap systems in organic solvents[20])[62]): **2** ('47) 467–77. — Scattering of light during the process of gel formation[71]): **4** ('49) 349–65. — Study of the extinction coefficients of gels during mutual gelation[55]): **7** ('52) 20–24. — Studies in mutual gelation[55]): 25–36. — Light scattering by some thixotropic gels[65])[70])[24]): 178–85.

J. indian chem. Soc. A physical method of estimating ferrous and ferric iron formed by the actions of potassium dichromate and potassium permanganate upon ferrous salt[13]): **9** ('32) 133–36. — Effect of sugars on the inhibition of the precipitation of ceric hydroxide from a solution of ceric ammonium nitrate[39]): 609–13. — Gelation of silicic acid: P. C. Rây commemoration volume ('33) 119–23. — The influence of non-electrolytes on the coagulation of ceric hydroxide sol dialysed to different extent[39]): **10** ('33) 53–56. — The photoreduction of alcoholic solutions of ferric chloride in light[30]): 91–99. — Quantum efficiency of the photo-reduction of alcoholic solutions of ferric chloride[30]): 101–05. — The kinetics of coagulation of ceric hydroxide sols[39]): 153–59. — Behaviour of cobaltous oxide on heating[34])[54]): **11** ('34) 513–16. — The preparation of thorium phosphate gels[34])[43]): **13** ('36) 69–71. — An x-ray investigation of the crystals of benzoin[49]): 123–27. — Viscosity of thorium phosphate gel forming mixtures during gelation[34])[43]): 128–35. — An x-ray investigation of the crystals of p-nitrodiphenyl[29])[49]): 519–22. — x-Ray investigation of the crystals of o-nitrodiphenylamine[49]): 663–69. — An x-ray investigation of the crystals of diphenylene disulphide (thianthrene) and diphenyl disulphide[49])[45]): **14** ('37) 177–87. — An x-ray investigation of the crystals of p-aminobenzoic acid. The space group[25])[58]): 667–69. — Study of the crystals of p-nitroaniline and p-nitrotoluene by the x-ray single crystal rotation method[35]): **15** ('38) 47–52. — Space group determination of the crystals of ortho- and para-benztoluides by the x-ray rotating crystal method[26]): 53–58. — Studies in thixotropic gelation of thorium molybdate gels[34])[47]): 365–76. — The effect of the addition of non-electrolytes and of temperature on the times of setting of some transparent inorganic gels[12]): **16** ('39) 117–26. — Space-group determination of the crystals of p-nitrophenol (metastable), phenacetin and tribenzylamine[49])[3]): 357–63. — Space-group determination of the crystals of melamine[49])[3]): 671f. — Heterogeneous reaction between chromic sulfate and manganese dioxide[40]): **17** ('40) 370–74. — Viscosity of thorium arsenate gels during setting[50]): 508–14. — Space groups of crystals of o-, m-, and p-nitrobenzoic acids[58])[25]): 555–64. — Time of setting and changes in hydrogen-ion concentration during the setting of gels formed by the interaction of oppositely charged sols, 2: Interaction of $Ni(OH)_2$ and MnO_2 with $Al(OH)_3$ sol[33]): **20** ('43) 166–68. — Diamagnetism and molecular structure: **31** ('54) 181–93. — Acharya Prafulla Chandra Rây – his message to the Nation: **41** ('64) 605–21.

J. physic. Chem. Extinction coefficients of the silicic acid gel forming mixtures[34])[68]): **36** ('32) 1324–36. — Viscosity of the silicic acid gel forming mixtures[34])[68]): 1384–90. — Influence of non-electrolytes on the viscosity of silicic acid gel forming mixtures[34])[68]): 1391–400.

J. physic. and Colloid Chem. The effect of additives on the physical-chemical properties of soap gels in organic solvents[20])[1])[21]): **52** ('48) 1481–94. — Magnetic study of some boron compounds[24])[22]): **55** ('51) 1534–47.

J. sci. and industr. Res. Manufacture of Br from Kharaghoda bitterns[23]): **1** ('43) 102–05.

J. sci. and industr. Res., Sect. A Experimental salt farm and salt-research station: **10** ('51) 241 44. — Diamagnetic susceptibilities of ions[24]): **11** ('52) 183–96.

J. sci. and industr. Res., Sect. B Production of strontium carbonate from Indian celestite[10]): **6** ('47) Nr. 10, 137–44.

J. Univ. Bombay Researches in colloidal chemistry in India: **1** ('32) Nr. 2, 157–88. — Life and work of Sir P. C. Rây: **2** ('33) Nr. 2, 307–27. — x-Ray investigation of the crystals of triphenylmethane[52])[49]): **5** ('36) Nr. 2, 109–13. — The mechanism of the photoreduction of ferric chloride dissolved in alcohols[37])[41]): 142–50. — Space group determination of the crystals of p-azotoluene[25]): **7** ('38) Nr. 3, 94–96. — Preparation and properties of transparent inorganic gels[12]): 132–56. — Photoreduction of ferric compounds[57]): 235–44. — Unit cell of the crystals of p-aminobenzoic acid[25])[58]): **8** ('39) Nr. 3, 123–25.

Philosophical Mag. and J. Sci. An x-ray investigation of the crystals of o-azotoluene[69]): **13** ('32) 600–03. — An x-ray investigation of crystals of stilbene and tolane: **16** ('33) 639f.

Proc. indian Acad. Sci., Sect. A Studies in thorium phosphate gels[43])[34]): **3** ('36) 107–18. — Study of the systems copper sulfate – nickel sulfate – water and copper sulfate – cobalt sulfate – water[54])[34]): **7** ('38) 393–98. — Viscosity of stannic phosphate gels during setting[36]): **11** ('40) 282–87. — Molecular structure of some selenium compounds determined by magnetic method[14]): **12** ('40) 185–98. — Measurement of opacity during the coagulation of concentrated sols of zirconium and stannic hydroxides and the gelation of stannic phosphate and zirconium hydroxide gel forming mixtures[36]): 235–44. — Viscosity measurements during the coagulation and gelation of concentrated sols of zirconium and stannic hydroxides[35]): **15** ('42) 445–55. — Ionic (diamagnetic) susceptibility of barium[14])[24]): **16** ('42) 307–18. — Opacity changes in gel forming mixtures during setting, 1: Thorium molybdate, stannic arsenate, and silicic acid gels[17]): **17** ('43) 161–70. — Photoreduction of ferric chloride in presence of aqueous acetone and anhydrous ether[4]): **18** ('43) 373–82. — Study of the optical properties of gels, 1: Thorium molybdate gels[19]): **19** ('44) 47–65; ~ 2: Thorium arsenate gels[19]): 66–76; ~ 3: Silicic acid gels[19]): 77–87. — Opacity changes during the coagulation of sols by electrolytes[19])[42]): 389–400. — Magnetic susceptibilities of calcium and strontium ions[14])[18]): **20** ('44) 224–44. — Inorgano-organic gels in pinene, 1: Gels of some sodium soaps in pinene and their cooling and heating curves[20]): **21** ('45) 1–7; ~ 2: Gels of the sodium and potassium soaps of oleic, stearic, and palmitic acids in pinene, and the factors which influence their time of setting[20])[61]): 56–65; ~ 3: Viscosity measurements of gel forming solutions of sodium oleate and sodium stearate in pinene[20])[61]): 90–102; ~ 4: Kinetics of syneresis of sodium oleate gels in pinene[20])[32]): 105–13; ~ 5: Gel-strength measurements of gels of sodium stearate in pinene[14])[20]): **24** ('46) 287–94; ~ 6: Viscosity changes with time and shear during gelation of soap–pinene systems[14])[20]): 295–303. — Effect of addition agents on the syneresis of sodium oleate gels in pinene[20])[1]): **22** ('45) 320–28. — Diamagnetic susceptibilities of magnesium and zinc ions[14])[2]): **26** ('47) 312–27. — Diamagnetic susceptibility of lead ion[14])[27]): 328–38. — Diamagnetic susceptibility of the cadmium ion[14])[24])[7]): **31** ('50) 289–99. — Magnetic study of some silver salts[14])[24])[11]): 389–99. — The time of setting of gels formed by the mutual interaction of oppositely charged sols at different temperatures[66]): **32** ('50) 74–84. – Magnetic susceptibility of the CH_2 group in a homologous series of aliphatic organic acids and their alkali and alkaline earth salts[14])[27])[63]): 313–18. – Syneresis of sodium oleate gels in organic solvents, 1: Effect of area of gel surface on the syneresis of sodium oleate gels in pinene[53]): **33** ('51) 295–97; ∼ 2: Effect of time on the syneresis of sodium oleate gels in pinene and xylene: 305–08; ∼ 3: Effect of temperature on syneresis in pinene[53]): 333–38. – Magnetic study of double salts in solution[27])[11]): **36** ('52) 544–51.

Proc. nation. Acad. Sci., India The photoreduction of ferric chloride in alcoholic solutions in the light of a quartz mercury vapour lamp[37]): **6** ('36) 261–68.

Proc. nation. Inst. Sci., India The potash industry in India[15]): **9** ('43) 135–42. – Magnetic susceptibilities of some inorganic anions[12]): **15** ('49) 145–60.

Proc. roy. Soc. London, Ser. A x-Ray analysis of the dibenzyl series, 3: The structure of stilbene, tolane, and azobenzene[48])[64]): **154** ('36) 187–95.

Quarterly J. geol., Mining and metallurg. Soc. India Bismuth and cadmium in type metal alloys[56]): **11** ('39) 1–7.

Mit: [1]) S. P. Adarkar; [2]) H. V. Amin; [3]) P. N. Baljekar; [4]) P. R. Bavdekar; [5]) S. S. Bhatnagar; [6]) N. S. Biradar; [7]) R. A. Bhobe; [8]) N. B. Choksey; [9]) P. H. Dalal; [10]) G. V. Dange; [11]) M. G. Datar; [12]) D. M. Desai; [13]) P. Y. Deshpande; [14]) S. S. Dharmatti; [15]) H. B. Dunnicliff; [16]) A. K. Ghose; [17]) V. S. Gogate; [18]) S. V. Gokhale; [19]) S. Guruswamy; [20]) G. S. Hattiangdi; [21]) J. P. Jassawalla; [22]) L. S. Kamat; [23]) G. P. Kane; [24]) C. R. Kanekar; [25]) M. R. Kapadia; [26]) A. B. Khan; [27]) D. D. Khanolkar; [28]) S. G. Khubchandani; [29]) M. P. Lakhani; [30]) P. S. Limaye; [31]) H. M. Mapara; [32]) K; N. Mathur; [33]) S. D. Mehta; [34]) S. M. Mehta; [35]) R. N. Merchant; [36]) K. V. Modak; [37]) B. V. Mohile; [38]) L. N. Mulay; [39]) M. V. Nabar; [40]) M. A. Naqvi; [41]) K. D. Nigudkar; [42]) N. A. Padwal; [43]) M. U. Parmar; [44]) N. K. Patwardhan; [45]) B. H. Peermohamed; [46]) –; [47]) H. Rathnamma; [48]) J. M. Robertson; [49]) J. Shanker; [50]) B. G. Shejwalkar; [51]) V. N. Shetgiri; [52]) L. A. de Sousa; [53]) V. Sundaram; [54]) T. S. Suratkar; [55]) V. Swaminathan; [56]) D. Swarup; [57]) C. R. Talpade; [58]) V. C. Thakar; [59]) R. K. Upadhya; [60]) –; [61]) C. V. Vishvanath; [62]) B. K. Wagle; [63]) S. P. Walvekar; [64]) I. Woodward; [65]) K. E. Subramanian; [66]) B. N. Chhaya; [67]) –; [68]) J. B. Desai; [69]) K. V. Desai; [70]) R. L. Desai; [71]) K. D. V. Doss; [72]) B. L. Vaish.

VI **PRÁT,** Silvestr. Bot., Biochem., Pflanzenphysiol. – 1929–38 Außerord. Prof., '38–70 ord. Prof. u. Leiter d. Abt. f. Pflanzenphysiol., Karlova Univ., Praha. – '55 Sc.Dr. (Tschechoslowak. Akad. Wiss.); Dr. h.c. (Lomonosov-Univ. Moskva). – Goldmedaille (Naturwiss. Fak., Karlova Univ.); '65 Orden d. Arbeit, '70 Klement-Gottwald-Staatspreis (ČSSR); '70 Goldmedaille f. Verdienste um Wiss. u. Menschheit (Tschechoslowak. Akad. Wiss.).

*1895, Dez. 1, Hrotovice, Mähren.

Zur Biogr. B. A. Rubin, Vestn. mosk. Univ., Ser. VI **1965,** 82–84.

Zum 60. Geb.tag V. Rypáček, Preslia [Praha] **27** ('55) 329–39 (m. Bildn. u. Schr.-verz.).

Zum 65. Geb.tag L. Pastýrík, Biológia [Bratislava] **15** ('60) 877f.

Zum 70. Geb.tag Festheft: Acta Univ. carolinae, Biol. **1966,** Suppl. 1/2; darin S. 3–5 Biogr. von S. Lhotský. – Š. Gumiński, Wiadomości bot. **9** ('65) 117–19. – S. Lhotský, Preslia[Praha] **37** ('65) 441–43 (m. Bildn.). – V. Rypáček, Biologia Plantarum [Praha] 8 ('66) 1–4 (m. Bildn. u. Schr.verz.).

Zum 80. Geb.tag Festheft: Algological Studies [Stuttgart] **14** ('75); darin S. 3–14: I. Šetlík, S. Lhotský, J. Květ, In the service of algal physiology, a teacher's discourse with his disciples [Interview] (m. Bildn.). – Festheft: Biologia Plantarum [Praha] **17** ('75) Nr. 6. – S. Lhotský, Preslia [Praha] **47** ('75) 378f. (m. Bildn.). – Živa [Praha] **24** ('76) 20 (m. Bildn.).

H. (Redakt.) Rostlinopis **1** (Praha '29) – **9** ('44); davon eig. Beitr.: **3**: Fysiologie chemická a fysikálne chemická ('32) 460 S.

MH. (wiss. Redakt.) Praktikum fytocenologie, ekologie, klimatologie a půdoznalství (Praha '54). – Studies about humus. [2nd] Symposium Humus and plant, Prague and Brno 1961 (Praha '62); darin eig. Beiträge: Preface[45]); 223–34: The effect of humus substances on regeneration of plants [m. russ. u. deutscher Zusammenfassg.].

HZ. (Chefredakt.) Biologia Plantarum [Praha] 8 ('66) Nr. **4** – **16** ('74). – (Chefredakt.) Rozpr. českoslov. Akad. Věd 1952–1961. – (Redakt.) Spisy vydávané přírod. Fak. Karlovy Univ. 1938–1949.

S. L. Smolík u. a., Pedologická příručka pro potřeby geobotanické (Praha '33) (Publikace geobotanické sekce Československé botanické společnosti, 1) 43–49: Kolorimetrische Bestimmungsreaktionen [tschech.]. – Výstava Člověk a příroda, **1** (Praha '34) (Spolek Výtvarnych Umělců Mánes a Přírodovědecký Klub v Praze) 17–20: Die naturwissenschaftliche Illustration; A. J. Corda a J. Mánes [tschech.][16]). – Summaries of communications, XV International physiological congress, Leningrad–Moscow 1935 (Moskva–Leningrad '35) 327f.: Radiation and antagonistic action. – Proc. 6th International botanical congress, Amsterdam 1935, **2** (Leiden '35) **24:** Demonstration of photomicrographs of chromosomes made in infrared rays. – Rapports et communications, 8e Congrès international de botanique, Paris 1954, [7:] Sect. 17 (Paris

'54) 42–44: Contribution to the physiology of the vegetation of thermal and mineral waters. — Proc. 9th International botanical congress, Montreal 1959, 2 (Toronto '59) 308: The effect of humus substances on plants. — 3. Internationaler Kongreß für Lichtforschung, Wiesbaden 1936 (Berlin '37) 181–85: Ultraviolettabsorption und -reaktionen in der Pflanzenzelle. — Almanach lázní Československé republiky [Ausgabe 1937] (E. Cmunt) (Praha '37) 19–21: Lebendes Wasser [tschech.]; ~ [Ausgabe 1949] (E. Cmunt u. a.) (Praha–Bratislava '49) 63–75: Balneobiologie [tschech.]. — O. Štěpánek, Moderní preparace přírodnin. Osvědčene metody přírodopisného sběra telstvi a preparace (Olomouc '38) 128–30: Über das Präparieren von Algen [tschech.]. — J. Mánes, Květiny (V. Novotný) (Praha '40) XXI–XXXIII: Die Pflanzenzeichnungen von Josef Mánes [tschech.]. — B. Němec u. a., Učebnice anatomie a fysiologie rostlin pro farmaceuty a přírodopisce (Praha '45) 197–390: Physikalische und chemische Physiologie [tschech.]; ²(Liberec '49) 186–375. — I. Cetl u. a., Fysiologie rostlin 1.2 [Skripte] (Praha '54): [Mitarbeit]. — O úkolech potravinářské mikrobiologie. Sbornik statí z konference, pořádané Československou vědeckou technickou společnosti pro potravinářský průmysl, Praha 1956 (Praha '57) 22–24: Verwertung der Sonnenenergie zur Kultivierung von Algen [tschech.]. — Doklady zarubežnych učenych, Delegatskij s-ezd, Vsesojuznoe botaničeskoe obščestvo SSSR [Vorträge der ausländischen Wissenschaftler beim Delegiertenkongreß der Botanischen Unionsgesellschaft der UdSSR], Leningrad 1957 (Leningrad '58) 42–48: Pflanzenphysiologie und Balneobiologie [russ.]. — Studies in plant physiology; dedicated to the 85th anniversary of the birth of Bohumil Němec (Praha '58) 5–19: Bohumil Němec and the Institute for Plant Physiology of Charles University, Praha; 157–63: Microelements in Sphagnum and Utricularia. — V pamet na Metodij Popov; sbornik ot naučni trudove po biologija i medicina. In memoriam Methodi Popoff; papers on selected problems of biology and medicine (Sofia '58) 219–26: Humifizierungsvorgänge und Bedeutung des Humus [m. bulgar. u. russ. Zusammenfassg.]. — Abstracts of communications, 5th International congress of biochemistry, Moscow 1961 (Warszawa '61) 329: Penetration and effect of humus substances (fractions) on plant cell; 504: A contribution to calcium, magnesium and iron biochemistry. — Medical hydrology (S. H. Licht) (New Haven, Conn. '63) 254–60: Biology of peloids. — Studies on microalgae and photosynthetic bacteria; a collection of papers dedicated to H. Tamiya on the occasion of his 60th birthday (Tokyo '63) (Plant and Cell Physiology [Tokyo], Special issue) 185–88: Determination of growth of filamentous algae by means of homogenization[32]). — Studies about humus. Trans. of the international symposium "Humus et planta IV", Prague 1967 (Praha '–) 66–69: Humus formation in saline waters.

W. Příprava rukopisu pro tisk (Praha '33) 65 S. (Knihovna Přírodovědeckého klubu v Praze, 1). — Příběhy kaštanu (m. J. Loukotková) (Praha '44) 64 S. — Rostlina pod drobnohledem (Praha '44) 200 S., ²('45) 205 S. (Věda všem, 10); ³('52) 221 S.; slowak.: (Bratislava '57) 197 S. — Praktikum rostlinné fysiologie (m. R. Řetovský) (Praha '51) 130 S. — Humus a jeho význam (Praha '64) 163 S. — Cultures of algae in various media (M. J. Dvořáková, M. Baslerová) (Praha '72) 119 S.

Acta adriatica [Split] Stimulation plasmolysis on marine algae: [1].1932/36, Nr. 4 ('34) 20 S.

Acta agrobotan. [Warszawa] Über den Einfluß des Humus auf die Aufnahme von Mineralsole und auf die Bildung des Chlorophylls bei Pflanzen: **9** ('60) 117–21 [poln.].

Acta Soc. Botanicorum Poloniae The effect of humus substances (oxyhumolits) on plants[4]) [23]): **26** ('57) 325–47 [tschech. m. engl. Zusammenfassg.].

Acta Univ. carolinae Vom Austrocknen pflanzlicher Organe[30]): **1954**, Nr. 3, 57 S. [tschech. m. russ. u. deutscher Zusammenfassg.].

Architekt, SIA Negativer und positiver Naturschutz: **42** ('43) 265–72 [tschech.].

Archivio Sci. biol. The toxicity of metallic ions and the antagonistic action of the nutrient solution: **18** ('33) 289–91.

Ber. dtsch. bot. Ges. Die Erblichkeit der Resistenz gegen Kupfer: **52** ('34) 65–67. — Die Ultraviolettdurchlässigkeit der Meeresalgen: **54** ('36) 264–70. — Durchlässigkeit des Holzes für infrarote und für Röntgenstrahlen: **55** ('37) 165–71.

Biologia Plantarum [Praha] Humic acids labeled with carbon-14[34]): **1** ('59) 71–80. — Autotroph–heterotroph relationships in natural waters[37]): 81–92. — Distribution of the humus substance fractions in plants: **2** ('60) 308–12. — Permeability of plant tissues to humic acids: **5** ('63) 279–83 [m. tschech. u. russ. Zusammenfassg.]. — Docent Rudolf Řetovský† [3]) u.a.): **7** ('65) 399–405. — The effect of hydroxamates on the growth of the alga Scenedesmus obliquus[21]): **8** ('66) 476–78 [m. tschech. u. russ. Zusammenfassg.]. — Absorption and translocation of lipidic substances by plants[1]): **13** ('71) 408–10 [m. tschech. Zusammenfassg.]. — 100 anniversary of the birth of Professor Němec: **15** ('73) Nr. 1, 2. Vorsatzblatt.

Biologické Listy Literaturzitationen: **18** ('33) 15f. — Wissenschaftliche Institute in der

UdSSR: **20** ('35) 173–76. – Die Wärmegrenze der thermophilen Vegetation: **30** ('49/50) 234. – Über die Wechselwirkung der physikalischen Komponenten der Umwelt: **31** ('50) 214–18. – Probleme der Algenkulturensammlungen: **35** ('70) 81–89. – – Alle Arbeiten tschech.

Bull. int., Acad. tchèque Sci. The significance of tetrazolium compounds in biology and their polarographic control[7])[8]): **51** ('50) 45–57. – Resistenz der Cyanophyceen gegen niedere Temperaturen[20])[34]): 147–52 [russ.]. – Vegetation and oxidoreduction processes in the Piešťany mud[38])[39])[14]): **52** ('51) 1–13. – Oscillatoria in biological tests of water[34]): 285–96.

Bull. Soc. Chim. biol. Les courbes de titrages colorimétriques des solutions nutritives[35]): **20** ('38) 1043–57. – Les courbes de titrages colorimétriques de l'eau de mer[35]): **21** ('39) 583–95.

Čas. Lékařů česk. Ergons in mud: **96** ('57) 932–34 [tschech. m. russ., engl. u. französ. Zusammenfassg.].

Československá Biol. Professor PhDr RNDr h. c. Bohumil Němec zum 80. Geburtstag: **2** ('53) Nr. 1, 63 [tschech.]. – Der Einfluß von humusreichem Material („Kapuziner") auf die Algen: **4** ('55) 535–41 [~].

Československé bot. Listy Ochromonas granularis in Piešťany: **1** ('48) 134f. [tschech.].

C. R. (hebd.) Séances (et Mém.) Soc. Biol. La spécificité de structure des incrustations des algues marines[9]): **124** ('37) 1125–27.

Elektrotechnický Obzor Übersicht über die verschiedenen Arten der Strahlung[35]): **26** ('37) Nr. 23 [tschech.]. – Die elektrographische Kontrolle der Struktur von Oberflächen[36]): **30** ('41) 259–61 [~].

Fiziologičeskij Ž. SSSR Radiation and antagonistic action: **21** ('36) 515.

Fiziologija Rastenij Assimilation and respiration of thermophilic blue-green algae[19]): **3** ('56) 508–15 [russ.; engl. Zusammenfassg.: Suppl. Nr. 6, S. 2f.]. – Das Akademiemitglied Bohumil Němec†: **13** ('66) 925f. [russ.].

Folia biol. [Praha] Einfluß von humusreichen Substanzen (sog. „Kapuziner") auf Algen: **1** ('55) 321–27 [russ.].

Fotografický Obzor Mikrophotographie mit Infrarotstrahlung in der Zellforschung[13]): **42** ('34) 167f., 178–80 [tschech.].

Fotografie [Praha] Über das Wachstum des Nußbaumes: **1** ('34) 374f., 377 [tschech.].

Fysiatrický Věstník Zur Biologie der Peloide: **35** ('57) 126 [tschech.].

Hospodářský Obzor [Praha] Über die Bedeutung des Calciums für den Organismus: **14** ('41) 125–27 [tschech.].

Hydrobiologia [Den Haag] Der tschechische Hydrobiologe Professor Dr. Karel Schäferna, † 28. 12. 1950: **5** ('53) 323–26 [engl.]. – Zur Physiologie der Mineral- und Thermalwasservegetation: **8** ('56) 328–64.

J. biol. photogr. Assoc. Botanical photography with infra-red light: **4** ('36) 191–201. – Electrography[36]): **7** ('39) 145–48.

Krása našeho Domova Wie sollen Baumalleen geplant werden, damit weder der Straßenverkehr behindert noch die Führung von Strom- und Telefonleitungen gestört wird?: **36** ('43) 9–11 [tschech.].

Mikrochemie Nachweis der Schwermetalle in den Pflanzen und die Methode der Chromospodogramme: Festschrift Hans Molisch ('36) 324–49.

Mladá Farm. Professor Dr. Bohumil Němec – Ehrendoktor der Karls-Universität: **7** ('39) 79–82 [tschech.].

Naší Přírodou Röntgenuntersuchung [von Pflanzen]: **4** ('40) 419–21 [tschech.].

Obzor národohospodársk. Župy stredoslovensk. Die mittelslowakischen Bäder und Mineralquellen: **2** ('32) 77 [slowak.]. – Kann mit Kohle gedüngt werden?: **3** ('33) 36f. [~].

Ochrana Přírody [Praha] Der Schutz des biologischen Gleichgewichtes in den Gewässern: **1** ('46) 38–41 [tschech.].

Ovocnářství a Zelinářství Die Überwinterung der Zwiebelsämlinge auf freiem Feld[29])[43]): **2** ('54) 187 [tschech.].

Plant Physiol. Progress of plant physiological investigations in Czechoslovakia: **13** ('38) 1–3.

Práce moravskoslezské Akad. Věd přírodních, Brno Reactions on vitality: **19** ('48) Nr. 8., 1–20 [tschech. m. engl. Zusammenfassg.].

Prager Rdsch. Die tschechoslowakische Botanik: **3** ('33) 222–24.

Preslia [Praha] Conjugatae and calcium carbonate[12]): **10** ('31/32) 141–46 [tschech. m. engl. Zusammenfassg.]. – The terminal cell and the regeneration of marine algae: **11** ('32) 104–09 [~]. – Algarum, Hepaticarum, Muscorumque in culturis collectio. Plantarum Physiologiae Institutum Universitatis Carolinae: **22/23** ('48) 61–72 [ ]. – Professor PhDr RNDr h. c. Bohumil Němec zum 80. Geburtstag: **25** ('53) 94f. [tschech.]. – Die Vegetation in stark sauren Wässern und die Regeneration der Eisenmoore: **27** ('55) 225–33 [tschech. m. russ. u. deutscher Zusammenfassg.]. – Dem Akademiemitglied Rudolf Dostál zum 70. Geburtstag: 322–26 [tschech.]. – Jaroslav Peklo †: **28** ('56) 221–24 [~]. – Das Akademiemitglied Bohumil Němec, 12. 3. 1873 – 7. 4. 1966: **38** ('66) 341–45 [~].

Příroda [Praha] The polarographic estimation of the excretion of roots: **26** ('33) 54–56 [tschech. m. engl. Zusammenfassg.]. – Wasser aus Piešťany (Saluberrimae Pistinienses Thermae): **43** ('50) 116–18 [~].

Přírodní Vědy ve Škole Über die Kultivation der Algen: **18** ('68) 359–64 [tschech.].

Protoplasma The polarity of the vacuole: **15** ('32) 612–15. – Local accumulation of the cell content and growth: **21** ('34) 181–90. – Die Mikrophotographie mit infraroten Strahlen im Dienste der Zellforschung[13]): **22** ('34) 145–52. – Strahlung und antagonistische Wirkungen: **26** ('36) 113–49. – Elektroinjektion als Methode der Pflanzenphysiologie[10]): **27** ('36) 73–85.

Radiologica [Berlin] La perméabilité du bois aux rayons infrarouges[16]): **1** ('37) 242–44. – The penetrability of gamma-rays through wood[31]): **3** ('38) 208–13.

Revue roumaine Biol., Sér. Bot. Accelerated growth of algae: **12** ('67) 207–10.

Rozpr. české Akad. Věd a Umění Die Bedeutung der Tetrazoliumverbindungen in der Biologie und ihre polarographische Kontrolle[7]) [8]): **60.1950** ('51) Nr. 8, 21 S. – Die Resistenz der thermalen Cyanophyten gegen niedere Temperaturen[20])[34]): Nr. 20, 10 S. – Die Vegetation und die Redoxprozesse im Piešťany-Schlamm[38])[39])[14]): **61.1951** ('53) Nr. 1, 27 S. – Oscillatoria in biologischen Wasserproben[34]): Nr. 22, 11 S. – – Alle Arbeiten tschech.

Rozpr. československ. Akad. Věd Mosses in thermal and mineral waters: **70** ('60) Nr. 7, 95 S. [tschech. m. engl. Zusammenfassg.].

Sborn. Masarykovy Akad. Práce Slowakische Mineralquellen und Travertine[12])[44]): **8** ('34) Nr. 5, 19 S. [tschech.]. – Über Kupfer im Boden und in den Pflanzen einer kupferreichen Gegend[17]): Nr. 8, 16 S. [~].

Sborn. české Akad. techn. Elektrographie[36]): **14** ('40) Nr. 80 [tschech.]. – Die M-Konzentration als allgemeines biologisches Problem: **18** ('44) Nr. 109, 508–14 [~].

Sborn. Masarykovy Akad. Práce Biological tests of water: **21** ('47) Nr. 120, 1–29 [tschech. m. engl. Zusammenfassg.].

Sborn. vysoké Školy chem.-technol. v Praze, Oddíl Fak. Technol. Vody Magnesium in the ash of Stratiotes[15]): **6**, 1 ('62) 25–28 [tschech. m. russ. u. engl. Zusammenfassg.].

Spisy vydávané přírod. Fak. Karlovy Univ. The resorption of mineral salts by roots, 4: The resorption of lead and thallium[2])[33]): Nr. **121** ('32) 24 S. [tschech.]. – Electroinjection of metals, especially of gold, in plants: Nr. **159** ('38) 28 S. [tschech. m. engl. Zusammenfassg.]. – The reaction of algal cells with Schiff's reagent: Nr. **177** ('47) 16 S.

Studia bot. čechica Über den Einfluß von Hochspannung auf Pflanzen[5]): **3** ('40) 13–26 [tschech.]. – Über peroxydatische Reaktionen in Süßwasseralgen und in Bodenproben: **4** ('41) 41–62 [tschech. m. deutscher Zusammenfassg.]. – Über Reaktionen der Algen-Zellkerne mit Polyphenolen: **5** ('42) 132–41 [~]. – Über oxydatische und peroxydatische Reaktionen in den Algen und Cyanophyceen: 142–47 [~].

Studia bot. čechoslovaca The analysis of calcareous marine algae[12]): **7** ('46) 112–26.

Studii şi Cercetări Biol., Acad. Republ. popul. romîne, Bucureşti, Ser. Bot. Über Humus und dessen Einwirkung auf die Pflanzen: **17** ('65) 119–26 [rumän.]. – Sammlung kultivierter Algen, Lebermoose und Moose: 229–36 [~].

Universitas carolina Eine einfache Methode zur Feststellung des Wassergehaltes[34]): **1** ('55) Nr. 9 (Biologica Nr. 2) 215–23 [tschech. m. russ. u. deutscher Zusammenfassg.].

Věda přírodní Mikrophotographie mit Infrarotstrahlen [13]): **14** ('33) 273–75 [tschech.]. – Die Bedeutung der Roentgenographie für die Biologie[27]): **18** ('37) 129–32 [~].

Věda a Život Die Elektrographie[36]): **7** ('41) 267–73 [tschech.].

Verhandlungen int. Vereinig. theoret. u. angew. Limnol. The polarographic method in hydrobiology: **7.1934** ('35) 643 f.

Vesmír Rab – das „Naturmuseum" Dalmatiens: **10** ('31/32) 118–20. – Positive und negative geotropische Reaktionen: **12** ('33/34) 209 f. – Hundertfünfzig Jahre Gelehrte Gesellschaft: **13** ('34/35) 134–36. – Hugo de Vries: **14** ('35/36) 54 f. – Belebtes und Unbelebtes: **16** ('37/38) 7–9. – Photographie mit Polarisationsfiltern: **17** ('38/39) 39–42. – Wasserkulturen und landwirtschaftliche Praxis: 93–98. – Der Mensch und die Naturstoffe: **18** ('39/40) 191–94. – Roentgenuntersuchung von Pflanzen: **19** ('40/41) 1, 4, 5, 25. – Der 9. Internationale botanische Kongreß: **39** ('60) 153. – – Alle Arbeiten tschech.

Věstn. balneol. a klimatol. Spol. československ. The instability of mineral waters: **13** ('33) Nr. 4, 5–7, 50 [tschech. m. engl. Zusammenfassg.]. – Biology of mineral waters: **14** ('34) 102–05 [tschech.], Anhang von Nr. 3, 1–3 [engl.]. – Sedimentation in the mineral waters in Sklenné Teplice (Slovakia)[12]): **15** ('35) Mladějovsky-Band, 223–27 [tschech. m. engl. Zusammenfassg.].

Věstn., Ceské Akad. Věd a Umění Prof. Dr. Tr. Săvulescu über die Agrobiologie: **59** ('50) 101 f. [tschech.].

Věstn., Československ. Akad. Věd Visit to USSR: **66** ('57) 505–07. – 9th International congress of botanists at Montreal. **69** ('60) 247–53. – "Humus et Planta": an international symposium: **71** ('62) 248–50. – 50th Anniversary of the Collection of the cultures of autotrophic organisms: **74** ('65) 85–89. – Das Akademiemitglied Bohumil Němec, 12. 3. 1873 – 7. 4. 1966: **75** ('66) 477–81. – – Alle Arbeiten tschech.

Věstn. českoslov. Akad. zemědělské Die biologischen Wirkungen des schweren Wassers: **10** ('34) 345 [tschech.].

Věstn. českoslov. fysiatr. Spol. Literatur über die biologische Wirkung elektrischer Wellen: **18** ('38) 358–66. – Torfe und Moore in biologischer Hinsicht: **23** ('44) 15–27. – Oscillatorietum principis-tenuis thermalis in Piešťany[42]): **27** ('48) 251–59. – Die Biologie der Thermal- und Mineralwässer: **30** ('52) 93–115. – Der Phosphationenaustausch zwischen Wasser und Piešťanyschlamm[38]): **32** ('54) 14–17. – Einleitung zum Heft über Peloide: **32** ('54) 97f. – – Alle Arbeiten tschech.

Věstn. král. české Spol. Nauk Die Absorption der Beta-Strahlen in den Pflanzenblättern und im Holze: **1940**, Nr. 9, 22 S. [m. tschech. Zusammenfassg.]. – Über die polarographische Reaktion der Eiweißkörper in einigen Pufferlösungen[35]): **1941**, Nr. 5, 24 S. [tschech. m. deutscher Zusammenfassg.]. – Die Exkretion von den Wurzeln in die Nährlösung[35]): **1944**, Nr. 3, 19 S. [~]. – The reaction of the Cyanophyceae and Algae with some aromatic isomeric compounds: **1945**, Nr. 6, 39 S. [tschech. m. engl. Zusammenfassg.]. – The cell-inclusions in Nitella: **1947**, Nr. 3, 16 S. – Oscillatorietum[6]): **1948**, Nr. 7, 22 S. [engl.].

Vestn. mosk. Univ., Ser. VI Einfluß der Humusverbindungen auf den Stoffwechsel der Pflanzen: **20** ('65) Nr. 1, 26–32 [russ.].

Wiadomości bot. Über den Einfluß von Humusstoffen auf den Pflanzenstoffwechsel: **12** ('68) 165–75 [tschech.].

Zahradnické Listy Versuche mit der Aufbewahrung von Pflanzenprodukten: **44** ('51) 477f. [tschech.].

Zeměměřičský Obzor Spuren elektrischer Entladungen auf einer photographisch empfindlichen Schicht[36]): **2** (**29**) ('41) Nr. 9, 140–42 [tschech.].

Živa [Praha] Die biologische Erforschung der Adria: **6** ('58) 44 [tschech.]. – Über die Bedeutung von Algenkulturen: **9** ('61) 1f. [~].

Ferner eine von der Tschechoslowakischen Akademie der Wissenschaften vervielfältigt herausgegebene Bibliographie über Humus: Literatura o humusu ('60) 555 S. [über 2600 Titel]. – Einige weitere Beiträge in Sammelwerken.

Mit: [1]) S. A. Ahmed; [2]) J. Babička; [3]) K. Beněs; [4]) J. Čatský; [5]) J. Čeřovská; [6]) Z. Cyrus; [7]) J. Doskočil; [8]) D. Doskočilová; [9]) E. Glasnerová; [10]) A. Glazunov; [11]) –; [12]) J. Hamáčková; [13]) K. Hrubý; [14]) E. Jičínská; [15]) J. Kaplanová-Dvořáková; [16]) I. Klášterský; [17]) K. Komárek; [18]) –; [19]) Š. Kubín; [20]) S. Lhotský; [21]) L. Lisá; [22]) –; [23]) O. Melichar; [24]) –; [25]) –; [26]) –; [27]) A. Němejcová; [28]) –; [29]) J. Oplt; [30]) J. Pazourek; [31]) J. Petrová; [32]) V. Poláková; [33]) J. Poljívková; [34]) F. Pospíšil; [35]) R. Řetovský; [36]) J. Schlemmer; [37]) Z. Šesták; [38]) I. Šetlík; [39]) M. Smíšek; [40]) –; [41]) O. Stěpánek; [42]) M. Toman; [43]) A. Trnková; [44]) J. Volko-Starohorský; [45]) V. Rypáček.

V, VI **PRATOLONGO,** Ugo. Agrikulturchem. – 1910–19 Assist., '19–34 Prof., R. Ist. Super. Agrario, Milano; Prof. incar., '34–58 Prof. ord. e Dir. dell'Ist. di Chim. agraria, '35–37 e '48–55 Pres. della Fac. di Agraria, '58 Prof. emer., Univ. di Milano; '26–35 e '50–57 Prof. incar., R. Ist. Super. d'Ingegneria (→ Politecnico) di Milano; '47–55 Pres., Comitato Nazion. per le Sci. Agrarie del Consiglio Nazion. delle Ricerche. – '24 Medaglia d'oro e Premio (Fondaz. Cagnola); Medaglia d'oro (Ministero della Pubbl. Istruz., Ministero dell'Agricoltura, Univ. di Milano, Univ. di Pisa); '55 Premio Marzotto.

*1887, Juni 26, Polaveno, Brescia; †1968, Aug. 10, Civenna, Como.

Zum 80. Geb.tag Festgabe: Studi in onore di Ugo Pratolongo, Agrochimica [Pisa] **11** ('67) Suppl. zu Nr. 4/5, 298 S. (m. Biogr. u. Schr.-verz.).

Nekr. O. T. Rotini, Agrochimica [Pisa] **12** ('68) 486–88 (m. Bildn.); Annali Fac. Agraria, Univ. Studi Milano **16** ('71) 19–29.

S. 1e Conférence internationale pour l'examen des moyens de lutte contre les parasites des plantes, Rome 1950 (Roma '51): La determinazione e il controllo dell'azione tossica dei preparati anticrittogamici (6 S.). – Atti del Convegno di studi su problemi di agricoltura lombarda, Milano 1954 (Milano '55) 74–79: La ricerca scientifica e la sperimentazione agraria in Lombardia.

W. Le correzioni dei terreni e i correttivi (Roma '32) 115 S. – Manuale di chimica vegetale e agraria, **1**: Chimica vegetale: Compendio di biochimica vegetale e di fisiologia vegetale agraria ²(Milano '33) 15+312 S., ³('43) 15+312 S.; **2**: Chimica agraria: Il terreno e i fertilizzanti ²('34) 15+483 S., ³('42) 23+573 S. – Idrologia vegetale e agraria (Firenze '36) 7+123 S. (Biblioteca della bonifica integrale, 3: Idrologia della bonifica integrale, 2); ²(Bologna '48) 144 S – Chimica agraria (m. A. Menozzi) **2**: Il terreno e i fertilizzanti (Milano '38) 16+537 S.; spätere Auflagen u. d. T.: Chimica vegetale e agraria (m. A. Menozzi) **1**: Chimica vegetale ²('45) 15+309 S., ³('50) 20+506 S.; **2**: Chimica agraria ²('46) 16+392 S., ³('52) 16+461 S.; **3**: Chimica delle fermentazioni ('47) 259 S., ²('55) 20+362 S.; **4**: Analisi chimico-agrarie ('52) 24+575 S. – Infossamento dei foraggi; i fondamenti (Roma '40) 43 S. (Biblioteca per l'insegnamento agrario professionale, 95); ²('56) 64+7+4 S. – L'ora delle concimazioni potassiche (Roma '41) 7 S. (Comitato Nazionale per l'Incremento delle Concimazioni, Foglio volante di propaganda Nr. 55); (Milano '41) 16 S. (Comitato

Nazionale per l'Insegnamento della Concimazione, Pubbl. Nr. 41). — Anticrittogamici ed insetticidi [2](Roma '45) 231 S. (Trattati di agricoltura, 2); 3. u. 4. Aufl. u. d. T.: Anticrittogamici, insetticidi e diserbanti [3]('50) 322 S. (~); [4]('55) 401 S. — Elementi di chimica vegetale e agraria (Torino '48) 12+283 S.; ('49) 283 S. — Chimica vegetale e agraria (Roma '49) 744 S. (Manuali di agricoltura, 1).

Agrochimica [Pisa] Concetto e misura della fertilità del terreno: **2** ('58) 279–83.

Annales Falsificat. et Fraudes Vinaigre d'alcoole; vinaigre artificiel: **26** ('33) 29–39.

Annali, Labor.Ric. Fermentaz. Lazzaro Spallanzani Le reazoni enzimatiche nella tecnica della conservazione frigorifera: **3** ('35).

Annali Sperimentaz. agrar. Premessa al trattato: Cenni economico-statistici sull'agricoltura della Provincia di Como: **14** ('34). — Sui caratteri chimici differenziali fra aceti di fermentazione e aceti artificiali: (N. S.) **3** ('49) 607–09.

Atti R. Accad. Georgofili L'infossamento dei foraggi. Aspetti biochimici e tecnici: **5** ('39) 187f.

Chimica e Industria Problemi e ricerche biochimiche sulla tecnica della panificazione[4]): **20** ('38) 129–32. — I derivati cuprici antiperonosporici: **24** ('42) 164–66. — I caratteri chimici differenziali tra aceti di fermentazione e aceti artificiali[5]): **29** ('47) 96–99. — La determinazione dell'acido isovalerianico in presenza di acido butirrico e capronico[3]): **34** ('52) 1–3.

Concimi e Concimazioni La concimazione del tabacco: **1** ('36/37). — L'influenza delle concimazioni sulla qualità del grano: ibid. — L'influenza delle concimazioni sulla resistenza del frumento all'allettamento: **2** ('37/38). — Un'esperienza sessennale di concimazione[1]): ibid. — Nuove esperienze sulla concimazione del tabacco: ibid.

Italia agric. La combustibilità dei tabacchi e le sue variazioni per effetto delle concimazioni: **70** ('33) 17–.

Rend., Reale Ist. lombardo Sci. e Lettere Le variazioni di volume del terreno per effetto del congelamento[2]): **69** ('36) 1008–14. — Ricerche biochimiche sulle farine e sugli impasti da pane[4]): **71** ('37/38) 133–37. — Ricerche biochimiche sui foraggi infossati: **77** ('43/44) 493–502. — L'ossidazione catalitica dell'ossido di carbonio per azione catalitica del biossido di manganese e del terreno[2]): 521–26.

Rend., Ist. lombardo Sci. e Lettere, Parte gen. e Atti uffic. Angelo Menozzi: **80** ('47/48) 30–38.

Rend. Ist. lombardo Sci. e Lettere, B Natura e significato di alcune attivazioni e inattivazioni enzimatiche: **96** ('62) 233–42. — I legami di idrogeno multipli nel determinismo dei fenomeni enzimatici: **97** ('63) 33–46.

Ricerca sci. La trasformazione biochimica del glutine negli impasti da pane[4]): **10** ('39) 941–47. — Insetticidi endoterapici o sistemici: **22** ('52) 1348–54.

Rivista Freddo Le attività enzimatiche a basse temperature nei rapporti con la tecnica della conservazione frigorifera: **28** ('37) 45–48.

Einige weitere Arbeiten.

Mit: [1]) B. Belingeri; [2]) V. Caldarola; [3]) F. Mecca; [4]) L. Salto; [5]) P. Sartori.

VI **PRATT,** David Doig. Chem. (org.). — 1912–14, '19–23 Stud., '24 Ph. D., Univ. of St. Andrews; '25–38 Chemist, '38–51 Acting Head, '51–59 Dir., Chemical Research Labor., Departm. of Scientific and Industr. Research, Teddington, Middlesex. — '58 [?] Hon. LL.D. (Univ. of St. Andrews). — '46 Officer, '55 Commander of the Order of British Empire.

*1894, März 8, Anstruther, Fife, Scotland;

†1962, Mai 5, Twickenham, Middlesex.

Zur Biogr. Nature [London] **184** ('59) 1610.

Nekr. E. A. Coulson, Chemistry and Industry **1962**, 987 (m. Bildn.); Nature [London] **194** ('62) 1220. — J. roy. Inst. Chem. **86** ('62) 333.

S. Trans. Chemical engineering congress of the World power conference, London 1936, **3** (London '37) 451–55: Applications of high pressure in the synthesis of organic compounds: Condensations and aminations[2]).

W. British chemical industry; its rise and development (m. C. T. Morgan) (NewYork London '38) 12+387 S. — An investigation into the causes and prevention of corrosion of tar stills (m. H. C. K. Ison, R. G. Wood) (London '38) 30 S. (Department of Scientific and Industrial Research, Chemistry Research Board, Special report Nr. 4).

Bull. Rubber Growers' Assoc. Incorporation of rubber with tar products[1]): **17** ('35) 245–55; ~ 2[1]): **18** ('36) 391–403. — Application of chlorinated rubber-tar products to jute fabrics[1]): **21** ('39) 521–26.

Chemical Age Plastic materials from rubber and tar products[2]): **38** ('37) 117–19.

Chemical Trade J. and Chemical Engr. Rubber in road tars: promising results of recent investigations[1]): **97** ('35) 152f.

Chemist and Druggist Export Rev. The Chemical Research Laboratory of the D.S.I.R.: Nr. **120** ('50) 57f.

Dyer and Calico Printer, Bleacher, Finisher and Textile Rev. Shirlacrol, a new phenolic wetting agent[2])[3]): **69** ('33) 549f.

Gas J. [London] Incorporation of rubber with tar products[1]): **211** ('35) 583–85.

Gas World Plastic materials from rubber and tar products[2]): **107** ('37) Nr. 2770, Coking Sect., 109–14.

India Rubber J. Incorporation of rubber with tar products[1]): **90** ('35) Nr. 7, 10–13. – Plastic materials from rubber and tar products[2]): **94** ('37) 314–16.

J. Soc. chem. Industry, Trans. Amination of alcohols and phenols with ammonium chloride[2]): **51** ('32) 283f.

J. Soc. Dyers and Colourists Application of phenolic constituents of tars as wetting agents[2])[3]): **49** ('33) 125–27.

Paint and Varnish Product. Manager Incorporation of rubber with tar products[1]): **18** ('38) 274–80.

Rubber Age [New York] Plastic materials from rubber and tar products[2]): **42** ('38) 248f.

Mit: [1]) R. Handley; [2]) G. T. Morgan; [3]) A. E. J. Pettet.

VI **PREDVODITELEV**, Aleksandr Savvič. Physik. — 1912–15 Stud., 15–19 Assist., '19–30 Doz., '30–73 Prof. u. Leiter d. Lehrstuhls f. Wärmephysik (→Molekularphysik), '37–46 Dekan d. Physikal. Fak. u. Dir. d. Inst. f. Physik, '48–53 Vorsitzender d. Kommiss. f. d. Bau und die Einrichtung d. Universitätskomplexes auf den Leninbergen, Staatsuniv. Moskva; '19–30 wiss. Arbeitsleiter, Forschungsinst. f. Physik u. Biophysik, Moskva; '20–23 Lektor, Techn. Hochsch. Moskva; '29–37 wiss. Leiter d. Physikal.-Techn. Labor., Unionsinst. für Wärmetechn., Moskva; '35 Dr. d. physikal.-math. Wiss.; '38–67 Leiter d. Labor. f. Verbrennungsphysik, Inst. f. Energetik d. Akad. Wiss. UdSSR, Moskva. — Lenin-Orden (2mal), Rotbanner-Orden (4mal), Orden ,,Roter Stern", '50 Staatspreis (UdSSR); Leonard-Euler-Jubiläumsmedaille.

*1891, Sept. 12 (Aug. 31), Bukrino, Gouv. Rjazan';

†1973, Dez. 27, Moskva.

Zum 70. Geb.tag N. S. Akulov, A. S. Ginzburg, S. I. Kosterin u. a., Inženerno-fizič. Ž. **1961**, Nr. 12, 106–08 (m. Bildn.). – A. V. Luikov, International J. Heat and Mass Transfer **6** ('63) 79–89.

Zum 75. Geb.tag Vestn. mosk. Univ., Ser. III **1966**, Nr. 6, 112–14 (m. Bildn.).

Zum 80. Geb.tag Festband: Teplofizičeskie svojstva i gazodinamika vysokotemperaturnych sred [Wärmephysikalische Eigenschaften und Gasdynamik von Stoffen bei hohen Temperaturen] (Moskva '72) 176 S. – A. V. Luikov, V. A. Bubnov, International J. Heat and Mass Transfer **15** ('72) 1729–33 (m. Bildn. u. Schr.verz.-Auszug 111 Nrn.). – A. A. Pomerancev, Usp. fizič. Nauk **105** ('71) 611f. (m. Bildn.). – Inženerno-fizič. Ž. **21** ('71) 578–84 (m. Bildn. u. Schr.verz. 111 Nrn.). – Izvest. vysšich učebnych Zavedenij, Tomsk, Fizika **1971**, Nr. 9, 161f. (m. Bildn.). – Vestn. mosk. Univ., Ser. III **12** ('71) 622–24 (m. Bildn.).

Nekr. I. P. Bazarov u. a., Usp. fizič. Nauk **115** ('75) 539–41 (m. Bildn. u. Schr.verz.-Auszug 25 Nrn.).

H. (Redakt.) Process gorenija uglja. Mechanizm gorenija ugleroda i puti intensifikacii sžiganija tverdych topliv [Der Brennprozeß von Kohlen. Der Mechanismus der Kohlenstoffverbrennung und die Wege zur Intensivierung der Verbrennung von festen Brennstoffen] (Moskva–Leningrad '38). – (Redakt.) N. A. Umov, Izbrannye sočinenija [Ausgewählte Werke] (Moskva–Leningrad '50); darin eig. Beiträge: Vorwort; 511–27: Nikolaj Alekseevič Umov, 1846–1915; 530–53: Anmerkungen der Redaktion. [Alle Beiträge russ.]. – (Redakt.) Ivan Filippovič Usagin (Moskva '59). – (Hauptredakt.) Fizičeskaja gazodinamika (Moskva '59); engl.: Physical gas dynamics (Oxford–London–NewYork–Paris '61). – Gazodinamika i fizika gorenija (Moskva '59), darin eig. Beitr.: 5–44: Über hydrodynamische Verschiedenheiten in der Theorie der Verbrennung und der Theorie der Explosionen [russ.]; engl.: Gas dynamics and physics of combustion (Washington, D. C. '62). – (Hauptredakt.) B. B. Golicyn, Izbrannye trudy [Ausgewählte Arbeiten] **1** (Moskva '60); darin eig. Beiträge: 5–12: Leben und wissenschaftliche Tätigkeit des Akademiemitgliedes B. B. Golicyn[9]) [russ.]; 217–40: Über die physikalischen Arbeiten B. B. Golicyns [∼]. – (Redakt.) Ju. A. Kibardin, S. I. Kuznecov, A. N. Ljubimov, B. Ja. Šumjackij, Atlas gazodinamičeskich funkcij pri bol'šich skorostjach i vysokich temperaturach vozdušnogo potoka [Atlas der gasdynamischen Funktionen bei großen Geschwindigkeiten und hohen Temperaturen der Luftströmung] (Moskva–Leningrad '61). – (Hauptredakt.) Fizičeskaja gazodinamika i teploobmen (Moskva '61), darin eig. Beitr.: 5–14: Über die Bedingungen für eine reguläre Ausbreitung starker Explosionen und Detonationen [russ.]; engl.: Physics of heat exchange and gas dynamics (New York '63). – (Hauptredakt.) Fizičeskaja gazodinamika, teploobmen i termodinamika gazov vysokich temperatur [Physikalische Gasdynamik, Wärmeaustausch und Thermodynamik von Gasen bei hohen Temperaturen] (Moskva '62); darin eig. Beiträge: 3f.: Vorwort; 140–44: Über einen Widerspruch in der Lehre von Jouguet über die regelmäßige, sphärisch oder zylindrisch symmetrische Ausbreitung einer Explosion; 145–52: Über die molekularkinetische Prüfung der ersten Regel von Chapman-Jouguet; 153–58: Über die Erhaltungsgesetze in einer Stoßwellenfront. [Alle Beiträge russ.]. – (Hauptredakt.) Fizičeskaja gazodinamika; svojstva gazov pri vysokich temperaturach [Physikalische Gasdynamik; Eigenschaften der Gase bei hohen Temperaturen] (Moskva '64); darin eig. Beitr.: 177–97: Zur allgemeinen Theorie der Wellenvorgänge [russ.]. – (Hauptredakt.) Issledovanija po fizičeskoj gazodinamike (Moskva '66); engl.: Studies in physical gas dynamics (Washington, D.C. '68) (NASA Technical translation F-505). – (Hauptredakt.) Svojstva gazov pri vysokich temperaturach; fizičeskaja gazodinamika, termodinamika i fizika gorenija (Moskva '67); engl.: High-temperature properties of gases; Physical gas dynamics, thermodynamics, and physics of combustion (Jerusalem '69) (NASA Technical translation F-558). – (Hauptredakt.) Fizičeskaja gazodinamika ionizirovannych i chimičeski reagirujuščich gazov [Physikalische Gasdynamik ionisierter und chemisch reagierender Gase] (Moskva '68).

MH. (Redakt.) Fizika v Moskovskom universitete [Physik an der Moskauer Universität] 1755–1940 (Moskva '40) (Uč. Zap. mosk. gos. Univ., Jubil. Ser., Nr. 52); darin eig. Beiträge: 81–105: Nikolaj Alekseevič Umov; 172–74: Die Jahre des Niedergangs (1911–1917); 177–79: Die Jahre 1917–1923; 180–84: Sergej Anatol'evič Boguslavskij; 185–87: Die Organisation des Wissenschaftlichen Forschungsinstituts für Physik; 199–202: Die Abteilungs-Laboratorien der Fakultät; 203–06: Die Jahre 1923–1929; 207–32: Die Jahre 1929–1940; 233–36: Die Ausbildung der Kader. [Alle Beiträge russ.]. – (Hauptredakt.) Nekotorye metody issledovanija bystroprotekajuščich processov i ich primenenie k izučeniju formirovanija detonacionnoj volny [Einige Methoden zur Untersuchung schnellverlaufender Prozesse und ihre Anwendung auf die Erforschung der Bildung einer Detonationswelle] (Moskva '60); darin eig. Beitr.: 3f.: Vorwort [russ.]. – (Mitredakt.) Razvitie fiziki v Rossii [Die Entwicklung der Physik in Rußland] 1: Ot načala XVIII v. do Velikoj Oktjabr'skoj socialističeskoj revoljucii [Vom Anfang des 18. Jahrhunderts bis zur Großen Sozialistischen Oktoberrevolution] (Moskva '70); 2: Ot velikoj Oktjabr'skoj socialističeskoj revoljucii do našego vremeni [Von der Großen Sozialistischen Oktoberrevolution bis zur Gegenwart] ('70), darin eig. Beitr.: 177–96: Zum Problem des flüssigen Zustands der Materie [russ.]. – (Redakt.) Chimija i fizika nizkotemperaturnoj plazmy. Trudy 1 Mežvuzovskoj konferencii po chimii i fizike nizkotemperaturnoj plazmy [Arbeiten der 1. Hochschulkonferenz über die Chemie und Physik des kalten Plasmas], Moskva 1971 (Moskva '71); darin eig. Beitr.: 3–11: Über ein denkbares Schema für die Aufstellung einer Theorie des Plasmazustands des Gases [russ.].

HZ. (Redakt.) Istorija i Metodol. estestvenn. Nauk **2** ('63), **10** ('71). – (Hauptredakt.) Vopr. raketnoj Techn. **1** ('51)ff.

MHZ. (Mitredakt.) Istorija i Metodol. estestvenn. Nauk **7** ('68), **8** ('70), **12** ('72).

S. Bol'šaja sovetskaja ėnciklopedija [Große Sowjetenzyklopädie] **31** (Moskva '37) 597f.: Carnot, Sadi, 1796–1832 [russ.]. – Ljudi russkoj nauki. Očerki o vydajuščichsja dejateljach estestvoznanija i techniki [Russische Wissenschaftler. Lebensskizzen hervorragender Naturwissenschaftler und Techniker] **1** (Moskva–Leningrad '48) 143–52: Nikolaj Alekseevič Umov, 1846–1915 [russ.]; Neuaufl. (I. V. Kuznecov) **1** ('61) 160–68. – Očerki po istorii fiziki v Rossii [Studien zur Geschichte der Physik in Rußland] (A. K. Timirjazev) (Moskva '49) 130–45: N. A. Umov[4]); 185–95: V. A. Michel'son und D. A. Gol'dammer[8]); 207–22: Physik der Wärme und Molekularphysik; 303–25: Über wissenschaftliche sowjetische Schulen. [Alle Beiträge russ.]. – Jubilejnaja naučnaja sessija, posvjaščennaja 200-letiju universiteta 9–13 maja 1955 g. Tezisy dokladov Fizičeskogo fakul'teta [Wissenschaftliche Jubiläumssitzung anläßlich der 200-Jahrfeier der Moskauer Universität, 9.–13. Mai 1955. Thesen der Vorträge der Physikalischen Fakultät] (Moskva '55) 7f.: Forschungen zur Molekularphysik an der Moskauer Universität [russ.]. – Sbornik, posvjaščennyj pamjati akademika P. P. Lazareva [Gedenkband für das Akademiemitglied P. P. Lazarev] (V. V. Šulejkin) (Moskva '56) 84–112: Über den Wärmeleitfähigkeitskoeffizienten und die Viskosität von Flüssigkeiten und komprimierten Gasen [russ.]. – Problemy ėnergetiki. Sbornik posvjaščaetsja akad. G. M. Kržižanovskogo [Probleme der Energetik. Sammelband zum 85. Geburtstag des Akademiemitglieds G. M. Kržižanovskij] (Moskva '59) 793–816: Über die Verschiebung der Verbrennungszone als hydrodynamische Inhomogenität [russ.]. – 7th Symposium (international) on combustion, London and Oxford 1958 (London '59) 352–57: Flame propagation in two-phase mixtures; 760–65: Concerning "spin detonation", 773–78: On automodelling processes in chemically active media; 779–82: Theoretical examination of vibratory movement of the flame front in closed vessels. – Tezisy dokladov i soobščenij na Mežvuzovskoj konferencii po istorii fiziko-matematičeskich nauk [Thesen der Vorträge und Mitteilungen auf der Hochschulkonferenz für Geschichte der physikalisch-mathematischen Wissenschaften], Moskva 1960 (Moskva '60) 115–17: Die wissenschaftliche Tätigkeit V. A. Michel'sons [russ.]. — Svojstva gazov pri vysokich temperaturach. Fizičeskaja gazodinamika, termodinamika i fizika gorenija [Eigenschaften der Gase bei hohen Temperaturen. Physikalische Gasdynamik, Thermodynamik und Physik der Verbrennung] (Moskva '67) 116–22: Zur Theorie der Zündung zweiphasiger Gemische [russ.]; 123–31: Über die Zündbedingungen in brennbaren Gasgemischen [~]. — Problema teplo- i massoperenosa [Das Problem der Wärme- und Massenübertragung] (Moskva '70) 151–63: Wärmelehre und Riemannsche Mannigfaltigkeiten, 1: Allgemeine Eigenschaften der Riemannschen Mannigfaltigkeiten und deren Rolle in der Physik; 164–76: ~ 2: Kinematische Theorie der Struktur der Stoffe und Theorie der Explosionsvorgänge; 176–92: ~ 3: Zwei neue Gleichungen für die Wärmeübertragung. [Alle Arbeiten russ.]. — Problemy fizičeskoj gidrodinamiki [Probleme der physikalischen Hydrodynamik] (A. V. Lykov) (Minsk '71) 212–: Über turbulente Strömungen [russ.]. — Fizika i fiziko-chimija židkostej [Physik und physikalische Chemie der Flüssigkeiten] (M. I. Šachparonov) **1** (Moskva '72) 191–206: Über einige mit der Ausbreitung einer Wellenfront in inhomogenen Medien zusammenhängende Thesen [russ.]; 207–21: Über die Eigenschaften der depolarisierten Komponente des gestreuten Lichts [~].

W. Teorija geterogennogo gorenija i mechanizm processa sžiganija tverdych topliv v sloe [Theorie der heterogenen Verbrennung und Verbrennungsmechanismus fester Brennstoffe in der Schicht] (m. Ch. I. Kolodcev) (Moskva '47) 19 S. (Komitet po učastiju SSSR v meždunarodnych ėnergetičeskich ob-edinenijach. Mirovaja ėnergetičeskaja konferencija, Gaagskij toplivo-ėkonomičeskij kongress [1947]). — Gorenie ugleroda. Opyt postroenija fizikochimičeskich osnov processa [Die Verbrennung des Kohlenstoffs. Versuch der Formulierung der physikalisch-chemischen Grundlagen des Prozesses] (m. L. N. Chitrin, O. A. Cuchanova, Ch. I. Kolodcev, M. K. Grodzovskij) (Moskva-Leningrad '49) 408 S. — Nikolaj Alekseevič Umov, 1846–1915 (m. R.P. Gauchman) (Moskva '50) 55 S. (Moskovskij gosudarstvennyj universitet im. Lomonosova. Naučnaja biblioteka im. Gor'kogo. Zamečatel'nye učenye Moskovskogo universiteta, Nr. 9). — Tablicy termodinamičeskich funkcij vozducha (dlja temperatur ot 6000 do 12000 °K i davlenij ot 0,001 do 1000 atmosfer) (m. E. V. Stupočenko, E. V. Samujlov, I. P. Stachanov, A. S. Plešanov, I. B. Roždestvenskij) (Moskva '57) 302 S.; engl.: Tables of thermodynamic functions of air for the temperature range 6,000–12,000 °K and pressure range 0.001–1000 atm (London '58) 301 S., (Glen Ridge, N. J. '62) 302 S. — Tablicy termodinamičeskich funkcij vozducha (dlja temperatur ot 12000 do 20000 °K i davlenij ot 0,001 do 1000 atmosfer) (E. V. Stupočenko, A. S. Plešanov, E. V. Samujlov, I. B. Roždestvenskij) (Moskva '59) 230 S.; engl.: Tables of thermodynamic functions of air for temperatures of 12,000 to 20,000 °K and pressures of 0.001 to 1000 atm (Glen Ridge, N. J. '62) 230 S. — Tablicy gazodinamičeskich i termodinamičeskich veličin potoka vozducha za prjamym skačkom uplotnenija [Tabellen gasdynamischer und thermodynamischer Größen für einen Luftstrom hinter einem Normalstoß] (m. E. V. Stupočenko, E. V. Samujlov, A. S. Plešanov, I. B. Roždestvenskij) (Moskva '59) 78 S.; ~ (dlja skorostej nabegajuščego potoka do 4500 m/sek) [~ (für Ausströmungsgeschwindigkeiten bis 4500 m/sec)] (m. E. V. Stupočenko, I. B. Roždestvenskij u. a.) (Moskva '62) 132 S. — Termodinamičeskie funkcii vozducha dlja temperatur ot 1000 do 12000 °K i davlenij ot 0,001 do 1000 atm (Grafiki funkcij) (m. E. V. Stupočenko, V. P. Ionov, A. S. Plešanov, I. B. Roždestvenskij, E. B. Samujlov) (Moskva '60) 56 S.; engl.: Charts of thermodynamic functions of air, for temperatures of 1,000 to 12,000 °K and pressures of 0.001 to 1000 atm (Glen Ridge, N.J. '62) 53 S. — Tablicy termodinamičeskich funkcij vozducha (dlja temperatur ot 200 do 6000 °K i davlenij ot 0,00001 do 100 atmosfer) [Tabellen der thermodynamischen Funktionen der Luft (für Temperaturen von 200 bis 6000 °K und Drükke von 0,00001 bis 100 atm)] (m. E. V. Stupočenko, A. S. Plešanov u. a.) (Moskva '62) 268 S.

Dokl. Akad. Nauk SSSR Über das Gesetz von Arrhenius in der chemischen Kinetik der Gasreaktionen: **57** ('47) 685–88. — Über den molekularen Wärmeaustausch in Flüssigkeiten: **72** ('50) 323–26. — Zur Theorie der Adsorptionswelle: Die Abhängigkeit der Erschöpfung einer Katalysatorschicht von der Geschwindigkeit der Gasbewegung und von der Dicke der Schicht: **127** ('59) 602–05; ~: Beziehung zwischen der Konzentration des austretenden Gases und der Erschöpfungszeit des Adsorbenten: 825–27. — — Alle Arbeiten russ.

International J. Heat and Mass Transfer On aerodynamics of rarefied gases and problems of heat transfer: **3** ('61) 188–97. — V. A. Mikhelson, the founder of the physics of combustion in Russia (To celebrate the occasion of his 100th birthday): **5** ('62) 435–38. — On Umov's works (1846–1915): 781–90. — In commemoration of the 100th birthday of P. N. Lebedev, March 1966: **10** ('67) 1293–304. — Heat transfer in a supersonic flow: **16** ('73) 2129–40.

Inženerno-fizič. Ž. V. A. Michel'son — der Begründer der Physik der Verbrennungsvor gänge in Rußland: 8 ('60) Nr. 10, 135–39. – Über die Geschwindigkeiten chemischer Reaktionen in turbulenten Strömungen, 1: Nr. 11, 3–10 [m. engl. Zusammenfassg.]; ~ 2: 4 ('61/62) Nr. 1, 14–21 [~]. – Über den Charakter der Wärmebewegung in Flüssigkeiten, 1: Nr. 6, 3–12 [~]; ~ 2: Nr. 7, 3–10 [~]; ~ 3: Nr. 8, 3–10 [~]. – Äußerungen von Lesern zu dem Artikel von I. T. Ėl'perin: Zur Frage der Terminologie „Wärme- und Massenaustausch" [4 ('61) Nr. 1]: 5 ('62) Nr. 7, 125–27. – Zum Problem der Zustandsgleichung kondensierter Medien, 1: Theoretischer Teil: Nr. 8, 108–29; ~ 2: Experimenteller Teil: Nr. 11, 110–30. – Über die kritischen Erscheinungen von Flüssigkeiten und Gasen: 6 ('63) Nr. 4, 123–33. – Über die Zustandsgleichung des Heliums: Nr. 6, 54–60 [m. engl. Zusammenfassg.]. – Über die Kinematik der statistischen Bewegungen: Nr. 9, 87–96 [~]. – Die Zustandsgleichungen des Kohlenmonoxids und des Kohlendioxids: Nr. 12, 101–06 [~]. – Über die Zustandsgleichungen des Xenons und des Methans: 7 ('64) Nr. 1, 93–97 [~]. – – Alle Arbeiten russ.

Istorija i Metodol. estestvenn. Nauk Die Lehre von Raum und Zeit in der modernen Physik: Nr. 2 ('63) 3–94. – Mathematisches Rechnen und unsere Erkenntnis: Nr. 3 ('65) 13–152. – Über die Arbeiten von B. B. Golicyn (zum 100. Geburtstag): Nr. 4 ('66) 297–306. – Der Lehrstuhl für Molekularphysik: Nr. 6 ('68) 39–85. – Mensch und Wirklichkeit: Nr. 8 ('70) 88–150. – – Alle Arbeiten russ.

Izvest. Akad. Nauk SSSR, Otdel. techn. Nauk Zur Frage der Gasbildung beim Verbrennen der Kohle in der Schicht: **1947**, 1329–40 [russ.]. – Über eine molekularkinetische Herleitung der Gleichungen der Hydrodynamik: **1948**, 545–60 [~]. – Stand der Theorie der homogen-heterogenen Verbrennung: **1953**, 705–07 [~].

Izvest. Akad. Nauk SSSR, Otdel. techn. Nauk: Ėnerget. i Avtomat. Schmelzen von Körpern im Überschallstrom[3])[5]): **1959**, 140f. [russ.].

Izvest. vses. teplotechn. Inst. im. Dzeržinskogo Physikalische Probleme der Wärmetechnik: **1946**, Nr. 9/10 [russ.].

Primenenie Ul'traakustiki k Issled. Veščestva Über die allgemeinen Merkmale von Explosionsprozessen und über die akustischen Erscheinungen in festen inhomogenen Körpern: Nr. 4 ('57) 3–24. – Über eine Methode zur Beschreibung akustischer Erscheinungen. Nr. 6 ('58) 27–46. – Über die sogenannte Raosche Formel: Nr. 7 ('58) 27–32. – Über eine mögliche Methode der Beschreibung struktureller Inhomogenitäten in Flüssigkeiten: 33–57. – Über die Streuung akustischer Wellen in verdünnten Gasen, 1: Nr. 8 ('59) 19–62; ~ 2: Nr. 12 ('60) 13–29. – – Alle Arbeiten russ.

Priroda [SSSR] Der Entdecker des Lichtdruckes. Zum 100. Geburtstag von P. N. Lebedev: **1966**, Nr. 3, 48–60 [russ.].

Sovetskaja Nauka Der russische Physiker N. A. Umov: **1940**, Nr. 7, 121–33 [russ.].

Technical Physics USSR A contribution to the problem of the decay of a gas jet discharging from a pipe[6]): 2 ('35) 357–63. – A contribution to the theory of the Bunsen flame: 364–68. – Concerning the effect of solid admixtures on the velocity of propagation of flame in combustible gas mixtures: 5 ('38) 153–66.

Technika - Molodeži Seiten aus der Universitätschronik: **1955**, Nr. 6, 2–5 [russ.].

Trudy odessk. gos. Univ. im. Mečnikova Über die Verbrennung kugelförmiger Teilchen: **150** ('60) Ser. fizič. nauk Nr. 7, 9–14 [russ.]. – Über die Flammenausbreitung in einem zweiphasigen Gemisch[7]): 45–54 [~]. – Über die Verschiebungs- und Ausbreitungsgeschwindigkeit der Flammenfront in einem zweiphasigen Gemisch: 75–83 [~]. – Über die Oberflächenprozesse bei der Verdampfung und der Sublimation kugelförmiger Teilchen: 97–109 [~].

Uč. Zap. mosk. gos. Univ. Versuch der Formulierung der Kinetik der Oxydation von Schwefeldioxid bei der elektrischen Gasentladung: **75** ('45) Nr. 2, 59–80 [russ.].

Vestn. mosk. Univ. Eine mögliche Klassifizierung statistischer Systeme: **1947**, Nr. 7, 23–42. – Über quasistationäre Zustände gasförmiger chemischer Systeme: Nr. 10, 43–57. – Über Fluktuationen in statistischen Systemen: **1948**, Nr. 4, 47–54. – Zur Theorie der Schallwellenstreuung: Nr. 5, 65–75. – Über die statistische Gesamtheit materieller Punkte mit veränderlicher Masse: Nr. 6, 41–49. – Einige Überlegungen hinsichtlich der Operatormethode der Wellenmechanik: **1949**, Nr. 2, 57–66. – Über die Wärmebewegung in kondensierten Medien und über deren Zustandsgleichung: Nr. 3, 49–57. – Über eine Variante der Gleichungen von N. E. Žukovskij für Störbewegungen statistischer Systeme, 1: Nr. 5, 45–58; ~ 2: 77–88. – Einige Bemerkungen über die Natur der Elementarteilchen: Nr. 8, 35–50. – Der Satz von Clausius über das mittlere Ergal und stabile statistische Systeme: **1950**, Nr. 6, 25–34. – Zum Problem des flüssigen Zustands der Stoffe: **1953**, Nr. 10, 39–52. – – Alle Arbeiten russ.

Vestn. mosk. Univ., Ser. III Über die Streuung von Longitudinal- und Transversalwellen in relaxierenden Medien, 1: **16** ('61) Nr. 3, 10–18; Über die Schallwellenstreuung in relaxierenden Medien, 2: Nr. 4, 44–52. – M. V. Lomonosov als Physiker: Nr. 5, 6–22. – Zur Geschichte der Anwendung der Booleschen Algebra in der Technik: **23** ('68) Nr. 5, S. 118. – – Alle Arbeiten russ.

Vopr. Istorii Estestvoznanija i Techn. Über die Arbeiten M. V. Lomonosovs über die Struktur der Materie und die Wärmelehre: **12** ('62) 93–100 [russ.].

Ž. èksper. i teoret. Fiziki Zur Theorie der Viskosität der Flüssigkeiten und zur Assoziation der Moleküle: **3** ('33) 217–29. – Die Viskosität von Flüssigkeiten und Gasen unter dem Gesichtspunkt zyklischer Bewegungen: 230–36. – Über die Stabilität mechanischer Bewegungen in der Atomphysik: **4** ('34) 43–59. – Über die Verdünnungswärme starker Elektrolyte: 60–67. – Über den Zusammenhang zwischen Wärmeleitfähigkeit, Wärmekapazität und Viskosität bei flüssigen Körpern: 68–75. – Über die Wärmeleitfähigkeit fester Wärmeisolatoren: 813–37. – Über die Wärmeleitfähigkeit elektrischer Leiter: 838–54. – – Alle Arbeiten russ.

Ž. fizič. Chim. Zur Theorie von Gasreaktionen in hochfrequenten elektrischen Entladungen: **6** ('35) 417–27 [russ.]. – Über einige invariante Größen in der Theorie der Wärmeleitfähigkeit und der Zähigkeit von Flüssigkeiten: **22** ('48) 339–48 [ ]. – Vladimir Ksenofontovič Semčenko zum 70. Geburtstag u.a.): **39** ('65) 1300f. [~].

Ž. techn. Fiziki Über die Abschwächung der Strömung beim Austritt eines Gases aus einem Rohr[6]): **5** ('35) 1477–83. – Zur Theorie der Bunsenflamme: Nr. 8. – Über den Einfluß fester Beimengungen auf die Fortpflanzungsgeschwindigkeit der Flamme in Brenngasgemischen[2]): **7** ('37) 1801–11. – Die Verbrennung von Kohlekanalwänden bei erzwungener Sauerstoffdiffusion[1]): **10** ('40) 1113–20. – Verbrennung eines Kohleteilchens bei Umfließen durch einen Gasstrom: 1311–23. – Zur Theorie des Prozesses der Verbrennung eines Kohlekanals: **11** ('41) 893–901. – – Alle Arbeiten russ.

Ferner eine Arbeit „Über die physikalischen Grundlagen der hyperbolischen Differentialgleichungen" [russ.], veröffentlicht durch das Polytechnische Institut Krasnodar ('70).

Mit: [1]) O. A. Cuchanova; [2]) S. I. Gribkova; [3]) O. N. Kastelin; [4]) A. A. Maksimov; [5]) E. A. Mit'kina; [6]) E. V. Stupočenko; [7]) I. N. Sundukov; [8]) A. K. Timirjazev; [9]) N. V. Vešnjakov.

V,VI **PRESCOTT,** John. Math., Mech. — 1905–11 Assist. Lecturer, '11–22 Lecturer, '22–33 Head of Math. Departm., Manchester Municipal School ('18 →College) of Technol., Manchester; '15–22 Assist. Lecturer, '22–33 Lecturer, Fac. of Technol., Univ. of Manchester; '33–44 retired, living in Budleigh Salterton, Devonshire.

*1878, Jan. 29, Culcheth near Warrington; †1944.

W. Elementary trigonometry (m. H. V. Lowry) (London–New York–Toronto '32) 11+444 S. – Mechanics of particles and rigid bodies (Neudruck) [3](New York '45) 537 S. – Applied elasticity (Neudrucke) (New York '46) 6+666 S., ('61) 666 S.

Philosophical Mag. The equations of motion of a viscous fluid: (7) **13** ('32) 615–23. – Elastic waves and vibrations of thin rods: **33** ('42) 703–54.

VI **PRESTON,** Frank William. Glastechnol., Ornithol., Ökol., Geol. — 1916 B.Sc., '25 Ph.D., '51 D.Sc. (Engng.), Univ. of London; '16–17 Assist. City Engr., Loughborough, Engl.; '17–25 Dir. of Research, Taylor, Taylor & Hobson, Ltd., Leicester, Engl.; '28– Owner and Dir., Preston Laboratories, Butler, Pa., USA.

*1896, Mai 14, Leicester, Engl.

S. Modern glass practice (S. R. Scholes) (Chicago, Ill. '35) 236–58: The mechanical properties of glasses.

American Engr. Do barriers exist? Rejoinder to the contention: Racial, social and political inhibitions retard human welfare and progress: **12** ('42) 5–, 23–.

American J. Sci. Physics of upward drilling[10]): **239** ('41) 92–106. – Thermal conductivity in the depths of the earth: **254** ('56) 754–57.

Annals Carnegie Museum Variation of the shapes of birds' eggs within the clutch[8]): **33** ('53) 129–39; ~: Correction: **45** ('73) [**46** ('74)?] 1–3. – Waterfowl of the western Pennsylvania skyways as portrayed by the migrants at Oneida Dam, Butler County, Pa.: **35** ('58) 77–116.

Audubon Mag. Nesting behavior of certain American robins: **46** ('44) 249–.

Auk The Pacific flyway of the golden plover: **66** ('49) 87f. – The shapes of birds' eggs: **70** ('53) 160–82. – Variation of shape in the eggs of the common tern in the clutch sequence[13]): **72** ('55) Apr.-Nr.; ~: Correction: **91** ('74) 417f. – The migrant loons of western Pennsylvania: **73** ('56) 235–51. – Pigmentation of eggs: Variation in the clutch sequence: **74** ('57) 28–41. – Two new devices for measuring the shapes of birds' eggs: 386–88. – The gloss of eggs[12])[8]): **75** ('58) 456–64. – Variation of egg size with age of parent: 476f. – The shapes of birds' eggs: Mathematical aspects: **85** ('68) 454–63. – The shapes of birds' eggs: Extant North American families: **86** ('69) 246–

64. — The volume of an egg: **91** ('74) 132–38.

Brookhaven Sympos. Biol. Diversity and stability in the biological world: **22** ('69) 1–12.

Bull. amer. ceram. Soc. Collegiate ceramic education: **13** ('34) 73. — Mystical number "76": 228. — The first big telescope mirror: John Peate, his lens: **15** ('36) 129–52. — Fundamental problems relating to strength of glassware: 265–67. — Wright is wrong: 373. — The behavior – and misbehavior – of glass in tanks: 409–33. — Cows and cracks, or measurements of the strength of glassware: Their difficulties and meanings: **16** ('37) 400–02. — The term "striation" and certain other terms used in glass technology: **18** ('39) 12–20. — Bottle breakage – causes and types of fractures. Outline study course on mechanical properties of glassware with particular reference to glass containers: 35–60. — Lieutenant Meyer and Tom Sherwood: **23** ('44) 446–50.

American ceram. Soc. Bull. The laws of chance, 1: Poisson series in the glass industry and elsewhere: **28** ('49) 225–34. — Lightning tracks on mirrored glass: **29** ('50) 35. — The shoe on the other foot: **33** ('54) 355–58. — The flotsam of Florida: **41** ('62) 9a. — Questions page change arguments: 12a–14a. — Quality control by three-bracket testing[5]): **43** ('64) 439–42. — Debt of glass technology to geologists: **44** ('65) 232–34. — George Washington Morey, jr.†: **45** ('66) 38f. — Co-acting flaws: **55** ('76) 795–97.

Ceramic Industry Establishing a quantitative measure of the cordiness of glassware: **34** ('40) 60–62. — Improve bottle quality, lower cost through light weight design: **35** ('40) 37–.

Condor The surface area of an egg[15]): **77** ('75) 103f.

Ecology Nesting of birds building in shrubs: **27** ('46) 87–91. — Nesting heights of breeding birds[14]): **28** ('47) 241–73. — The cowbird (Molothrus ater) and the cuckoo (Cuculus canorus): **29** ('48) 115f. — The commonness, and rarity, of species: 254–83. — Analysis of the Audubon Christmas bird counts in terms of the lognormal curve: **39** ('58) 620–24. — Time and space and the variation of species: **41** ('60) 611–27. — The canonical distribution of commonness and rarity, 1: **43** ('62) 185–215; ~ 2: 410–32. — The mathematical representation of migration: **47** ('66) 375–92. — On modeling islands: **49** ('68) 592–94.

Glass Bottle breakage. Causes and types of fractures: **16** ('39) 180–88, 224–31, 234, 268–75, 282, 312–20, 325.

Glass Industry Glass is a lobster: **14** ('33) 68f. — Alfred's new college: 79. — Glass is a salt: 85. — Two recent reviews of importance: 128. — Glass making is now a criminal occupation: **15** ('34) 6. — The great enigma: 57. — A new polariscope: 85f. — The traditions of the elders: 145f. — The time element in glass testing: 217. — Formation of cristobalite as octahedra in devitrified glass: 239f. — Pressure testing machines: 252. — Volcanic ash as a constituent of glass batches: **16** ('35) 111. — World's largest telescope mirror of forty years ago: 178f. — New use department: 208. — Testing glass containers[5]): **17** ('36) 235. — Adventures of a microscope: **19** ('38) 26, 32. — The fluorescence of glass: 99, 100, 102. — Monopoly suit: **21** ('40) 69–72. — Bottles for internal pressure: 272. — Bottles for internal vacuum: 523. — Meaning of testing procedures: **22** ('41) 23–25. — Physics of upward drilling[10]): 57–59, 65. — Discussion of "Definition of glass": 108. — Organization of research departments: 163–65. — Design of bottles that contain crystallizing liquids: 306. — Resistance of bottles to abuse: **23** ('42) 217. — One extra tooth: 258–60. — Law and custom: 463f. — Is scientific research to be strangled?: **24** ('43) 257–62. — Quality control: 454. — Brickbat and bouquet: 528. — The floor of heaven: **25** ('44) 61. — Significance of new data on combinations of plastics and glass fibers: 266f., 284, 287. — Quality control technique applicable to glass tank operation: **26** ('45) 465. — Rehearsal for doomsday: **27** ('46) 338f. — The warfare of the gods: 444f. — The inventor of glass technology: 498f. — The fight against wastage of heat in glass furnaces, 1: **28** ('47) 173; ~ 2 and 3: 238–. — Those "solar" houses: **29** ('48) 693. — Alleged brittleness of glass at low temperatures: **31** ('50) 308. — New impact testing apparatus for bottles and jars[5])[2]): 359. — New type of pressure-testing machine for bottles: 455f. — The nature of the vitreous state: **32** ('51) 17–19. — Basic problem of the strength of glass: 284–87. — The annealing of flat glass: **33** ('52) 69. — Internal surface damage to bottles: Nr. 12. — Donald E. Sharp: **39** ('58) Nr. 5. — Nelson Woodsworth Taylor, 1899–1965: **48** ('67) 323. — Jesse Talbot Littleton, 1887–1966: 691.

Industrial Quality Control A quality control chart for the weather: **12** ('55/56) Nr. 10, 1–3.

J. amer. ceram. Soc. The form of cracks in bottles: **15** ('32) 171–75. — A note in the concept of brittleness: 176–78. — The temperature coefficient of viscosity and its relation to some other properties of liquids and glasses: 365–77. — Theory of spalling: **16** ('33) 131–33. — Glass as a structural and stress-resisting material: 163–86. — Observations on spalling[11]): **17** ('34) 137–44. — Stresses in wire glass arising from the wire: 310f. — Chrome corundum: 356f. — The angle of forking of glass cracks as an indicator of the stress system: **18** ('35) 175f. — The time factor in the testing of glassware: 220–24. — Concerning the strength of the weakest bottles: **20** ('37) 329–36. — Stresses in bottles or jars due to differences in outside and inside temperatures. (Static temperature gradient): **23** ('40) 119–21, 328f. — Reply to discussion on thermal endurance of glass containers: 329. — Decrepitude of old bottles[2]): **25** ('42) 53–55. — Strength of bottles as affected by limitations of manufacturing processes: 427–34. — Microstrength of glass[7]): **28** ('45) 145–49. — Permanence of disannealing stresses in glass: 295f. — Theory of the behavior of glassware in service[3]): **31** ('48) 153–70, 331. — Stability of birefringence in glass articles[2]): **33** ('50) 321f. — Annealing as a problem in genetics: **36** ('53) 232–38. — Invaginated bubbles: **45** ('62) 303. — Colloquium on the mechanical strength of glass and ways of improving it, Sept. 25–29, 1961, Florence, Italy: **46** ('63) 31f.

J. appl. Physics [USA] The mechanical properties of glass: **13** ('42) 623–34; **21** ('50) 1195; **22** ('51) 48. — Wide range static strength testing apparatus for glass rods[1]): **17** ('46) 162–70. — Fatigue of glass under static loads[1]): 170–78. — The effect of water on the strength of glass[1]): 179–88. — Fatigue modulus of glass[3]): 189–95.

J. Mammalogy Porcupines gnaw bottles: **29** ('48) 72f. — Red squirrels and gray: 297f. — Mongoose luring Guinea fowl: **31** ('50) 194.

J. Soc. Glass Technol. The surface strength of glass and other materials: **17** ('33) Trans., 5–8. — A note on unintentional flashed glasses: **18** ('34) Trans., 67f. — Three-dimensional forking of glass in breakage: **23** ('39) 116f. — Strength of bottles as affected by limitations of manufacturing processes: **26** ('42) 196–213. — The development of light-weight glass containers in the United States: **27** ('43) 238–47. — The meaning of the term "diathermancy" and the heating of glass in tank furnaces: **31** ('47) 134–38. — Solid liquids: **32** ('48) Trans., 233–41. — Words of famous men and the work of the Preston Laboratories: **33** ('49) 176–92. — Evidence against oriented structure in glass fibers[6]): **34** ('50) 63–68. — Intersecting ribmarks on glass: **35** ('51) 41f. — Synthesising polariscope-patterns: 497–505. — A re-examination of the Adams and Williamson law of annealing: **36** ('52) Trans., 287–96.

(J. Soc. Glass Technol., Sect. A:) Glass Technol. A note on William C. Taylor of Corning, N.Y.: **5** ('64) 170f. — The behaviour of glass under impact: Theoretical considerations[3]): **9** ('68) 89–100. — The post-instantaneous creep of longloaded glass specimens: **14** ('73) 20–30.

(J. Soc. Glass Technol., Sect. B:) Physics and Chem. Glasses A comment on William Thomas' paper in this journal, February 1960: **3** ('62) 62–64.

Keramische Rdsch. u. Kunstkeram. Läuterdiagramm: **40** ('32) 442f.

Maryland Birdlife Analysis of Maryland state-wide bird counts: **13** ('57) 63–65.

Nature [London] Large telescope mirrors constructed by Dr. J. Peate: **135** ('35) 72.

Ostrich Plus or minus: **29** ('58) 131–.

Proc. United States nation. Museum The Chicora (Butler County, Pa.) meteorite[4])[9]): **90** ('41) 387–416.

Ruffed Grouse The glacial foreland: **1948**, Nr. 2, 6–17. — Ornithological notes from the glacial foreland: 17–23.

Scientific Monthly Freedom of research: **61** ('45) 477–82. — Bridgman and Cohen: **66** ('47) 83. — Gas laws and wealth laws: **71** ('50) Nr. 5.

Wilson Library Bull. The eyesight of the bluebird[5]): **60** ('48) 120. — Catbird attacks snake: **61** ('49) 114. — Egg-laying, incubation, and fledging periods of the spotted sandpiper: **63** ('51) 43f. — Gray heron chased by common gull: 110. — Flight speed of common loon (Gavia immer): Nr. 3. — Harrying of herons by gulls – a further note: **64** ('52) 45. — Tail winds and migration: **67** ('55) 60–62. — The look-out perch as a factor in predation by crows: **69** ('57) 368–70. — House wren attempts incubation in two nests simultaneously: **70** ('58) 193f. — A nesting of Amazonian terns and skimmers: **74** ('62) 286.

Mit: [1]) T. C. Baker; [2]) L. G. Ghering; [3]) J. L. Glathart; [4]) E. P. Henderson; [5]) J. M. McCormick; [6]) W. H. Otto; [7]) H. E. Powell; [8]) E. J. Preston; [9]) J. R. Randolph; [10]) J. C. Turnbull; [11]) H. E. White; [12]) N. L. Wilson; [13]) M. E. Gemperle; [14]) R. T. Norris; [15]) A. R. Shott.

VI **PRETTRE,** Marcel. Chem. (industr.). — 1929–37 Assist., Sorbonne, Paris; '37–42 Maître de Conférences, '42–45 Prof. sans Chaire, '45–60 Prof. tit., Univ. de Lyon; '47– Dir. de l'Ecole Supér. de Chim. Industr. de Lyon; '55– Dir. de l'Inst. de Recherches sur la Catalyse, Centre Nation. de la Recherche Sci.; '56–69 Chef du Départem. de Chim. à l'Inst. Nation. des Sci. Appl. de Lyon. — '48 Prix Jecker, '48 Médaille Berthelot (Acad. Sci., Paris); '51 Chevalier, '59 Officier de la Légion d'Honneur; '64 Commandeur des Palmes Académiques. (☒)

*1905, Febr. 11, Sceaux, Seine;

†1976, Juli 16, Lyon-Villeurbanne.

Nekr. P. Laffitte, C. R. hebd. Séances Acad. Sci., Paris **284** ('77) Vie acad., 22–25.

H. E. Gomonet, Les très basses températures; production et emplois (Paris '52).

S. Communications présentées [au] 14e Congrès de chimie industrielle, Paris 1934, **2** (Paris '35): Über die Änderung der Selbstentzündungstemperatur von Kohlenwasserstoff–Luft-Gemischen mit den Versuchsbedingungen [französ.] (6 S.). — C. R. 18e Congrès de chimie industrielle, Nancy 1938, **1** (Paris '39) 251–54: Die Wirkungsweise der Wandung auf die Zündung von Treibstoffgemischen [französ.]. — Actes et documents, 2e Congrès mondial du pétrole, Paris 1937, **3** (Paris [?] '39) Sect. 4, 732–37: Gesetze für die Oxydation von Treibstoffgemischen in Motoren und der mögliche Zusammenhang mit dem Klopfen des Motors [französ.]. — H. Moynot u. a., Carburants et combustibles (Paris '46): Théorie dynamique du gazogène à gaz pauvre. — 3d Symposium on combustion and flame and explosion phenomena, Madison, Wis., 1948 (Baltimore, Md. '49) 397–404: Researches on the combustion of mixtures of normal pentane and oxygen between 250 °C and 360 °C [ ]. — Proc. 11th International congress of pure and applied chemistry, London 1947, **4** (London '52) 463–69: Mechanism of reactions in the producer [ ]. — Congrès international de l'aluminium, Paris 1954, **1** (Paris '55) 25f.: Etude physicochimique des hydrates d'alumine et de leurs produits de dissociation thermique. — Encyclopédie française **12**: Chimie (Paris '58) 12·22,14 12·24,4 (7 S.): La catalyse. — Actes, 2e Congrès international de catalyse, Paris 1960, **1** (Paris '61) 1–9: Perspectives actuelles de la catalyse de contact; 1313–30: Influence de quelques nouvelles propriétés physico-chimiques des catalyseurs silice-alumine sur leur activité dégradante [73][57][78][4]; **2** ('61) 2247–66: Propriétés du platine incandescent et mécanisme des oxydations catalytiques à son contact[11][24][25]. — Alta tecnologia chimica. Reazioni e reattori. VI Corso estivo di chimica, Milano 1961 (Roma '62) 223–60: Caractères particuliers des oxydations catalytiques sur toile de platine incandescente. — Coloquio sobre química física de procesos en superficies sólidas, Madrid 1964 (Madrid '65) 217–31: Etude de la composition chimique superficielle de gels minéraux et de son influence sur les propriétés d'adsorption chimique et de catalyse. — Reactivity of solids. Proc. 6th International symposium, Schenectady, N.Y., 1968 (J.W. Mitchell, R.C. DeVries, R.W. Roberts, P. Cannon) (NewYork–London–Sydney–Toronto '69) 171–79: Etude topocinétique de la réduction de l'oxyde de Nickel par l'hydrogène[10][79][73].

W. L'inflammation et la combustion explosive en milieu gazeux, **1**: Hydrogène et oxyde de carbone (Paris '33) 62 S. (Actualités scientifiques et industrielles, 01 = Exposés de chimie générale et minérale, 1); **2**: Les hydrocarbures, étude théorique du phénomène de choc dans les moteurs ('34) 56 S. (∼ 105 = ≈ 2). — Réactions en chaînes, **1**: Théorie des chaînes; combustion de l'hydrogène, 88 S. (∼ 425 = ≈ 8); **2**: Etude cinétique de diverses réactions de combustion (Paris '36) 80 S. (∼ 428 = ≈ 10); **3**: Réactions de synthèse de composés halogénés, réactions de dissociation ('39) 67 S. (∼ 774 = ≈ 12). — Catalyse et catalyseurs (Paris '46) 126 S. (Que sais-je ?, 240), [2]('50) 127 S., [3]('61) 119 S., [4]('70) 128 S.; engl.: Catalysis and catalysts (New York '63) 88 S. — Eléments de cinétique chimique (m. B. Claudel) (Paris–London–New York '69) 15+191 S. (Cours et documents de chimie, 1); engl.: Elements of chemical kinetics (NewYork–London '70) 16+184 S.

Acta crystallogr. Structure du nitrate de nickel tétrahydraté[34][76]: **22** ('67) 699–705.

Acta physicochim. URSS Mechanismen der Kohlenwasserstoffoxydation. Der Einfluß und die Existenzgrenzen der Erscheinungen der Peroxydation: **9** ('38) 581–92 [französ. ?].

Anales real Soc. españ. Física y Quím., Ser. B Etude de la composition chimique superficielle de gels minéraux et de son influence sur les propriétés d'adsorption chimique et de catalyse: **61** ('65) 217–31.

Angewandte Chem., Ausg. A Zum Bildungsmechanismus adsorbierender und katalytisch wirksamer Aluminiumoxide[42][7][59]: **65** ('53) 549–55.

Annales Chim. Etude cinétique de la décomposition thermique des formiates de cuivre, 1: Thermolyse du formiate cuivrique[67][73]: **7** ('62) 127–31; ∼2: Préparation et thermolyse du formiate cuivreux[67][73]: 133–36.

Annales Office nation. Combustibles liquides Sur l'existence de deux mécanismes différents de l'oxydation par l'air des vapeurs combustibles: **7** ('32) 699–719. — Kinetik der Oxydation und der Entflammung von Kohlenwasserstoffen, 1: Zündverzögerung und langsame Voroxydation von Gemischen aus n-Pentan und Sauerstoff zwischen 250° und 300°; Gesetze, die die Explosionserscheinungen beherrschen: **11** ('36) 669–718 [französ.]; ∼ 2: Einfluß chemisch inerter Gase auf die Geschwindigkeit der Oxydation und die Verzögerung der Entzündung der Gemische von n-Pentan und Sauerstoff zwischen 250° und 360°: **12** ('37) 411–46 [ ].

Bull. Assoc. franç. Techniciens Pétrole Die Antiklopfmittel: **1938**, 201–34 [französ.]. — Die Ausbildung von Forschungskadern für die chemische Industrie: **67** ('48) 2–20 [∼]. — Kiesel- und Tonerde-Gele: **91** ('52) 23–41 [∼].

Bull. Soc. chim. France Sur l'existence de deux mécanismes différents de l'oxydation par l'air des vapeurs combustibles. Phénomènes de luminescence: (4) **51** ('32) 1132–47. — Le rhénium: **53** ('33) 669–81. — Action de l'ozone sur l'iodure de potassium[37][38]: (5) **2** ('35) 2071. — Recherches sur l'oxydation par l'ozone de divers réactifs minéraux, 1: Iodure de potassium[37][38]: **3** ('36) 295–312; ∼ 2: Iodure de potassium; influence des caractéristiques de la solution[37][38]: 1841–47. — Combustion hétérogène des mélanges d'oxyde de carbone, d'hydrogène et d'oxygène: **5** ('38) 153. — Sur l'oxydation du pentane: **6** ('39) 254f. — Oxydation lente homogène des mélanges d'hydrogène et d'oxyde de carbone: 612f. — Préparation d'oxydes homodispersés dans la flamme hydrogène–oxygène et quelques propriétés de ces composés[12][19][28][44][62][69]: **1959,** 152–56. — Microstructure de rubans de platine soumis à l'activation catalytique, 2: Etude au microscope électronique et mesure de rugosité[25][48][29]: **1960,** 688–90. — Hydrates des sels oxygénés de nickel[76][42]: **1962,** 1427–34. — Contribution à l'étude du nickel Raney, 2: Texture et propriétés adsorbantes du catalyseur[52][73]: **1963,** 401–03; ~ 5: Influence d'un traitement anodique sur l'activité catalytique, les propriétés texturales et magnétiques; essai d'interprétation du mécanisme de l'oxydation du nickel Raney et de la nature de l'hydrogène fixé[43][73]: **1966,** 3139–44. — Nitrates hydrates des métaux bivalents[76][42]: **1964,** 836–43. — Préparation et détermination des structures des nitrates anhydres de métaux bivalents[76][42]: 2600–02. — Etude du mécanisme de la synthèse catalytique des picolines, 1: Conversion catalytique de l'éthanal sur silice-alumine[41][53][73]: **1965,** 497–501; ~ 2: Mécanisme de la formation des α et γ picolines par action d'ammoniac sur l'éthanal en présence d'un catalyseur silice-alumine[41][53][73]: 501–04. — Etude par résonance paramagnétique électronique de l'oxydation de la triphénylamine[55][45][42]: **1968,** 2446–49. — Relation entre la basicité superficielle du phosphate trilithique et son activité dans la réaction d'isomérisation de l'oxyde de propylène[17][51][42][21]: **1968,** No. spec., 1821–25. — Etude structurale d'un nitrate basique de nickel non stœchiométrique[34]: **1969,** 407–11.

Bull. Union Physiciens Neue Wege zur Aufklärung des Mechanismus der Kontaktkatalyse: **62** ('67) 279–305 [französ.].

Cahiers Physique Berechnung der thermodynamischen Funktionen einiger organischer Moleküle: Nr. **2** ('41) 73f. [französ.].

Chaleur et Industrie Recherches en vue de l'identification des réactions chimiques se produisant au sein des flammes: **19** ('38) 38–43. — Les réactions chimiques de la combustion à volume constant: **20** ('39) 98–102.

Chimie et Industrie Wie Untersuchungen der chemischen Kinetik bei Polymerisationen zur Festlegung der Bedingungen bei der Fabrikation von Polymeren beitragen können: **43** ('39) No. 8bis, 41–54 [französ.]. — Inhibition homogène des réactions d'oxydation des hydrocarbures. Application au phénomène du choc: **45** ('41) No. 3bis, 275–79.

Chimie moderne Wo steht die Katalyse heute?: **3** ('58) Nr. 20, S. 207 [französ.].

C. R. hebd. Séances Acad. Sci., Paris Sur les variations des températures d'inflammation spontanée des mélanges d'hydrogène et d'air en fonction de la vitesse d'échauffement: **196** ('33) 1891–93. — Influence de l'azote actif sur certaines réactions d'oxydation: **197** ('33) 328–30. — Sur le rôle de la surface dans certaines réactions homogènes rele vant d' in mécanisme en chaîne: **200** ('35) 1321–24. — Complexité de la réaction entre l'ozone et l'iodure de potassium[38]: 2084–86. — Sur le mécanisme de la réaction en chaîne du mélange oxhydrique: **201** ('35) 728–30. — Influence des gaz adsorbés par la paroi du récipient sur la réaction en chaîne des mélanges d'hydrogène et d'oxygène: 962–64. — Oxydation induite de l'iodure de potassium par l'ozone[37][38]: 1376–78. — Influence de la pression, de la concentration et de la température sur la vitesse d'oxydation lente et l'aptitude à l'inflammation spontanée des mélanges d'oxygène et de pentane normal en-dessous de 300 °C: **202** ('36) 954–56. — Lois régissant l'accélération initiale de la combustion lente et le retard à l'inflammation spontanée des mélanges de pentane normal et d'oxygène. Application au phénomène de choc dans les moteurs: 1176–78. — Influence d'un gaz chimiquement inerte sur la vitesse de la réaction en chaînes des mélanges de pentane normal et d'oxygène: **203** ('36) 561–63. — Inhibition par l'hydrogène de la réaction en chaînes des mélanges de pentane normal et d'oxygène: 619f. — Lois régissant l'accélération initiale de la combustion lente et le retard à l'inflammation des mélanges de pentane, d'oxygène et d'azote: 1152–54. — Combustion hétérogène des mélanges d'oxyde de carbone et d'oxygène sur une surface vitreuse: **204** ('37) 775–77. — Combustion hétérogène des mélanges d'oxyde de carbone, d'hydrogène et d'oxygène sur une surface vitreuse: 1734–36. — Influence des dimensions des récipients de combustion sur la vitesse d'oxydation des mélanges de pentane et d'oxygène: **207** ('38) 532–34. — Mécanisme de l'influence anormale de la température sur l'oxydation des mélanges d'oxygène ou d'air et d'hydrocarbures: 576–78. — Existence de deux mécanismes d'oxydation lente homogène des mélanges d'hydrogène et d'oxyde de carbone: 674–76. — Sur la combustion des mélanges d'hydrocarbures. Mélanges de décahydronaphtalène et de tétrahydronaphtalène[26][66]: **208** ('39) 351–53. — Mélanges de décahydronaphtalène et de dicyclopentadiène: 1814–16. — Loi de vitesse de la combustion lente homogène du gaz tonnant aux faibles pressions en présence d'oxyde de carbone: **212** ('41) 1090–92. — Sur le mécanisme de combustion des mélanges oxhydriques aux faibles pressions en présence d'oxyde de carbone: **213** ('41) 29–31. — Sur le mécanisme de la conversion catalytique du méthane par combustion ménagée[27][57]: **218** ('44) 621–23. — Sur la participation du méthane aux réactions de synthèse et de transformation d'hydrocarbures aliphatiques[27][57]: **224** ('47) 278f. — Isotherme d'adsorption activée sur une surface hétérogène: **225** ('47) 681f. — Influence de la température sur l'adsorption par une surface hétérogène[35]): 737f. — Modifications de texture et de structure de l'hydrargillite au cours de sa déshydratation[7])[42]): **233** ('51) 1029–31. — Modifications de texture et de structure d'un gel de boehmite au cours de sa déshydratation[7])[42]): 1106–08. — Sur la thermicité des réactions de déshydratation de l'hydrargillite[80]): **234** ('52) 1366–68. — Etude aux rayons X des produits de déshydratation d'une hydrargillite cristallisée[7])[42]): **236** ('53) 1025–28. — Etude de la déshydratation d'une boehmite cristallisée[42])[59]): 1278–80. — Etude de la déshydratation de la bayérite[42])[59]): **238** ('54) 900–02. — Caractères cinétiques de la déshydratation thermique de l'hydrargillite[29])[36]): 1028–31. — Etude enthalpique des changements d'état d'une phase adsorbée[10])[29]): **240** ('55) 756–58. — Etude de la décomposition des hydrates d'alumine par analyse enthalpique différentielle[29])[36])[73])[80]): 862–64. — Etude de la déshydratation de l'hydrargillite par l'emploi simultané de la thermogravimétrie sous pression réduite et de l'analyse enthalpique différentielle[29])[36]): 1082–84. — Texture et propriétés adsorbantes des alumines pour chromatographie[10]): 1216–18. — Etude de la décomposition thermique de quelques sels d'aluminium[42])[51]): **242** ('56) 773–76. — Influence des conditions du traitement thermique sur la teneur en boehmite des produits de déshydratation partielle de l'hydrargillite[18])[73]): 1607–10. — Etude d'un gel d'alumine à grande surface spécifique[42])[51]):1885–88. — Sur la composition des solides obtenus par déshydratation de l'hydrargillite[18])[73]): 1976–79. — Etude énergétique des transformations "secondaires" de la silice[47])[29]): 3071–74. — Sur l'évaporation du platine au cours de la combustion du méthane (utilisation de ^{187}Pt)[11])[25])[29]): **243** ('56) 1870–72. — Etude d'une réaction entre deux phases solides, la préparation du titanate de baryum[74])[30])[29]): **246** ('58) 422–25. — Combustion du méthane et de l'hydrogène sur platine incandescent: transfert d'énergie et mécanisme de la réaction[24])[29]): 1200–03. — Transformation irréversible et variations de l'activité catalytique de gels mixtes silice-alumine[73])[57])[78]): **247** ('58) 998–1000. — Influence de la vapeur d'eau sur la transformation irréversible et l'activité catalytique des gels mixtes silice-alumine[73])[57])[78]): **248** ('59) 228–30. — Préparation et quelques propriétés de l'alumine colorée, non-stœchiométrique[44])[69]): 555–58. — Influence des conditions expérimentales sur la part homogène de l'oxydation hétéro-homogène du méthane en présence de platine incandescent[24])[29]): 2345–47. — Réactivité des oxydes de la série du titane[74]): 2572–74. — Evolution texturale de l'alumine colorée non-stœchiométrique[44])[69]): **249** ('59) 1356–58. — Evolution structurale et propriétés électriques de l'alumine colorée non-stœchiométrique[1])[44])[69]): 1895–97. — Etude comparative des réactivités des carbonates de baryum et de strontium vis-à-vis de l'anatase[74])[11])[73]): **250** ('60) 1480–82. — Application de la méthode de Kryukov et Zhukhovitskii à la mesure du coefficient d'autodiffusion du strontium dans le métatitanate $SrTiO_3$[74])[11]): 1649f. — Evolutions chimiques et structurales de catalyseurs au nickel durant leur emploi comme électrode à hydrogène d'une pile à combustible[6])[20])[42]): **258** ('64) 1779–82. — Influence de l'état de division du bioxyde de plomb β sur sa décomposition thermique[31])[33])[76])[42]): 4249–52. — Etude comparée, par analyse thermique, de la pyrolyse des nitrates de magnésium, zinc et nickel hexahydratés[76])[42]): **259** ('64) 2215–18. — Spectre de résonance magnétique nucléaire du polychlorure de vinyle obtenu par polymérisation anionique[22])[81])[40])[39]): 3509–11.

C. R. hebd. Séances Acad. Sci., Paris, Sér. B Etude par spectrométrie infrarouge de l'adsorption de l'oxyde de carbone par le bioxyde de titane[63])[61])[51]): **265** ('67) 681–84.

C. R. hebd. Séances Acad. Sci., Paris, Sér. C Effets provoqués par la migration de l'eau interne de constitution sur les propriétés superficielles d'une silice-alumine[45])[20])[55]): **263** ('66) 509–12. — La migration de l'eau interne dans les oxydes de silice et silice-alumine et son influence sur les propriétés isomérisantes des oxydes mixtes[4])[23])[73]): **264** ('67) 188–91. — Hydrolyse du diborane au contact d'un catalyseur silice-alumine. Mise en évidence et étude d'une réaction secondaire[3])[55])[42]): 828–31. — Sur la préparation et la structure de l'antigorite et de la montmorillonite de nickel[50])[42]): 1536–38. — Etude par résonance paramagnétique électronique d'un bioxyde de titane partiellement réduit[14])[55])[42]): 1901–04. — Sur l'adsorption chimique de l'hydrogène par les catalyseurs métalliques. Importance et nature de l'hydrogène fixé par les catalyseurs au nickel: **265** ('67) 957–60. — Relations entre l'activité catalytique de silice-alumines amorphes et leur teneur en aluminium tétracoordonné dosé par résonance paramagnétique électronique[75])[4])[20])[73])[42]): **267** ('68) 118–22. — Application de la méthode de l'émanation à l'étude de la décomposition thermique de l'oxyde d'argent[46])[11]): 277–89. — Influence de l'incorporation de thorium ^{228}Th sur les propriétés catalytiques de la thorine[82])[15]): 1648–50.

Documentat. sci. Die Bedeutung der Oberfläche des Glases und der Oberfläche von Salzen bei gewissen homogenen Gasreaktionen: **4** ('35) 33–41. — Die aktivierte Adsorption von Gasen an glasigen Stoffen und die Folgerungen für die Entgasung von Glasoberflächen: 241–49. — Die Wirkung der Wandungen auf den Verlauf chemischer Umsetzungen: **6** ('37) 71–80. — Über einen neuen Einfluß der Glaswände auf die homogenen Verbrennungsreaktionen: 8 ('39) 46–54. – – Alle Arbeiten französ.

J. Catalysis Kinetics of the catalytic dehydration of 2-propanol[53][60][73]: **7** ('67) 117–25. – Infrared investigation of hydrogen adsorption on alumina-supported platinum[63][5][51]: **28** ('73) 368–75. – Infrared study of CO adsorbed on Pt/Al_2O_3. A method for determining metal–adsorbate interactions[63][5][51]: **29** ('73) 213–23.

J. Chim. physique (et Physico-Chim. biol.) Etude cinétique de la réaction thermique en chaînes des mélanges d'hydrogène et d'oxygène: **33** ('36) 189–218. – Sur l'oxydation des hydrocarbures paraffiniques: **36** ('39) 39. – Sur les conditions d'utilisation des mesures de surface par adsorption à l'étude des adsorbants, des catalyseurs et de leurs constituants: **47** ('50) 99–103. – Préparation et propriétés d'alumines amorphes[42][51][69]: **51** ('54) 651–62. – Etude des phases solides, par l'emploi simultané de la thermogravimétrie, de l'analyse thermique différentielle et de la méthode d'émanation[11][15][64][73]: **58** ('61) 668–74. – Contribution à l'étude de la texture de catalyseurs Raney[77][16][73][66]: **62** ('65) 552–58. – Etude par analyse thermique différentielle, échappement de radon et radiocristallographie, de la décomposition thermique de bioxydes de plomb β de texture différente[33][32][11][76]: 1088–94. – Etude des catalyseurs silice–alumine irradiés[9][20][42]: **63** ('66) 611–14. – Propriétés des alumines chlorées, 2: Cinétique de la réaction du tétrachlorure de carbone avec une alumine gamma[5][51]: **66** ('69) 611–15; ∼ 4: Etude de leur caractère oxydo-réducteur par RPE[5][55][51]: 1522–27. – Etude calorimétrique à 250 °C de la titration oxygène–hydrogène du platine déposé sur alumine [5][63][71]: **70** ('73) 144–49 [m. engl. Zusammenfassg.].

J. Inst. Fuel A kinetic theory for air producer gas formation[49]: **21** ('47) 35–43.

J. physic. Chem. Surface and bulk reactions of carbon tetrachloride with titanium dioxide[63][5][51]: **74** ('70) 2868–74.

J. Soc. Ing. Automobile Die neuesten Forschungen über die Oxydation von Motortreibstoffgemischen als Hilfe für die Konstruktion von Motoren: **9** ('36) 400–07 [französ.].

J. Usines Gaz Experimentelle Forschung über Oxydation und Zündung brennbarer Gasgemische: **56** ('32) 267–76 [französ.].

Kinetika i Kataliz Einfluß der Stärke und Anzahl der Säurezentren eines Siliciumdioxid–Tonerde-Katalysators auf seine Crack-Eigenschaften[4][57][73]: **8** ('67) 115–24 [russ.].

Mécanique Physikalische und chemische Faktoren bei der Zündung und Verbrennung von Kohlenwasserstoffgemischen: **21** ('37) 220–24 [französ.].

Mémoires Soc. Ing. civils France Kinetische Theorie der Reaktionen im Gasgenerator: **98** ('45) 1–15 [französ.].

Mémorial Poudres Der Einfluß von Alkalisalzen auf die Selbstentzündungstemperatur von Kohlenmonoxid–Luft-Gemischen: **25** ('32/33) 160–67 [französ.]. – Die Selbstentzündungstemperaturen von Wasserstoff–Luft-Gemischen in Gegenwart von Alkalihalogeniden: 169–75 [∼]. – Die Entzündung von Wasserstoff–Kohlenmonoxid–Luft-Gemischen bei Berührung mit einer heißen Fläche. Die Gesetzmäßigkeit der Änderung der Entzündungstemperaturen dieser Mischungen. Die Beeinflussung durch die Art der Oberfläche: 531–45 [∼]. – Réactions d'oxydation et d'inflammation au contact de surfaces chaudes [,1]: **26** ('34/35) 239–67; ∼ 2: Processus de combustion hétérogène et d'adsorption du gaz tonnant sur les surfaces vitreuses propres ou enduites de chlorure de potassium; influence des adsorptions sur la réaction en chaînes des mélanges oxhydriques: **27** ('37) 253–73; ∼ 3: Mécanisme de la réaction en chaînes des mélanges oxhydriques; intervention du chlorure de potassium dans cette combustion: 274–96. – Kinetische Untersuchung der Verbrennungserscheinungen bei Wasserstoff–Kohlenmonoxid–Sauerstoff-Gemischen, 1: Heterogene Verbrennung: **29** ('39) 283–307 [französ.]; ∼ 2: Existenz zweier Mechanismen der homogenen Verbrennung; Einfluß von Kaliumchlorid auf jeden von ihnen: 308–27 [∼].

Mémorial Serv. chim. Etat, Paris Kinetische Untersuchung der Verbrennungserscheinungen bei Wasserstoff–Kohlenmonoxid–Sauerstoff-Gemischen, 3: Die kinetischen Gesetze der beiden Mechanismen der homogenen Verbrennung der Gemische[58]: **30** ('43) 47–57 [französ.]. – Eine kinetische Untersuchung des Systems Kohlendioxid – Kohlenmonoxid – fester Brennstoff[27]: **32** ('45) 240–52 [∼].

Revue Chim., Acad. Républ. popul. roumaine Etude cinétique et morphologique de la décomposition du formiate de nickel[2]: **7** ('62) 385–403.

Revue roumaine Chim. Etude des catalyseurs oxyde de chrome – alumine – potassium par analyse thermique différentielle et mesure de chimisorption[56][13][73]: **14** ('69) 235–45.

Revue Chim. minérale Propriétés des alumines chlorées, 1: Préparation par action du tétrachlorure de carbone sur une alumine gamma[5][51]: **5** ('68) 879–95. – Propriétés des alumines platinées et chlorées, 1: Dépôt du platine sur une alumine gamma par le dinitrodiammino platine II[5][63][54][51]: **7** ('70) 1101–12 [m. engl., span. u. deutscher Zusammenfassg.].

Revue Inst. franç. Pétrole et Ann. Combustibles liquides Methan, Reaktionsprodukt der Kohlenwasserstoffsynthese: **2** ('47) 131–38, 195–200 [französ.].

Revue pétrolifère Antiklopfmittel: **789** ('38) 767–70; **791** ('38) 835. – Klopffestigkeit und chemische Konstitution der Kraftstoffe: **829** ('39) 376–80. — — Alle Arbeiten französ.

Studii şi Cercetări Chim., Acad. Republ. popul. romîne Bucureşti Untersuchungsbeispiele zur Kontaktanalyse: **16** ('68) 419–38 [rumän.].

Trans. Faraday Soc. Catalytic oxidation of methane to carbon monoxide and hydrogen[27]) [57]): **42A** ('46) 335–40.

Z. Elektrochem., Ber. Bunsenges. physik. Chem. Oxydation catalytique de l'acide sulfhydrique au contact de masses adsorbantes[68]): **63** ('59) 100–05.

Ferner eine Abhandlung „Methan als Ausgangsprodukt für die Synthese von Kohlenwasserstoffen" [französ.] (16 S.) für eine Konferenz der Société Belge pour l'Etude du Pétrole, Bruxelles 1947.

Mit: [1]) B. Arghiropoulos; [2]) R. Bachelard; [3]) J. Bandiera; [4]) D. Barthomeuf; [5]) J. M. Basset; [6]) J. Bezaudun; [7]) L. Blanchin; [8]) –; [9]) M. Boury; [10]) G. Boutillon; [11]) P. Bussière; [12]) R. Caillat; [13]) H. Charcosset; [14]) M. Cho; [15]) B. Claudel; [16]) J. Coing-Boyat; [17]) M. Coudurier; [18]) R. Courtial; [19]) J. P. Cuer; [20]) G. Dalmai; [21]) M. E. Degeorges; [22]) J. Demarquay; [23]) R. Devaux; [24]) P. Dévoré; [25]) B. Domanski; [26]) P. Dumanois; [27]) C. Eichner; [28]) J. Elston; [29]) C. Eyraud; [30]) L. Eyraud; [31]) J. Foucry; [32]) P. Fouilloux; [33]) D. Fouque; [34]) P. Gallezot; [35]) O. Goepfert; [36]) R. Goton; [37]) G. Guéron; [38]) J. Guéron; [39]) A. Guyot; [40]) M. Guyot de la Hardrouyère; [41]) C. Hugueny; [42]) B. Imelik; [43]) J. P. Jamey; [44]) F. Juillet; [45]) Y. Kodratoff; [46]) J.-C. Lagier; [47]) P. Lakodey; [48]) J. Lenoir; [49]) M. Magat; [50]) G.-A. Martin; [51]) M. V. Mathieu; [52]) J.-M. Ménard; [53]) L. de Mourgues; [54]) R. Mutin; [55]) C. Naccache; [56]) I. Olaru; [57]) M. Perrin; [58]) E. Petiot; [59]) M. Petitjean; [60]) F. Peyron; [61]) P. Pichat; [62]) R. Pointud; [63]) M. Primet; [64]) J. P. Renouf; [65]) G. Reutenauer; [66]) R. Sassoulas; [67]) R. Schuffenecker; [68]) R. Sion; [69]) S. Teichner; [70]) –; [71]) A. Theolier; [72]) –; [73]) Y. Trambouze; [74]) P. Turlier; [75]) J. Vedrine; [76]) D. Weigel; [77]) L. Weil; [78]) J.-L. Weill; [79]) R. Froty; [80]) Tran Huu-The; [81]) Pham Quang Tho; [82]) M. Beaumont.

VI **PRÉVOST**, Charles Paul. Chem. (org.). – 1923–29 Agrégé Préparateur, '45–55 Prof., Ecole Normale Supér. de Paris; '29–36 Prof., Fac. de Pharm., Univ. de Nancy; '36–37 Prof., Fac. des Sci., Univ. de Lille; '37–49 Prof. sans Chaire, '49–69 Prof. tit., Fac. des Sci., Univ. de Paris; '25–45 Répétiteur, '45– Chargé de Cours, '56–69 Prof., Ecole Centrale des Arts et Manufactures, Paris; '37–69 Prof., Ecole Normale Supér. de Fontenay aux Roses; '38–59 Prof., Ecole Normale Supér. de Saint-Cloud; '47–49 Prof., Inst. National Agronomique, Paris; Prés. de la Soc. Chimique de France. — '34 Prix Nicolas Leblanc, '37 Prix des Industries Chimiques, '64 Médaille Lavoisier (Soc. Chim. France); '47, '59 Prix Jecker (Acad. Sci. Paris); '51 Chevalier, '63 Officier de la Légion d'Honneur.

*1899, März 26, Champlitte, Haute-Saône.

Zur Bibliogr. Annales Univ. Paris **24** ('54) 73. – Notice sur les titres et travaux scientifiques de Charles Prévost (Paris '60) 69 S.; Neuaufl. ('67) 72 S.

S. Traité de chimique organique (V. Grignard, G. Dupont, R. Locquin) **5** (Paris '37), ²('49) 607–763: Alcools; **6** ('40), ²('48) 547–604: Alcools polyvalents supérieurs (Polyols supérieurs); 605–34: Alcools halogénés; alcools nitrés, nitrosés ou sulfonés. – Atti X Congresso internazionale di chimica, Roma 1938, **3** (Roma '39) 318–24: Sur la mécanisme de la benzoylation des éthyléniques par le complexe iodo-argentobenzoïque. – Mécanique ondulatoire et cinétique chimique (Paris '55): Le processus élémentaire de la réaction organique hétérolytique en phase liquide. – Centenaire de la Société chimique de France (1857–1957) (Paris '57) 173–75: Louis Bouveault; 175f.: Georges Pascalis; 182f.: Edgar de Laire; 191–93: Gustave André; 193–95: Edmond Blaise; 207–10: Camille Matignon; 219: Georges Thesmar. – Festschrift Prof. Dr. Arthur Stoll zum 70. Geburtstag. Arbeiten aus dem Gebiet der Naturstoffchemie (Basel '57) 183–98: Les diènes conjugués. – Encyclopédie française **12**: Chimie (Paris '58) 12·28, 3–6: Réactions de double échange et de substitution. – Les dérivés organo-métalliques, [Colloque] Paris 1962 (Paris '63) (Colloques internationaux du Centre National de la Recherche Scientifique, 120) 43–52: Sur la genèse, la structure et la réactivité des organo-métalliques solvatés[2])[20]) [21])[25])[39])[40]).

W. Cours de chimie: Chimie générale [Chimie minérale] [2 Bände] (Paris '39) 315 S. [daktylogr.] (Les cours de Sorbonne). – Cours de chimie organique (Paris '42) 368 S. [daktylogr.] (Les cours de Sorbonne. Certificat d'études supérieures de chimie générale). – Propriétés, constitution, classification des glucides [zusammengebunden mit: M. Javillier, Introduction à la chimie des glucides (Paris '45) [insgesamt] 3+20 S. (Cours-conférences du Centre de Perfectionnement Technique, 1301/1302). – Détermination des structures par les méthodes chimiques (Paris '46) 15 S. (Cours-conférences du Centre de Perfectionnement Technique, 1501). – Leçons de chimie organique, **1**: Chimie générale organique, hydrocarbures (Paris '49) 294 S.; **2**: Fonctions univalentes, simples et répétées ('51) S. 295–650; **3**: Fonctions plurivalentes, simples et répétées ('51) S. 651–970; **4**: Fonctions mixtes, hétérocycles, étude de quelques composés complexes d'origine biologique ('53) S. 971–1258. – Cours de chimie organique à l'usage des élèves de l'Ecole Centrale des Arts et Manufactures (Paris '56) [Internes Lehrmaterial der Ecole Centrale des Arts et Manufactures]. — Précis de chimie organique générale (Paris '60) 8+141 S. (Monographies Dunod, 30). — Traité de chimie organique générale (Paris '67) 10+319 S. — Traité de chimie organique; maîtrise de chimie (Paris '68) 388 S.

Acta chim. Acad. Sci. hungar. Critique des processus par transfert électronique circulaire: 18 ('59) 365–73 [m. engl. u. russ. Zusammenfassg.].

Age nucléaire Mécanisme des réactions d'échange hétérolytique en chimie organique: Nr. [?] ('57).

Anales real Soc. españ. Física y Quím., Ser. B Aplicación de un método de valoración específica de un cloruro alílico primario al estudio de la interconversión de dos cloruros alílicos metameros[37]): **57** ('61) 51–56. — Sobre la reactividad de los compuestos organoalumínicos y organocíncicos saturados solvatados por el eter[56]): 525–28 [m. französ. Zusammenfassg.].

Bull. Soc. chim. France Sur la préparation d'un glycérol aromatique cristallisé: Le phényl-1-diméthyl-3,3-glycérol[54]): (4) **53** ('33) 216. — Contribution à l'étude des nitriles β-éthyléniques[38]): 216. — Sur une nouvelle méthode d'oxydation des composés éthyléniques en glycols correspondants: 216f. — Théorie ionique des réactions organiques, 3: La tautomérie anneau–chaîne, et la notion de synionie[29]): 253–60. — Sur le prétendu α-benzylcyclohexène[15])[5]): (5) **1** ('34) 481. — Sur le complexe iodo-argento-benzoïque et son emploi en synthèse: **2** ('35) 173f. — Structure électronique et valence: 1081f., 1119–48. — Nouvelles recherches sur le complexe iodo-argento-benzoïque: 1096. — Contribution à l'étude des cétones α-halogénées. L'α-chlorodibenzylcétone[48]): 1151–65. — Spectres Raman de quelques carbures styroléniques[15]): **3** ('36) 42f. — Sur la prototropie généralisée: 1255f., 1666–73. — Déshydratation de quelques homologues des érythrène-glycols: **5** ('38) 1253f. — Scission des alcools β-éthyléniques en présence d'alumine vers 340–360°[55]): 1254. — Déshydratation catalytique des pipérylène-glycols. Mécanisme de la réaction: **6** ('39) 772–74. — Sur la déshydratation des alcools éthyléniques linéaires: **8** ('41) 89–100. — Sur la déshydratation des érythrène-glycols: **11** ('44) 218–25. — Sur la déshydratation des glycols éthyléniques en série aromatique[42]): 225–27. — Etude cinétique de l'action des éthers chlorhydriques tertiaires sur le nitrate d'argent[8]): **16** ('49) 782–88. — Cinétique de la réaction du nitrate d'argent sur les éthers chlorhydriques tertiaires[46]): **17** ('50) 1068–70. — La transposition allylique. Généralités. Essais d'interprétation théorique: **18** ('51) C1–C9. — Réactivité chimique comparée de la liaison éthylénique et de la liaison acétylénique. Etude chimique et physico-chimique en particulier polarographique[49])[13]): **18** ('51) 714–24. — Etude de quelques réactions d'hydroxy alcoylation. Hydroxy alcoylation en milieu anhydre[43])[13])[51])[23])[10])[21]): **20** ('53) C19–C22. — Polarographie et empêchement stérique[49])[33]): **20** ('53) 78–86. — Contribution à l'étude des croconates et de leurs produits de réduction[4])[49]): 891–900. — Généralisation de la transposition allylique[7]): **1955**, 1408–10. — Les processus de la transposition allylique dans les réactions de substitution nucléophile[22]): **1957**, 1185–98. — Sur les processus intermédiaires ou mésomécanismes [,1]: 1489–94. — Sur la structure, la genèse et la réactivité des organométalliques solvatés[21])[39])[6])[2]): **1959**, 679–88. — Georges Dupont et la Société Chimique de France: 1321. — Processus réactionnels et mésomécanismes: **1960**, 1261f. — Paul Mondain-Monval†: **1961, 434f.** — Sur l'action du benzoylméthylènetriphénylphosphorane sur le bromure de phénacyle et sur quelques aspects du mécanisme de cette réaction[50])[45]): **1962**, 9–. — Sur la genèse, la structure et la réactivité des organométalliques solvatés[2])[20])[21])[25])[39])[40]): **1963**, 1385–95. — Sur la réactivité relative d'une série d'halogénures aliphatiques homologues, 1: Halogénures de méthyle et d'éthyle[37]): **1964**, 1232–35; ~ 2: Bromures primaires jusqu'en C_7[37]): **1965**, 2103–05. — Théorie générale de la transposition allylique[2]): **1964**, 2284–91. — Contribution à l'étude de la réaction de Würtz consécutive: Synthèse de diènes-1,3, -1,5 et triènes[40])[41]): 2485–92. — Sur la cinétique de l'acétolyse de certains chlorures tertiaires. Influence de l'empêchement stérique sur ces réactions[30]): **1965**, 361–66. — Sur la cinétique de l'acétolyse de certains chlorures tertiaires. Influence de l'empêchement stérique des longues chaînes paraffiniques[30]): 2982–87. — Etude comparative de l'action des organométalliques dérivant de bromures α-éthyléniques et α,γ-insaturés sur quelques composés à groupement carbonylé. Applications[41])[40]): 3560–65. — La condensation de l'acrylonitrile sur les oléfines. Etude expérimentale et théorique d'une réaction par processus électronique circulaire[1])[3]): **1966**, 173–77. — Action d'organométalliques α-éthyléniques sur le chloro-4 butène-2 ol-1[40]): 704–09. — Phosphines et oxydes de phosphines, 1: Action du phényllithium sur les oxydes de phosphine acétyléniques[47])[45]): 971f. — L'ène synthèse. Condensation de l'anhydride maléique avec les oléfines[1])[3])[28]): 1195–201. — Protolyse des organomagnésiens crotyliques[1])[3]): 1915–18. — Influence des solvants sur l'hydrolyse des dérivés organomagnésien, zincique et cadmien du bromure de crotyle[1])[3]): 2596–600. — Effet homo-ionique dans l'acétolyse du chlorure de tertiobutyle, sur le mécanisme de la formation d'acétine dans cette réaction[30]): 3331–36. — Protolyse du dicrotylmagnésium[1])[9]): **1967**, 706–08 [m. engl. Zusammenfassg.]. — Action du méthylide de diméthylsulfoxonium sur les énones, 2: Formation d'acylcyclopropanes bisubstitués sur la stéréospecificité de cette réaction[1])[57]): 2299–302 [~]. — Les organomagnésiens allyliques solvatés, 2: Remarques sur leur réactivité[25]): 3610–14. — Contribution à l'étude de la double décomposition entre les halogénures allyliques et quelques composés organométalliques[14])[22])[25]): **1968,** 3713–19. — Contribution à l'étude de la réaction de Würtz observée lors de la préparation du réactif de Grignard crotylique[14])[22])[25]): 3720–24. — Basicité des diéthers méthyliques de glycol en milieu aprotonique[1]): 4467–70. — Contribution à l'étude cinétique et structurale de doubles décompositions en série allylique en fonction du solvant et du caractère nucléophile des réactifs antagonistes[14])[22]): **1970,** 3088–96 [m. engl. Zusammenfassg.]. — Contribution à l'étude structurale et cinétique de l'isomérisation basique homogène d'hydrocarbures insaturés, 3: Alcadiènes acycliques[47])[22]): **1974,** Nr. 5/6, Pt. 2, 925–32 [~].

Bull. Union Physiciens La chimie organique en Classe de Mathématiques: **45** ('50/51) 49–62. — Nombre d'oxydation et degré d'oxydation: **48** ('53/54) 271–85.

Cahiers Physique Le processus élémentaire de la réaction organique hétérolytique en phase liquide: No. **52** ('54) 58–68.

Chimie analyt. Méthodes électriques (plus spécialement polarographiques) de dosage des groupes carbonyles[49]): (4) **37** ('55) 3–15.

C. R. hebd. Séances Acad. Sci., Paris Sur une matière colorante dérivée du tripropynylcarbinol: **195** ('32) 1082–84. — Sur un complexe iodo-argento-benzoïque, et son application à l'oxydation des combinaisons éthyléniques en α-glycols: **196** ('33) 1129–31. — Sur les complexes halogéno-argentiques des acides carboxylés: **197** ('33) 1661–63. — Sur la connaissance des stycérols[31]): **198** ('34) 659–61. — Effet Raman, réfraction moléculaire et constitution. Sur le prétendu benzylcyclohexène-α[15])[5]): 1041–43. — L'action du complexe iodo argento benzoïque sur les carbures érythréniques[32]): 2264–66. — Synthèse de l'un des dihydroanthranediols: **200** ('35) 408–10. — Le complexe iodo-argento-benzoïque agent d'iodation; structure probable du complexe: 942–44. — Sur les propriétés iodantes du complexe iodo-argento-benzoïque[52]): **204** ('37) 700f. — Sur les complexes halogéno-argento-benzoïques[52]): 989–91. — Sur la déshydrogénation catalytique d'un alcool tertiaire en cétone[35]): **205** ('37) 154–56. — Sur une scission des alcools primaires et secondaires β-éthyléniques[55]): **206** ('38) 1661f. — Contribution à l'étude du nombre d'ondes Raman de la liaison éthylénique: **208** ('39) 39f. — Sur les hexadiènes conjugués: 1589–91. — Sur une application des réactions synioniques à la séparation quantitative de l'effet stérique et de l'effet de polarité: **214** ('42) 357–59. — Nouvelle méthode de préparation d'amines secondaires et tertiaires[11]): **216** ('43) 771f. — Sur quelques dérivés présumés cis, de type CH_2X–CH=CH–CH_2X[51]): **222** ('46) 326–28. — Interprétation théorique de l'action des amines sur les cétones α,α'-diacétyléniques[13]): **224** ('47) 1232f. — Polarité et empêchement stérique: transmission de l'influence des résonateurs par les doubles liaisons[34]): **226** ('48) 1626–28. — Sur la transposition propargylique[21])[26]): **230** ('50) 1186–88. — Les doubles décompositions entre halogénure organique et sel d'argent considérées comme des substitutions électrophiles: **236** ('53) 288–90. — Le processus élémentaire des réactions organiques. Sur une question de nomenclature: **238** ('54) 245–47. — La substitution de l'aluminium au magnésium dans la réaction de Grignard[21]): **239** ('54) 282–84. — Sur la préparation simultanée des deux chlorocétones isomères R-CHCl-CO-CH_3 et R-CH_2-CO-CH_2Cl[19]): **240** ('55) 2243–45. — Sur l'emploi d'une méthode cinétique à la détermination d'une constante d'équilibre[22]): **242** ('56) 2234–36. — Etude cinétique de l'action de l'acétate de sodium sur le chlorure de diméthyl-heptyle en milieu acétique glacial[30]): **243** ('56) 1893–95. — Démonstration théorique de l'inexistence de réactions de substitution nucléophile monomoléculaire: **244** ('57) 1646–48. — Vers une connaissance des processus de formation et de réaction des organométalliques[21])[2]): **245** ('57) 2054–56. — Sur l'emploi de la transposition allylique généralisée à la détermination des processus de la transposition allylique simple[40]): **246** ('58) 431–33. — Etude cinétique d'une réaction des chlorures homoallyliques métamères[22]): **248** ('59) 3450–52. — Sur la détermination des constantes de vitesse des réactions solvolytiques en milieu hydroxylé[22]): **250** ('60) 1483–85. — Sur une méthode originale pour éliminer l'effet perturbateur de l'acide chlorhydrique sur l'alcoolyse des chlorures organiques[22])[30])[44]): 3168–70. — Etude des spectres infrarouges des solutions d'organométalliques allyliques[25]): **252** ('61) 1023–25. — Nouvelles remarques sur la réaction entre le benzoylméthylènetriphénylphosphorane et le bromure de phénacyle[50])[45]): **253** ('61) 491–93. — Sur l'action d'acylméthylènetriphénylphosphoranes sur le benzoyldiazométhane[50])[45]): **254** ('62) 696f. — L'emploi du tertiobutylate de sodium dans l'alcool tertiobutylique anhydre comme agent d'isomérisation des carbures acétyléniques[47]): **255** ('62) 948f. — Etude des alcools α-insaturés obtenus par condensation thermique du formol sur les oléfines[1]): 1623–25. — Sur la formation des méthylènes 4-pyrannes substitués par action des acylméthylènetriphénylphosphoranes sur les chlorures d'acides et sur les cétones alléniques[50])[45]): **257** ('63) 926–28. — Remarques sur l'absorption dans l'ultraviolet moyen de quelques aryl-2 quinoléines et de leurs dérivés[16])

[24]): **258** ('64) 954–57. — Sur l'isomérie de rotation des chlorures allyliques[37]): 4231–33. — Etude de la réaction de la semicarbazide sur l'acide déhydroascorbique[17]): 5873–76. — Réactions des acylméthylènetriphénylphosphoranes conduisant aux arylimino-4 pyrones[50]) [45]): 6167–70. — Quelques remarques sur les formes optiquement inactives: **260** ('65) 557–59. — Généralisation de la transposition allylique au cas des organométalliques α,γ-insaturés[41])[40]): 1442–45. — Sur la nature des processus électroniques circulaires[1])[3]): 3696–99. — Remarques sur l'inactivité optique[36]): 5273f. — Réactivité comparée des méthyl-2 pentène-3 cis et trans dans leur condensation avec l'anhydride maléique[1])[3])[28]): **261** ('65) 3837–39. — Influence du degré de substitution du carbone central sur la stabilité des carbanions allyliques[1])[3]): 4770–72.

C. R. hebd. Séances Acad. Sci., Paris, Sér. C Etude comparative de l'influence des groupements benzyle et méthyle dans la transposition allylique[40])[18]): **262** ('66) 488–91. — Hydrolyse des organomagnésiens crotyliques[1])[3]): 852–54. — Sur les processus réactionnels de la condensation de l'aldéhyde formique avec les oléfines par voie thermique et par voie catalytique[1]): **263** ('66) 153–56. — Formation du crotylcadmium à partir du crotylzinc par réaction d'échange[1]): 304–06. — Protolyses du dicrotylmagnésium dans l'éther[1])[9]): 1554f. — Remarques sur la composition des mélanges d'hydrocarbures de doublement de motifs allyliques. Réaction du chloro-3 butène-1 et des chloro-1 butènes-2 sur le dicrotyle magnésium [14])[22])[25]): **264** ('67) 918–20. — Remarques sur la formation des organométalliques solvatés[14]) [22])[25]): **266** ('68) 562–64. — Isomérisation basique d'heptènes[47]): 1171–74. — Remarques sur l'étude par spectroscopie d'absorption infrarouge d'interactions entre acides de Lewis et dérivés carbonylés[22])[25])[53]): 1465–67. — Remarques sur l'oxydation par l'air de quelques organométalliques α-éthyléniques solvatés[14]) [22])[25]): 1617–19. — Remarques sur les différences de réactivité des éthylates de lithium, sodium, potassium, rubidium et césium dans leur action sur des éthers halohydriques[14])[22]): **270** ('70) 340–42.

Industrie chim. belge Les processus élémentaires de la réaction organique, 1: **23** ('58) 1099–104; ~ 2: Les processus intermédiaires ou mésomécanismes: 1231–38; ~ 3: Attaques concertées, critiques des transferts électroniques circulaires: **24** ('59) 3–12.

Information sci. Structure et valence: **2** ('47) Nr. 1, S. 1–. — La valence et l'enseignement: **6** ('51) Nr. 1, S. 1–.

Nucléus [Paris] Mécanisme de la réaction organique: **1** ('60) Nr. 2, 88–92.

Physique et Chim. Les mécanismes de la substitution nucléophile en chimie organique: **1961**, No. spéc., 111–21.

Revue gén. Sci. pures et appl. Gustave Vavon (1884–1953): **60** ('53) 5–7.

Revue Sci. méd. [Paris] De la valeur et de la certitude des formules chimiques: **1949**, Nr. 4, S. 2–.

Science [Paris] La réforme de la licence de chimie: **1959**. — Le processus élémentaire des réactions organiques: **1960**, Jan./Febr.-Nr., 43–65.

Einige weitere Beiträge in Kongreßberichten.

Mit: [1]) C. Agami; [2]) M. Andrac; [3]) M. Andrac-Taussig; [4]) F. Arcamone; [5]) E. Balla; [6]) F. Bardone-Gaudemar; [7]) F. Bidon; [8]) R. Boyer; [9]) M. Brun; [10]) S. Catala; [11]) H. Cerf de Mauny; [12]) –; [13]) J. Chauvelier; [14]) S. Czernecki; [15]) P. Donzelot; [16]) J. Filippi; [17]) M. Fleury; [18]) M. François; [19]) Y. Gaoni; [20]) F. Gaudemar; [21]) M. Gaudemar; [22]) C. Georgoulis; [23]) M. Gouge; [24]) P. Grammaticakis; [25]) B. Gross; [26]) J. Honigberg; [27]) –; [28]) C. Justin; [29]) A. Kirrmann; [30]) J. Landais; [31]) M. Losson; [32]) R. Lutz; [33]) C. Malen; [34]) H. Martin; [35]) L. Martineau; [36]) R. Maurel; [37]) E. Meléndez; [38]) A. Michon; [39]) L. Miginiac; [40]) P. Miginiac; [41]) L. Miginiac-Groizeleau; [42]) H. Robert; [43]) P. Seguin; [44]) M. Siemiatycki; [45]) M. Simalty-Siemiatycki; [46]) E. Singer; [47]) W. Smadja; [48]) A. Sommière; [49]) P. Souchay; [50]) H. Strzelecka; [51]) A. Valette; [52]) J. Wiemann; [53]) J. C. Ziegler; [54]) R. Gimel; [55]) Ou Kiun Houo; [56]) F. Alonso Cermeño; [57]) J. Aubouet.

IV–VI **PRICE**, Thomas Slater. Chem. –1931–40 Prof., '40 Prof. Emer., Heriot-Watt College, Edinburgh; '24–27 Vice-Pres., Roy. Inst. of Chem.; '26–29 Vice-Pres., Roy. Photographic Soc; '31–34 Vice-Pres., Chem. Soc.

*1875, Aug. 24, Wednesbury, Staffordshire;

†1949, Okt. 29, Ratho, Midlothian.

Zur Biogr. Nature [London] **145** ('40) 926.

Nekr. J. Kendall, Obituary Notices Fellows roy. Soc. London **7** ('50/51) 469–74 (m. Bildn., Faks. u. Schr.verz.). — H. B. Nisbet, J. chem. Soc., London **1950**, 1640; Nature [London] **164** ('49) 1116. — Yearb. roy. Soc. Edinburgh **1951**, 50.

W. Course of practical organic chemistry (m. D. F. Twiss) [4](London–NewYork '35) 13 + 238 S.

Photographic J. Silver iodide and sensitivity: (N. S.) **59** ('35) 447–49.

V,VI **PRIDEAUX**, Edmund Brydges Rudhall. Chem. (anorg., physikal.). — 1914–46 Reader, Univ. College of Nottingham.

*1878, Apr. 27, Barbados, West Indies;

†1946, Mai 8, Upmoor, Canford Cliffs, Bournemouth.

Nekr. B. D. Shaw, J. chem. Soc. [London] **1947**, 1426f. – Nature [London] **157** ('46) 866f.

W. A textbook of inorganic chemistry (J. A. N. Friend) **6**, 2: Phosphorus (London '34) 28+238 S. – A laboratory course in elementary chemistry (m. F. C. Laxton) (NewYork–London '35) 258 S.

Analyst The precipitation of aluminium hydrous oxide and its solubility in ammonia[4]): **65** ('40) 83–87.

Cement and Cement Manufacture The corrosion of Portland cement in water[7]): **8** ('35) 288–301.

Chemistry and Industry Parachors of the hexafluorides of the sulfur group: **12** ('34) 351. – Chemical education in England and Germany – a comparison: 541–44. – Intermolecular sharing of hydrogen: **19** ('41) 145f.

J. chem. Soc., London Rhythmic turbidity in the precipitation of barium sulphate[1]):**1936**, 1214–19. – Combination of fatty acids with nitrogen bases, 1: Piperidine and lower fatty acids: surface tensions, molecular volumes, and parachors[2]): 1346–53; ∼ 2: Piperidine and lower fatty acids: conductivities and viscosities of liquid anhydrous salts[2]): **1937**, 4–10; ∼ 3: Molecular weight, surface tensions, viscosities, and conductivities in benzene of the system: piperidine – propionic acid[2]): 462–65; ∼ 4: Diethylamine and propionic acid: densities, surface tensions, conductivities, and viscosities of the liquid anhydrous system[2]): 1022–26. – The acid fluorides of the alkali metals, 1: Acid fluorides of rubidium[9]): 1–4; ∼ 2: The higher acid fluorides of rubidium, and the thermal diagram of the RbF–HF system[9]): **1939**, 111–16. – The molecular volumes and parachors of mercuric halides and their group relationships[6]): **1938**, 1203–05. – Diffusion potentials and mobilities of multivalent ions: $K_4Fe(CN)_6$ and $K_3Fe(CN)_6$: **1944**, 606–11.

J. Soc. chem. Industry, Trans. The corrosion of cement,1:Portland cement and water[7]): **54** ('35) 348–54; ∼ 2: The effect of carbonic acid; aluminous cement[7]): **55** ('36) 117–19.

Proc. chem. Engng. Group Soc. chem. Industry The corrosion of cement by waters and the effect of carbonic acid[7]): **18** ('36) 40–43.

Proc. roy. Soc. London, Ser. B The combination curves, hydrogen ion regulating power and equivalents of ovalbumin[10]): **110** ('32) 359–61. – The combination curves, hydrogen ion regulating powers and equivalent of serum albumin[10]): **111** ('32) 201–09. – Studies in insulin, 1: Kataphoresis of insulin alone and in presence of glucose with some reference to the question of an insulin–glucose reaction in vitro[5]): **112** ('32/33) 13–24. – The isoelectric point of serum-globulin as determined by kataphoresis[5]): 24–27. – The effect of deamination on the combination curves of serum albumin and globulin[10]): **114** ('33/34) 110–23.

School Sci. Rev. The synthesis of ammonia: **17** ('35/36) 191–202; ∼ 2: 331–40.

Trans. Faraday Soc. The electrophoresis of agar-gold sols[5]): **28** ('32) 79–83. – Electrochemical character of insulin[3])[5]): **30** ('34) 407–13. – Diffusion potentials and mobilities of ionized gelatin. Acid and neutral solutions: **31** ('35) 349–59; ∼ 2: Neutral and alkaline solutions: **32** ('36) 576–82. – The proton affinities of sparingly soluble bases: Benzidine[8]): 963–66. – Heat of combination of liquid bases with liquid acids to form liquid salts: Piperidine and some aliphatic acids[2]): **33** ('37) 1533–40. – Mobility of quinine ions, with some notes on the permeability of cellophane: **38** ('42) 121–28.

Mit: [1]) G. E. L. Carter; [2]) R. N. Coleman; [3]) E. A. Harvey; [4]) J. R. Henness; [5]) F. O. Howitt; [6]) J. R. Jarratt; [7]) B. G. Limmer; [8]) J. H. Parkinson; [9]) K. R. Webb; [10]) D. E. Woods.

VI **PRIESTER,** George Charles. Techn. Mech. — 1912–24 Assist. Prof., '24–29 Assoc. Prof., '29–53 Prof., '40–53 Head of Departm., Univ. of Minnesota, Minneapolis, Minn. (⊠)

*1885, Febr. 1, Guttenberg, Iowa.

VI **PRINCE,** David Chandler. Elektrotechn. — Stud., 1913 M. S., Univ. of Illinois, Urbana, Ill.; '14–17 Assist., then Electr. Engr., State Public Utility Commiss. of Illinois; '19–23 Engr., Radio Departm., '23–31 Engr., Research Labor., '31–40 Chief Engr., Switch-gear Departm., '41–45 Vice-Pres., Apparatus Departm., '45–51 Vice-Pres., General Engng. and Consulting Labor., General Electric Co., Schenectady, N.Y.; '51– Electr. and Mech. Consulting Engr.; '41 Pres., Amer. Inst. of Electr. Engineers. — '43 Hon. Sc. D. (Union Univ., Schenectady, N.Y.). — '50 Modern Pioneer Award (National Assoc. of Manufacturers); '46 Lamme Medal (Amer. Inst. of Electr. Engineers). (⊠)

*1891, Febr. 5, Springfield, Ill.

W. Redresseur à vapeur de mercure; propriétés, utilisation, construction (m. F. B. Vogdes, O. Gramisch) (Paris '36) 20 | 213 S. [Übersetzung der deutschen Bearbeitung (München '31) des englischen Originals: Principles of mercury arc rectifiers and their circuits (New York '27)]. – Post-defense readjustments (Washington, D. C. '41) 15 S. (Construction and Civic Development Department, Chamber of Commerce of the United States).

Bull., Edison electr. Inst. Partnership between manufacturers and the power industry is vital now: **9** ('41) 293–97.

Electrical Engng. [USA] European switchgear developments: **57** ('38) 155–63. — The current-limiting power fuse[6]): **58** ('39) Nr. 1, Trans., 11–14, 15–18.

Electrical World Impulse breaker has bushing dimensions: **103** ('34) 218. — To interrupt high voltage in three cycles[2]): 795–98. — Capacity splits voltage for 8-break breakers: **106** ('36) Nr. 26, S. 46–.

General Electric Rev. A compression-type low-voltage air circuit breaker: **36** ('33) 315–18. — Immediate initial reclosure of oil circuit breakers[1]): **38** ('35) 258–62. — Further development in oil-blast circuit breakers: 415–21. — A 120,000-exposure-per-second camera[4]): **42** ('39) 391–.

Trans. amer. Inst. electr. Engr., Part 3 A new 115-kV stored-energy-type capacitor switch[5])[3])u.a.): **73** ('54) A731–A735.

Einige weitere Publikationen.

Mit: [1]) A. E. Anderson; [2]) E. W. Boehne; [3]) W. H. Clagett; [4]) W. K. Rankin; [5]) P. Wildi; [6]) E. A. Williams, jr.

VI **PRINS,** Ada. Chem. (physikal., analyt.). — 1908–42 Lehrerin an d. Höheren Bürgerschule u. am Lyzeum, Den Haag; '20–36 Privatdoz., Univ. Leiden.

*1879, Sept. 18, Amsterdam;

†1977, Juli 20, Leidschendam.

Bildn. (Gruppenaufnahme) Chemisch Weekbl. **50** ('54) 758.

Zur Biogr. M. C. van der Kolf, Zeventig jaar vrouwenstudie (Rotterdam '50) 51.

Todesanzeige Chemisch Weekbl. **73** ('77) Nr. 36.

W. Leidraad voor de anorganische en organische scheikunde met toepassing in industrie en huishouding (m. G. P. de Groot) [2](Rotterdam '35) 5+239 S. — Beknopte leidraad voor de qualitatieve chemische analyse [4](Amsterdam '35) 11+120 S.; [5]('42) 124 S.; [6]('47); 7. Aufl. (m. E. Verboom) [7]('52) 11+128 S.

Recueil Trav. chim. Pays-Bas Sur la difficulté d'obtenir une idée du mécanisme d'une réaction par la détermination de la vitesse: **51** ('32) 576–78.

VI **PRINS,** Hendrik Jacobus. Chem. — 1924–26 Leitender Mitarbeiter, '26– Betriebsleiter, '32–40 Direktionsmitglied, '45– Dir., N.V. Nederlandse Thermochemische Fabrieken, Amsterdam u. Bergum. — '51 Offizier d. Ordens von Oranien-Nassau (Niederländ. Regierung).

*1889, Mai 18, Zaandam;

†1958, Jan. 14, Hilversum.

Nekr. H. Gerding, Chemisch Weekbl. **54** ('58) 401–03 (m. Bildn. u. Schr.verz. 86 Nrn.).

W. Wetenschappelijke grondslagen der technocratie (Amsterdam '39) 44 S.

Chemisch Weekbl. Einiges über die katalytisch wirksame Oberfläche, 1: **29** ('32) 66–72 [niederländ.]; ∼ 2: 89–92 [∼]. — Das Rühren im Laboratorium: **35** ('38) 34, 236f. [∼].

Recueil Trav. chim. Pays-Bas Die Anlagerung von Formaldehyd an Di-, Tri- und Tetrachloräthen: **51** ('32) 469–74. — Synthesen von hochchlorierten Kohlenwasserstoffen und die katalytische Wirkung von Aluminiumchlorid: 1065–80. — Syntheses of polychloro-compounds with aluminium chloride, 1: The condensation of chloroform with tetrachloroethene: **54** ('35) 249–52; ∼ 2: The catalytic action of aluminium chloride in the reaction between chloroform and dichloroethene[2]): 307–12; ∼ 3: The condensation of chloroethanes with chloroethenes: **56** ('37) 119–25; ∼ 4: The condensation of hexachloropropene with 1,2-dichloroethene: 779–84; ∼ 5: The condensation of hexachloropropene with trichloroethene: **57** ('38) 659–66; ∼ 6: The elimination of hydrogen chloride from polychloro-compounds and the formation of cyclic compounds; the synthesis of perchlorocyclopentadiene: **65** ('46) 455–67; ∼ 7: The autocondensation of 1,2,3,3-tetrachloropropene-1: **68** ('49) 217–19; ∼ 8: Decachlorohexadiene-1,5, its isomerisation, cyclisation and cleavage: 419–25; ∼ 9: Cyclic polychloro-compounds of formula C_6Cl_8: 898–902; ∼ 10: The preparation of octochlorocyclopentene by the direct condensation of trichloroethene and carbon tetrachloride: **69** ('50) 1003–06; ∼ 11: The reaction between carbon tetrachloride and 1,2-dichloroethene: **72** ('53) 253–61; ∼ 12: The condensation of formaldehyde, chloromethyl methyl ether and of sym.-dichlorodimethyl ether with 1,2-dichloroethene: 551–57: ∼ 13: The condensation of formaldehyde, sym.-dichlorodimethyl ether and chloromethyl methyl ether with trichloroethene and with tetrachloroethene: 867–77; ∼ 14: The condensation of chloral with 1,2-dichloroethene[4]): **73** ('54) 479–95; ∼ 15: The condensation of chloral with trichloroethene: **75** ('56) 1347–57. — Determination of the structure of some tetrachloropropenes by means of Raman spectra[3])[5]): **65** ('46) 165–67. — The Raman spectrum of hexachlorocyclopentadiene C_5Cl_6[3])[1]): 168–73. — Raman effect study of the two hexachloroketocyclopentenes C_5Cl_6O[1])[3]): 174–83. — The Raman spectra of some polychloro-compounds of formula C_6Cl_8[1])[3]): 184–89. — The Raman spectrum of the compound C_6Cl_6O[1])[3]): 190–92. — The preparation of the two hexachlorocyclopentenones: **68** ('49) 384–86. — The acid-catalyzed Cannizzaro reaction of formaldehyde: **71** ('52) 1131–36.

Mit: [1]) H. van Brederode; [2]) F. J. W. Engelhard; [3]) H. Gerding; [4]) H. G. Haring; [5]) G. W. A. Rijnders.

VI **PRINS,** Jan Albert. Physik, Meteorol., Klimatol. — Stud., 1927 Dr., '28–36 Lektor, Univ. Groningen; '36– ord. Prof., Staatl. Landwirtsch. Hochsch. Wageningen; '46– ord. Prof., Techn. Hochsch. Delft. (⊠)

*1899, April 18, Grouw, Friesland.

H. (Redakt.) Eerste Nederlandse systematische encyclopaedie in tien deelen, **4**: Wiskunde, natuurkunde, scheikunde, sterrekunde (Amsterdam '49). — Physics of non-crystalline solids. Proc. of the international conference, Delft 1964 (Amsterdam–NewYork '65); darin eig. Beitr.: 1–11: Structure of non-crystalline solids.

S. Selected topics in x-ray crystallography from the Delft x-ray institutes (J. Bouman) (Amsterdam–NewYork '51) (Monographs on theoretical and applied physics, 3) 189–210: The amorphous state of some elements (Hg, Sb, Se, S). — Non-crystalline solids [Conference, Alfred, N. Y., 1958] (V. D. Fréchette) (New York '60) 322–27: Amorphous sulfur and selenium. — C. R. VIIe Congrès international du verre, Bruxelles 1965, **1** (Charleroi–New York '65) M.I.3–M.I.3.5: Amorphe Stoffe, insbesondere Schwefel und andere Elemente [ ].

W. Grondbeginselen von de hedendaagse natuurkunde (Groningen '34) 240 S.; [2]('39) 206 S.; [3]('41) 305 S.; [5]('46); [6]('49); [7, 8]('55) 320+5 S.; [9]('59); [10]('63); [11]('67) 340+4 S. — Water (Groningen '36) 16 S. [Antrittsvorlesung, Landwirtschaftliche Hochschule Wageningen]. — De veelzijdigheid van de warmteleer (Delft '46) 15 S. [Antrittsvorlesung, Technische Hochschule Delft].

Applied sci. Res., Sect. A Heat transfer in laminary flow between parallel plates[13])[21]): **2** ('51) 431–38. — Temperature distribution at the end of a hot wire[21])[4]): **3** ('52) 272–78. — Thermal convection in laminary boundary layers, 1[12]): **4** ('53) 11–24; ~ 2[12]): 195–206; ~ 3[12]): 207–21. — Heat transfer at very low Grashof and Reynolds numbers[2])[7])[25])[12])[21]): **6** ('56) 82–84.

Chemisch Weekbl. Die Molekülanordnung in amorphem Antimon: **32** ('35) 348f. [niederländ.]. — Untersuchung von Lösungen durch Streuung von Röntgenstrahlen: **35** ('38) 866–68 [~].

Current Sci. x-Ray diffraction in liquids: Special number ('37) 31–34.

Hemel en Dampkring Künstliche Kränze: **38** ('40) 244–46 [niederländ.]. — Registrierende meteorologische Instrumente an der Landwirtschaftlichen Hochschule in Wageningen [14]): 377–84 [~].

IID Communicationes Henri Lafontaine[16]) u.a.): **1** ('34) Nr. 2, 6–14.

Ingenieur ['s Gravenhage] Institut International de Documentation (I.I.D.): Die Konferenz der Fachleute, 's Gravenhage 1936: **51** ('36) A263, A296 [niederländ.]. — Patentschutz und Technik: **52** ('37) A155–A161 [~]. — Temperaturmessung in der Industrie, 2: Temperaturdefinitionen: **66** ('54) Nr. 46, 0.80–0.82 [niederländ. m. engl. Zusammenfassg.].

J. chem. Physics Molecular arrangement and x-ray diffraction in ionic solutions: **3** ('35) 72–80, 362. — Thermodynamic substitution group and its representation by the rotations of a square: **16** ('48) 65f.

Materials Res. Bull. Characterization of amorphous substances: **3** ('68) 217f. — Screw and ring molecules in amorphous and crystalline chalcogens, S, Se, Te [1])[20])[26]): 219–22.

Mededeelingen Landbouwhogeschool Wageningen, Verh. Der tägliche Gang und die Statistik des Niederschlags in Wageningen und De Bilt[29])[28]): **47** ('42/46) Nr. 4, 12 S. [niederländ.]. — Die Sonnenscheinintensität in Wageningen und Den Helder: Nr. 5, 4 S. [~]. — Meteorologische Beobachtungen in Wageningen bis 1. Januar 1946 und Helligkeitsmessungen am Himmel in Arnhem[19]): **48** ('47) Nr. 3, 84 S. [~]. — Die totale globale Strahlung in Wageningen und De Bilt[19]): **49** ('48/49) Nr. 2 [~].

Nature [London] Diffraction of electrons in amorphous and in crystalline antimony: **131** ('33) 760f. — Latitude effect of cosmic radiation: **132** ('33) 781. — Transitions to optical levels in the argon L x-ray absorption spectrum: **133** ('34) 795f. — Spectrum of chlorophyll: **134** ('34) 457f. — Amorphous antimony: **136** ('35) 299. — Heat transfer from water to ice by thermal convection[4])[12]): **172** ('53) 460f. — Plastic sulphur[21]): 957. — Apparent velocity of alpha particles in cloud chambers[9]): **177** ('56) 487. — Polymorphism of alkyl sulphate soaps[18]): 535f.

Nederlands(ch) Tijdschr. Natuurkunde Strukturuntersuchung von Flüssigkeiten mit Röntgen- und Elektronenstrahlen: **3** ('36) 47–50. — Die molekulare Anordnung in Flüssigkeiten: **7** ('40) 194–202. — Die älteren wissenschaftlichen Arbeiten von Prof. Dr. F. Zernike: **19** ('53) 314–19. — Röntgenapparatur von großer Leistung an der Technischen Hochschule Delft[6]): **24** ('58) 99f. — Die Kommission „Physikalische Fachsprache“ in der Niederländischen Naturwissenschaftlichen Vereinigung: **25** ('59) 202–07. — Rückprall einer ideal starren Kugel: **32** ('66) 12. – Berechnung des starren Stoßes: 233f. – – Alle Arbeiten niederländ.

Physica Absolute Wellenlängenmessungen von Röntgenstrahlen, I[8]): **12** ('32) 1–14 [m. engl. Zusammenfassg.]; ∼ 2: 15–18 [∼]. – x-Ray diffraction in cork: [N. S.] **1** ('34) 752. – x-Ray dispersion in nickel by the method of total reflection[11]): 881–88. – x-Ray diffraction in ionic solutions: 1171–73. – La structure des discontinuités d'absorption de quelques gaz dans la région intermédiaire (10–100 Å): 1174–80. – Strahlungsdämpfung und Breite der Röntgenlinien: **2** ('35) 231–38. – x-Ray evidence on the ionic arrangement in thorium nitrate solutions[5]): 570–72. – Note on x-ray diffraction in some long chain aliphatic liquids[5]): 573f. – La diffraction des rayons x dans quelques solutions[5]): 1016–28. – Theoretical diffraction patterns corresponding to some simple types of molecular arrangement in liquids[15]): **3** ('36) 147–53. – Diamagnetism of amorphous antimony[24]): 1164. – Etude aux rayons x du sélénium vitreux et de sa cristallisation[3]): **4** ('37) 900–08. – Cristallisation par pulvérisation[3]): **6** ('39) 1009f. – Beugungstheorie und trichromatische Darstellung der Regenbogenfarben[19]): **11** ('44/45) 49–60 [niederländ.]. – Trichromatic specification of interference colours[19]): **12** ('46) 396–401. – A thermodynamical substitution group: **13** ('47) 417–21. – x-Ray diffraction in liquid sulfur[17]): **15** ('49) 696–702. – Heat conduction by powders in various gaseous atmospheres at low pressure[21]) [22]): **16** ('50) 379f. – Factors affecting the choice between cubical and hexagonal close packing[4])[25]): **18** ('52) 307–14. – x-Ray diffraction in liquid sulfur: **20** ('54) 124–28. – On decimal prefixes: **22** ('56) 386. – Dépolarisation et intensité de la lumière diffusée par les liquides à molécules anisotropes[18]): 576–78. – The x-ray diagram of fibrous sulfur[21])[10]): 770–72. – Influence of molecular orientation on x-ray and optical scattering by liquids[18]): **23** ('57) 253–58. – The structure of fibrous sulfur[21])[27]): 746–52. – On practical and atomic units: **28** ('62) 117f. – Some new data on the structure of fibrous sulfur[26]): **29** ('63) 328–30, 884.

Plastica ['s Gravenhage] Sulfur as a plastomer[21]): **6** ('53) 216–19 [niederländ. m. engl., französ. u. deutscher Zusammenfassg.].

Trans. Faraday Soc. Some new results and general interpretation of diffraction by amorphous substances: **33** ('37) 110–12.

Versl. gewone Vergad. Afd. Natuurkunde, Koninkl. nederl. Akad. Wet. Amorphe Stoffe, speziell Schwefel und Selen: **74** ('65) 52f. [niederländ.]. – Neue Ring- und Schraubenmodifikationen bei Schwefel und seinen Homologen: **76** ('67) 46–50 [∼].

Z. Kristallogr., Kristallgeom., Kristallphysik, Kristallchem. Elektronenbeugung und Struktur dünner Metallschichten: **86** ('33) 301–03.

Z. Naturforsch. Über den amorphen Zustand: **6a** ('51) 276f.

Z. Physik Die M-Reihe im ultraweichen Röntgengebiet[23]): **75** ('32) 741–45. – Einfluß der Abschirmung auf die Intensitäten der Röntgendiagrammlinien: **77** ('32) 478–88. – Die Emissionsreihen im ultraweichen Röntgengebiet[23]): 795–800. – Die Struktur einiger ultraweicher Röntgenlinien: **81** ('33) 507–15. – Die L, M- und N-Absorption im ultraweichen Röntgengebiet[23]): **84** ('33) 65–74. – Bemerkung zu einer Arbeit von F. Jentzsch und H. Steps: „Die Winkelabhängigkeit des Brechungsindex bei Röntgenstrahlen": **92** ('34) 690f.

Mit: [1]) J. E. van Aken; [2]) H. L. Beckers; [3]) W. Dekeyser; [4]) J. M. Dumoré; [5]) R. Fonteyne; [6]) G. M. Fraase Storm; [7]) L. W. ter Haar; [8]) J. D. Hanawalt; [9]) S. A. Hempenius; [10]) P. A. M. Hospel; [11]) A. J. Lameris; [12]) H. J. Merk; [13]) J. Mulder; [14]) P. K. Peerlkamp; [15]) H. Petersen; [16]) A. F. C. Pollard; [17]) N. J. Poulis; [18]) W. Prins; [19]) J. J. M. Reesinck; [20]) R. Reijnhart; [21]) J. Schenk; [22]) A. J. G. L. Schram; [23]) A. J. Takens; [24]) P. Teunissen; [25]) L. T. Tjoan; [26]) F. Tuinstra; [27]) L. H. J. Wachters; [28]) C. H. M. van Bavel; [29]) D. A. de Vries.

IV,VI **PRIOR,** George Thurland. Mineral. — 1909–27 Keeper of Minerals in the British Museum (Natural History), London; '09–27 General Secretary, '27–30 Pres., Mineralogical Soc., London; '21–23 Vice-Pres., Geological Soc., London. — 1900 Wollaston Fund, '27 Murchison Medal (Geological Soc., London).

*1862, Dez. 16, Oxford;

†1936, März 8, Hatch End, near London.

Nekr. W. Bragg, Proc. roy. Soc. London, Ser. A **157** ('36) 701. – L. J. Spencer, Mineralogical Mag. and J. mineral. Soc. **24** ('35/37) 296–99 (m. Bildn. u. Schr.verz.-Auszug); Obituary Notices Fellows roy. Soc. London **2** ('36) 151–59 (m. Bildn., Faks. u. Schr.verz.); Quarterly J. geol. Soc. London **92** ('36) CXIII–CXV. – W. C. S., Nature [London] **137** ('36) 485.

W. Catalogue of meteorites. With special reference to those represented in the collection of the British Museum (Natural History)(M.H. Hey) [2](London '53) 28+432 S.

III–VI **PRITCHETT,** Henry Smith. Astron. — 1906–30 Pres., '30 Pres. Emer., Carnegie Foundation for Advancem. of Teaching, New York. — '22 Chevalier de

la Légion d'Honneur (France). (⊠)
*1857, April 16, Fayette, Howard Co., Mo.;
†1939, Aug. 28.

Nekr. Publ. astron. Soc. Pacific **51** ('39) 304.

Zur Biogr. A. Flexner, Henry S. Pritchett. Biography (New York '43, Oxford '44) 211 S.

Atlantic Monthly What's wrong with congress?: **155** ('35) 288–94.

VI **PRIVALOV,** Ivan Ivanovič. Math. — Bis 1913 Stud., '16–17 wiss. Mitarbeiter, '22– Prof., I. Staatsuniv. Moskva; '18–22 Prof., Univ. Saratov; ferner Lehrtätigkeit an der Luftflotten-Militärakad. „N. E. Žukovskij", Moskva. (⊠)
*1891, Febr. 11 (Jan.30), Nižnij Lomov,
†1941, Juli 13, Moskva.

Nekr. V. Stepanov, Izvest. Akad. Nauk SSSR, Ser. mat. **5** ('41) 389–94 (m. Schr.verz. 79 Nrn.).

S. Bol'šaja sovetskaja ėnciklopedija [Große Sowjetenzyklopädie] **59** (Moskva '35) 300–03: Funktionen einer komplexen Veränderlichen [russ.]. — Matematika i estestvoznanie v SSSR. Očerki razvitija matematičeskich i estestvennych nauk za dvadcat' let [Mathematik und Naturwissenschaften in der UdSSR. Studien zur Entwicklung der Mathematik und Naturwissenschaften seit 20 Jahren] (Moskva–Leningrad '38) 30–35: Theorie der Funktionen einer komplexen Veränderlichen[3]) [russ.].

W. Analitičeskaja geometrija [Analytische Geometrie] [4](Moskva–Leningrad '32) 188 S., [5]('33) 188 S., [7]('34) 256 S., [8]('35), [9]('36) 262 S., [10]('37) 248 S., [11]('38), [12]('39) 232 S., [13]('42) 252 S., [14]('44) 304 S., [15]('48), [16]('49) 312 S., ..., [18](Moskva '53) 360 S., [19]('54) 300 S., [20]('55), [21]('56), [22]('57), [23]('58), [24]('59), [25]('60), [26]('61) 299 S., [27]('62) 272 S., [28]('63), [29]('64), [30]('66) 272 S.; grusin.: (Tbilisi '34) 210 S.; beloruss.: (Minsk '35) 211 S.; ukrain.: (Charkiv-Kyïv '35) 245 S., (Charkiv '37) 275 S., (Kyïv '53) 292 S.; armen.: (Erevan '40) 280 S., ('55) 300 S., ('61) 322 S.; usbek.: (Taškent '47) 330 S.; aserbaidshan.: (Baku '50) 276 S., ('55); tadshik.: (Dušanbe '69) 268 S. — Vvedenie v teoriju funkcij kompleksnogo peremennogo [Einführung in die Theorie der Funktionen einer komplexen Veränderlichen] [2](Moskva–Leningrad '32) 310 S., [3]('33), [4]('35) 386 S., [5]('38) 352 S., [6]('40) 408 S., [7]('45) 400 S., [8]('48) 451 S., [9](Moskva '54) 444 S., [10]('60), [11]('67) 444 S.; ukrain.: (Charkiv '38) 380 S.; tschech.: Analytické funkce (Praha '55) 517 S.; deutsch: Einführung in dieFunktionentheorie **1**(Leipzig '58) 4+163 S. (Mathematisch-naturwissenschaftliche Bibliothek, 21), ('64), ('67); **2** ('59) 5+194 S. (~22), ('65), ('69), **3** ('59) 5+188 S. (~23), ('66), ('70); moldauisch: (Kišinev'69) 468 S.; armen.: (Erevan '70) 354 S. — Rjady Fur'e [Fouriersche Reihen] [3](Moskva–Leningrad '34) 164 S. — Stenogramma lekcij po vysšej matematike [Stenographische Nachschrift von Vorlesungen über höhere Mathematik] (Voenno-vozdušnaja akademija im. N. E. Žukovskogo) **1** (Moskva '33) 175 S. (lithogr.); **2** ('34) 3+239 S. (~); **3** ('34) 214 S. (~). — (Bearb.) K. A. Posse, Kurs integral'nogo isčislenija [Lehrgang der Integralrechnung] [2](Moskva–Leningrad '34) 484 S., [3]('38) 448 S., [4]('39) 480 S.; ukrain.: (Kyïv–Charkiv '38) 528 S.; armen.: (Erevan '46) 718 S. — (Bearb.) K. A. Posse, Kurs differencial'nogo isčislenija [Lehrgang der Differentialrechnung] [2](Moskva–Leningrad '35) 376 S., ..., [4]('38) 359 S., [5]('39) 356 S.; ukrain.: (Kyïv–Charkiv '38) 368 S.; armen.: (Erevan '41) 506 S., ('42), ('47) 512 S.; aserbaidshan.: (Baku'44) 413S. — Integral'nye uravnenija [Integralgleichungen] (Moskva–Leningrad '35) 248 S., [2]('37) 248 S. — Osnovy analiza beskonečno malych [Grundlagen der Analysis] Posobie dlja učitelej [Lehrbuch für Lehrer] (m. S. A. Gal'pern) (Moskva '35) 155 S.; ab 2. Aufl. m. d. Untertitel: Posobie dlja samoobrazovanija [Lehrbuch für das Selbststudium] [2]('49) 239 S., [3]('59) 251 S., [4]('66) 256 S. — Subgarmoničeskie funkcii [Subharmonische Funktionen] (Moskva-Leningrad '37) 199 S. (Matematika v monografijach, Osnovnaja serija, 2). — Ėlementy teorii ėllipticeskich funkcij [Elemente der Theorie der elliptischen Funktionen] (Moskva '39) 48 S. (Moskovskij gosudarstvennyj universitet, Mechaniko-matematičeskij fakul'tet). — Graničnye svojstva odnoznačnych analitičeskich funkcij [Randeigenschaften eindeutiger analytischer Funktionen] (Moskva '41) 206 S.; 2. Aufl. u. d. T.: Graničnye svojstva analitičeskich funkcij (A. I. Markuševič) [2](Moskva–Leningrad '50) 336 S. (m. Bildn.); deutsch: Randeigenschaften analytischer Funktionen (Berlin '56) 8+247 S. (Hochschulbücher der Mathematik, 25).

C. R. (Dokl.) Acad. Sci. URSS Sur certaines questions de la théorie des fonctions subharmoniques, 1: **1935** I, 201–03 [russ. u. französ.]; ~ 2: **1935** II, 183–86 [~]. — Applications de la notion de mesure harmonique à certains problèmes de la théorie des fonctions: **18** ('38) 5–7. — Problèmes limites de la théorie des fonctions harmoniques et subharmoniques dans l'espace: 7f. — Différentes classes de fonctions subharmoniques considérées au point de vue de leur représentation analytique: 507–10. — Sur le principe de maximum généralisé pour les fonctions subharmoniques: **19** ('38) 29–31. — Sur les valeurs limites d'une fonction analytique: 663–65. — Sur les intégrales du type de Cauchy: **23** ('39) 859–63. — Sur l'intégrale du type de Cauchy-Stieltjes: **27** ('40) 195–97. — Sur la définition d'une fonction harmonique: **31** ('41) 102f. — Quelques applications de l'opérateur généralisé de Laplace: 104f.

C. R. hebd. Séances Acad. Sci., Paris Sur la théorie générale des fonctions polyharmoniques: **204** ('37) 328–30.

Izvest. Akad. Nauk SSSR Sur un problème limite de la théorie des fonctions: **1935**, 301–05 [russ. m. französ. Zusammenfassg.]. — Sur la généralisation d'une formule de Jensen, 1: 837–47 [~]; ~ 2: 848–56 [~].

Izvest. Akad. Nauk SSSR, Ser. mat. Sur certaines classes des fonctions subharmoniques et leur représentation analytique: **1938**, 191–220. — Sur une classe de fonctions subharmoniques en rapport avec sa représentation analytique: 303–12. — Quelques remarques dans la théorie des fonctions subharmoniques: **1939**, 7–12. — Sur le problème de Watson: 13–22. — Sur l'intégrale du type de Cauchy-Stieltjes: **4** ('40) 261–76. — Sur la définition d'une fonction subharmonique: **5** ('41) 281–84. — — Alle Arbeiten russ. m. französ. Zusammenfassg.

Izvest. naučno-issled. Inst. Mat. i Mech. tomsk. gos. Univ. Gegenwärtige Probleme der Theorie der Funktionen einer komplexen Veränderlichen: **1** ('35) 107–19 [russ.]. — Verallgemeinerung einer Methode von Lindelöf: 135–43 [~]. — On the limit values of a Cauchy-Stieltjes integral[1]): **2** ('38) 43–52 [russ. m. engl. Zusammenfassg.].

Matematičeskij Sborn. Sur un problème limite des fonctions subharmoniques: **41** ('34) 3–10. — Sur un problème limite de la théorie des fonctions analytiques: 519–26. — Sur certaines questions de la théorie des fonctions subharmoniques et des fonctions analytiques: 527–50. — Sur la théorie générale des fonctions harmoniques et subharmoniques: (N. S.) **1** ('36) 103–22. — Sur certains problèmes extrémaux des fonctions subharmoniques: 297–302. — Quelques remarques sur la théorie des familles normales de fonctions continues: **2** ('37) 739–44. — Sur la théorie générale des fonctions polyharmoniques[4]): 745–58. — Les problèmes limites de la théorie des fonctions harmoniques et sousharmoniques dans l'espace: **3** ('38) 3–25. — Sur quelques applications de la mesure harmonique des ensembles de points à certains problèmes de la théorie des fonctions: 527–33. — Sur quelques applications de la mesure harmonique à certains problèmes de la théorie des fonctions sousharmoniques: 535–41. — Sur les problèmes limites et les classes différentes de fonctions harmoniques et subharmoniques définies dans un domaine arbitraire[2]): **6** ('39) 345–76. — Sur le potentiel de double couche dans l'espace[5]): **9** ('41) 429–36. — On a theorem of S. Saks: 457–60 [engl. m. russ. Zusammenfassg.]. — Quelques applications de l'opérateur généralisé de Laplace: **11** ('42) 149–54. — Quelques remarques sur la théorie des fonctions subharmoniques: **12** ('43) 85–90. — — Alle Arbeiten (außer **9** ('41) 457–60) russ. m. französ. Zusammenfassg.

Mit: [1]) G. A. Brodskij; [2]) P. I. Kuznecov; [3]) M. A. Lavrent'ev; [4]) B. Pčelin; [5]) V. V. Sagateljan.

VI **PROCA,** Alexandre. Physik. — 1931–39 Maître de Recherche, '39–55 Dir. de Recherche, Centre Nation. de la Recherche Sci. — '56 (postume) Prix Bordin des sci. math. et physiques (Acad. Sci. Paris).

*1897, Okt. 16, Bucureşti;

†1955, Dez. 13, Paris.

Nekr. M.-A. Tonnelat, Nuclear Physics **1** ('56) 308–10 (m. Bildn. u. Schr.verz.-Auszug); Cahiers Physique **10** ('56) Nr. 68, 1–3 (m. Schr.verz.-Auszug). — G. S. Andonie, Gazeta mat. şi fizică A **11** ('59) 516–28 (m. Bildn. u. Schr.verz.).

Ue. (aus d. Deutschen) E. Schrödinger, Mémoires sur la mécanique ondulatoire (Paris '33) 26+237 S.

S. Causalité et finalité (Paris '44) (Science, langage, connaissance, 2): Particules élémentaires et lois de mouvement.

Annales Physique Sur la théorie relativiste de l'électron de Dirac dans un champ nul: (10) **20** ('33) 347–440 (Thèse de doctorat).

Bull. sci. roumain [Paris] Sur l'espace-temps des particules fondamentales et les espaces spinoriels sous-jacents: **1** ('52) 18–24.

C. R. hebd. Séances Acad. Sci., Paris Sur une nouvelle caractéristique de l'électron de Dirac: **194** ('32) 691–93. — Sur les grandeurs caractéristiques de l'électron de Dirac: 836–38. — Sur les solutions des équations de Maxwell pour le vide: **197** ('33) 1725–27. — Sur la mécanique quantique des photons: **198** ('34) 54–56; ~: Approximation de Pauli: 452–54. — Sur les particules qu'on peut associer à la propagation d'une onde de lumière: 643–45. — Sur la définition du champ électromagnétique par des potentiels et sur le moment magnétique de l'électron: **202** ('36) 641–43. — Sur la théorie du positron: 1366–68. — Sur les équations fondamentales des particules élémentaires: 1490–92. — Sur les photons et les particules "charge pure": **203** ('36) 709–11. — Sur une équation symbolique groupant les équations du mésoton (électron lourd), celles de Kemmer, de Klein-Gordon et les équations du photon de L. de Broglie: **207** ('38) 1182–84. — Sur la masse du mésoton et des autres particules élémentaires[1]): **208** ('39) 884–87. — Sur la longueur fondamentale attachée aux particules élémentaires: 1074f. — Sur un type de particules élémentaires dont les fonctions d'onde satisfont à l'équation de Klein-Gordon: **210**

('40) 563f. — Intégrales premières dans la théorie du mésoton: **212** ('41) 669–71. — Intégrales premières du mouvement du mésoton: 751–53. — Sur la théorie des particules matérielles et en particulier sur les électrons de spin 1/2: **214** ('42) 606f. — Sur les propriétés d'une nouvelle particule élémentaire: **216** ('43) 337–39. — Sur les équations relativistes des particules élémentaires: **223** ('46) 270–72. — Sur la transmutation des particules élémentaires: **228** ('49) 298–300. — Quantification en mécanique spinorielle: **238** ('54) 774–76.

C. R. Séances Acad. Sci. Roumanie Equations d'ondes approximatives pour des particules à spin unité: **2** ('38) 356–59.

J. Physique et Radium Sur une explication possible de la différence de masse entre le proton et l'électron: (7) **3** ('32) 83–101. — Quelques observations concernant un article intitulé "Sur l'équation de Dirac": 172–84. — Ondes et photons, 1: Approximation de Schrödinger: **5** ('34) 6–19; ~ 2: Approximation de Pauli: 121–25; ~ 3: Approximation de Dirac: 157–66. — Sur la théorie ondulatoire des électrons positifs et négatifs: **7** ('36) 347–53. — Particules libres, photons et particules "charge pure": **8** ('37) 23–28. — Sur un article de M. E. Whittaker, intitulé "Les relations entre le calcul tensoriel et le calcul des spineurs": 363–65. — Théorie non relativiste des particules à spin entier: **9** ('38) 61–66. — Sur la masse des particules élémentaires[1]): **10** ('39) 209–14. — Transmutation des particules fondamentales. Changement de spin: (8) **12** ('51) 123–30. — Mécanique du point: **15** ('54) 65–72. — Sur la mécanique spinorielle du point chargé: **17** ('56) 81f. — Sur un nouveau principe d'équivalence suggéré par les mécaniques spinorielles: 83 f.

Nature [London] Non-conservative fundamental particles: **154** ('44) 674.

Nuovo Cimento Particules de très grandes vitesses en mécanique spinorielle: (10) **2** ('55) 962–71 [m. italien. Zusammenfassg.]. — Interférences en mécanique spinorielle: 972–79 [~].

Portugaliae Physica Sur un nouveau type d'électron: **1** ('43/45) 59–65.

Mit: [1]) S. Goudsmit.

V,VI **PROCOPIU**, Ştefan. Physik. — 1925–62 Prof., '25–38 Dir. d. Sekt. Elektrotechn., '41–42 Dekan, '62–72 Prof. hon. (emer.), Univ. Iaşi; '37–41 Prof. u. Dekan d. Elektrotechn. Fak., Polytechn. Inst. Iaşi. — '67 Dr. h.c. (Polytechn. Inst. Iaşi). — Staatl. Auszeichnungen: '60 Orden d. Arbeit I. Kl., '62 Ehrentitel „Verdienter Wissenschaftler", '64 Staatspreis I. Kl., '65 Orden „Stern d. Volksrepubl. Rumänien" II. Kl., '66 Orden f. wiss. Verdienste I. Kl., '70 Orden „Stern d. Sozialist. Republ. Rumänien" I. Kl.

*1890, Jan. 20 (19?) a. St., Bârlad (→Bîrlad); †1972, Aug. 22, Iaşi.

Zur Biogr. D. Bărbulescu, Cronica Iaşi **1967**, 2. Juli; Romania today Nr. **159** ('68) 36f. (m. Bildn.). — Revista şti. "V. Adamachi" **27** ('41) 225–28 (m. Bildn.).

Zum 75. Geb.tag. Analele Acad. Republ. popul. romîne **15** ('65) 363–65. — C. Mihul, ibid. 367f. — Gh. Vasiliu, ibid. 369–74. — V. Petrescu, ibid. 374–81.

Nekr. Analele şti. Univ. "Al. I. Cuza" Iaşi, Secţ. Ib **19** ('73) If. (m. Bildn.).

Zur Bibliogr. Notiţă asupra lucrărilor ştiinţifice ale d-lui Ştefan Procopiu (Iaşi '41) 38 S. (m.Kurzbiogr.). — C. G. Bedreag, Bibliografia fizicii romîne (Bucureşti '57) (Biblioteca Societăţii de ştiinte matematice şi fizice din R. P. R., 28) 221–29.

MHZ. Revista şti. "V. Adamachi" 1934–1949. — Revue roumaine Physique 1965–1972. — Studii şi Cercetări Fizică, Acad. Republ. popul. romîne (→ ... Acad. Republ. socialiste România), Bucureşti 1964–1972. — Studii şi Cercetări şti., Acad. Republ. popul. romîne, Filială Iaşi, Fizică şi Şti. tehn. 1958–1963.

W. Electricitate şi magnetism **1** ²(Iaşi '42) 4+380 S.; **2** ('39) 4+336 S. — Termodinamică (Iaşi '48) 284 S.

Analele şti. Univ. "Al. I. Cuza" Iaşi, Secţ. I Les éléments du magnétisme terrestre à Jassy pour 1961[9])[2])[10]): **8** ('62) 159–61 [rumän. m. russ. u. französ. Zusammenfassg.].

Analele şti. Univ. "Al. I. Cuza" Iaşi, Secţ. Ib L'influence du laminage à froid sur le phénomène d'inductions magnétiques alternatives aux fils de fer en fonction de la fréquence[10])[2]): **10** ('64) 31–36 [rumän. m. russ. u. französ. Zusammenfassg.]. — Les éléments du magnétisme terrestre à Jassy pour 1962 et 1963[10])[8])[2]): 67–70 [~]. — Variations des inductions magnétiques alternatives en fonction de la fréquence du courant qui parcourt un fil de nickel, soumis à la torsion, à la traction et au laminage à froid[10])[2]): **11** ('65) 49–52 [~]. — Etude des processus d'aimantation du nickel polycristallin à l'aide de l'effet Matteucci[21]): 53–60 [~]. — Sur l'aimantation du nickel polycristallin en champ magnétique circulaire alternatif[21]): 61–65 [~]. — Potentiel de mouvement des métaux dans l'eau et les alcools, en relation avec la constante diélectrique: 67–72 [französ. m. rumän. u. russ. Zusammenfassg.]. — Etude de la dépolarisation de la lumière dans les hydrosolutions de pentaoxyde de vanadium (V_2O_5)[16]): 81–88 [rumän. m. russ. u. französ. Zusammenfassg.]. — Sur la dispersion optique de la biréfringence et du dichroïsme électriques des colloïdes de V_2O_5 et de bentonite[16]): **13** ('67) 29–34 [rumän. m. französ. Zusammenfassg.]. — Contribution à l'étude de la biréfringence électrique du virus de la mosaïque du tabac (VMT)[16])[15]): **14** ('68) 61–66 [~]. — Contribution à l'étude de la biréfringence électrique des suspensions colloïdales de bentonite[16]): **15** ('69) 47–52 [~].

Annales sci. Univ. Jassy Point ferromagnétique de Curie pour des couches minces de nickel, déposées électrolytiquement[7]): **20** ('34) 75–82. — Sur l'aimantation idéale d'un cristal de fer: 83–85. — Détermination des éléments magnétiques en Roumanie et cartes magnétiques de la Roumanie, dressées pour le 1er juillet 1934: **21** ('35) 270–302.

Annales sci. Univ. Jassy, Partie I Les discontinuités d'aimantation produites par la variation du magnétisme circulaire d'une substance ferromagnétique: **23** ('37) 168–76. — Constante diélectrique de la paraffine au point de fusion[14]): **24** ('38) 110–15. — Perméabilité magnétique à haute fréquence des couches minces de fer, dans l'hypothèse d'une couche superficielle très mince non magnétique: 257–62.

Annales sci. Univ. Jassy, Sect. I L'étude de la cémentation du fer au moyen du potentiel du fer cémenté, plongé dans l'eau acidulée: **26** ('40) 309–24. — Remarques sur la perméabilité magnétique: 325. — Mesures magnétiques en Roumanie, de 1931 à 1940, et cartes magnétiques de la Roumanie, dressées pour le 1er juillet 1940: 535–62. — Mesures magnétiques en Roumanie, en 1939 et 1940, 1: La déclinaison magnétique et la composante horizontale: 563–71. — Dépolarisation longitudinale de la lumière par les cristaux liquides et les cristaux mous, en fonction de la température: **29.**1943 ('46) 1–14. — Dépolarisation longitudinale de la lumière par les suspensions d'amidon: 15f.

Buletin şti., Acad. Republ. popul. romîne, Secţ. Şti. mat. şi fizice Magnétomètre ou gaussmètre électrolytique, basé sur la rotation d'une électrode dans l'électrolyse, sous l'action d'un champ magnétique[20]): **4** ('52) 731–38. — Inductions magnétiques alternatives obtenues en faisant passer un courant alternatif à travers un fil de fer. Influence de la traction et d'un champ magnétisant longitudinal[17]): **6** ('54) 311–38. — Absorption des rayons γ du radium par le nickel au point de Curie au moyen du tube Geiger-Müller[20]): 685–89. — Détermination du coefficient de conductibilité thermique du cuivre et du fer, en régime variable, à l'aide d'un procédé par impulsion instantanée de chaleur[3]): **7** ('55) 413–24. — Le moment magnétique du globe terrestre a commencé à croître: 1063–93. — — Alle Arbeiten rumän. m. russ. u. französ. Zusammenfassg.

Buletinul Inst. român Energie Was ist Elektrizität?: **8** ('40) 23 S. [rumän.]; (auch selbständig erschienen als Nr. 212 der Publikationen des „Institutul Român de Energie").

Buletinul Politehn. "Gh. Asachi" Iaşi Rapport entre la chaleur moléculaire de fusion et la température absolue de fusion des métaux monoatomiques et des composés chimiques: **2** ('47) 125–40. — Mesures magnétiques à Jassy de 1941 à 1947, 1: Déclinaison magnétique et composante horizontale: 443–46. — Valeurs des éléments magnétiques et des variations séculaires à Jassy, pendant 16 ans, de 1931 à 1947. Variation du magnétisme terrestre en Roumanie de 1772 à 1947: 457–70. — Champ magnétique d'une masse en rotation: **3** ('48) 453–58. — Eléments du magnétisme terrestre à Jassy en 1948[10]): 734–36.

Buletinul Inst. politehn. Iaşi Potentiel initial de mouvement d'une électrode de Cu et de Zn dans des solutions de SO_4Cu et de SO_4Zn, en relation avec la température[6]): **4** ('49) 352–61. — Chaleurs spécifiques au voisinage du point de fusion, en relation avec la chaleur latente de fusion: 401–10. — Les cartes magnétiques de la Roumanie de 1895 à 1954, les éléments magnétiques de Bucarest de 1772 à 1954 et de Jassy de 1828 à 1954 et les variations cycliques séculaires de la Roumanie[13]): (N. S.) **5** ('59) 161–76 [m. russ. u. rumän. Zusammenfassg.].

Bull. Sect. sci., Acad. roumaine Sur l'effet Barkhausen interne: **15.**1932/33 ('33) 84–86. — Mesures magnétiques en Moldavie et Bessarabie[19])[4]): **16.**1933/34 ('34) 33–38. — Mesures magnétiques en Bessarabie et Bucovine, en 1933 et 1934[19])[4]): **17.**1935/36 ('36) 25–30. — Mesures magnétiques en Roumanie, en 1936[9]): **18.**1936/37 ('37) 177–81.

Comunicările Acad. Republ. popul. române Théorie élémentaire de la rotation d'une électrode mobile suspendue sous l'action d'un champ magnétique, dans l'appareil nommé gaussmètre électrolytique: **2** ('52) 533–37 [rumän. m. russ. u. französ. Zusammenfassg.].

C. R. hebd. Séances Acad. Sci., Paris Aimantation du fer par la superposition d'un champ alternatif à un champ magnétique constant: **196** ('33) 1976–79. — Le point ferromagnétique de Curie pour des couches minces de nickel, déposées électrolytiquement[7]): **198** ('34) 1983–85. — L'aimantation idéale d'un cristal de fer: **199** ('34) 126f. — Existence de couches superficielles sur le fer, montrée par la force électromotrice du métal, plongé dans l'eau[18]): **200** ('35) 1395f. — Dépolarisation de la lumière par les solutions colloïdales, les précipités cristallins et les dépôts solides sur verre: **201** ('35) 55–58. — La force électromotrice de mouvement des métaux dans l'eau et leur potentiel électrocinétique: **202** ('36) 1371–73, 1880. — Les discontinuités d'aimantation en champ alternatif. Explication des fréquences multiples apparaissant lors de la ferro-résonance[19]): **204** ('37) 673f. — La torsion d'un fil de fer ou de nickel facilite les discontinuités d'aimantation en courant alternatif axial[19]): 971–73. — Perméabilité magnétique à haute fréquence des couches minces de fer, déposées électrolytiquement [1]): **205** ('37) 1373–75. — Détermination de l'épaisseur de la plus mince couche de fer, électrolytique, à laquelle disparaissent les discontinuités d'aimantation: **208** ('39) 1212–14. — La cémentation du fer, étudiée au moyen du potentiel de dissolution du métal dans l'eau acidulée: **210** ('40) 219–21. — Relation entre la chaleur de fusion et la température absolue de fusion des métaux monoatomiques: **223** ('46) 503f. — Dépolarisation longitudinale de la lumière par les cristaux liquides et les cristaux mous, en fonction de la température: 543f. — Valeurs remarquables du rapport entre la chaleur moléculaire de fusion et la température de fusion des composés chimiques: **224** ('47) 264–66. — Chaleurs spécifiques d'un composé chimique à l'état liquide et à l'état solide au voisinage du point de fusion; chaleur de fusion et chaleur d'association: **226** ('48) 1001 f. — Une nouvelle théorie élémentaire des courbes d'aimantation: **228** ('49) 475f. — Détermination de la valeur du magnéton de Bohr par une méthode de résonance dans l'air ionisé[13]): **244** ('57) 1905–07. — L'aimantation des couches minces de cobalt déposées par électrolyse sur platine[21])[11]): **261** ('65) 341–44. — Influence de la structure du support et effet d'épaisseur dans des couches de fer–nickel 50 déposées par électrolyse[21])[5]): 2226–28.

C. R. hebd. Séances Acad. Sci., Paris, Sér. B Dispersion optique de la biréfringence électrique et du dichroïsme électrique des suspensions colloïdales de pentoxyde de vanadium et de benzopurpurine[16]): **271** ('70) 339–41.

C. R. hebd. Séances Acad. Sci., Paris, Sér. C Sur la biréfringence électrique des suspensions colloïdales de bentonite[16]): **267** ('68) 1369–72.

C. R. Séances Acad. Sci. Roumanie Dépolarisation longitudinale de la lumière par les cellules vivantes et les cellules mortes: **2** ('38) 137–40. — Mesures magnétiques en Roumanie, en 1937[4])[19]): 246–55. — Une théorie des courbes de première aimantation des substances ferro-magnétiques, basée sur une distribution maxwellienne des champs coercitifs des particules aimantées élémentaires: **7** ('43/45) 43–46. — Explication des fréquences doubles, paraissant lors de la ferrorésonance, dans un circuit contenant une bobine à noyau de fer: 47f.

C. R. Séances Inst. Sci. Roumanie Mesures magnétiques en Roumanie, en 1938, 1: La déclinaison magnétique et la composante horizontale: **3** ('39) 284–94. — Expérience d'électrocapillarité pour le cours: **4** ('40) 10–12. — Déterminations de l'épaisseur du fer cémenté au moyen du potentiel de dissolution: 368–75.

Industrie électr. Existence de couches superficielles sur le fer montrée par la force électromotrice du métal plongé dans l'eau[18]): **44** ('35) 407–. — La force électromotrice de mouvement des métaux dans l'eau et leur potentiel électrocinétique: **45** ('36) 331f.

Însemnări ieşene Der Physiker Titu Maiorescu: **2** ('35) 453 [rumän.].

J. Chim. physique Sur la force électromotrice de mouvement et la force électromotrice de choc des métaux dans l'eau et les solutions, et leur relation avec le potentiel électrocinétique: **34** ('37) 236–56.

J. geophysic. Res. Le moment magnétique de la terre a commencé à croître: **60** ('55) 114.

J. Physique et Radium Sur la désaimantation du fer et du nickel par des champs alternatifs de haute fréquence[9]): (7) **4** ('33) 251–61. — Courbes d'aimantation sous l'influence d'un champ alternatif et leur application à la détermination du champ coercitif des couches minces de fer et des couches superficielles: **5** ('34) 199–206.

Kolloid-Z. Die longitudinale Depolarisation des Lichtes in Suspensionen von kristallinen Partikeln und kolloiden Suspensionen: **97** ('41) 1–27. — Zur Theorie der elektrischen und magnetischen Doppelbrechung und des Dichroismus der kristallinen Suspensionen und der kolloiden Lösungen: **106** ('44) 98–112. — Die longitudinale Depolarisation des Lichtes durch kristalline Flüssigkeiten und durch die weichen Kristalle in Abhängigkeit von der Temperatur: **109** ('44) 90–95. — Longitudinale Depolarisation durch eine Stärke-Suspension: 95.

Naturwissenschaften Die zwei Regime des elektrischen Lichtbogens und die Temperatur des Bogens: **31** ('43) 300f.

Revista şti. "V. Adamachi" Trugbilder der Wissenschaft: **19** ('33) 131–40. — Der Bau der Atome. Neutron, Positron, künstliche Radioaktivität: **21** ('35) 156–73. — Bericht über die Verleihung des Doktortitels honoris causa der Universität Iaşi an Aimé Cotton, Professor der Physik an der Sorbonne: **24** ('38) 58–61. — Titu Maiorescu: **27** ('41) 123. — Julius-Robert Mayer. Zum 100. Jahrestag der Entdeckung des Gesetzes der Erhaltung der Energie: **28** ('42) 225–39. — Beiträge zur Theorie der Doppelbrechung und des Dichroismus von elektrischen oder magnetischen Feldern unterworfenen kolloiden Flüssigkeiten oder kristallinen Suspensionen: **29** ('43) 165–67. — Geophysikalische Messungen in Rumänien: **30** ('44) 103–06. — Magnetische Messungen in Rumänien 1941, 1942 und 1943. Deklination und Horizontalkomponente: **31** ('45) 87f. — Werte der magnetischen Elemente und der säkularen Schwankungen in Iaşi während der 13 Jahre von 1931 bis 1943: 89f. — Beziehung zwischen der Schmelzwärme und der absoluten Schmelztemperatur einatomiger Metalle: **32** ('46) 249–52. — Das magnetische Feld einer rotierenden schweren Masse und das einer rotierenden elektrischen Ladung: **34** ('48). — Das Rätsel des Erdmagnetismus: **34** ('48) 58–61. — Schwankungen des elektrischen Widerstands und des Potentials eines elastischen Stößen ausgesetzten Eisenstabes[10]): 200. — Albert Einstein zum 70. Geburtstag: **35** ('49) 86–88. — Die Rotation einer beweglichen Elektrode bei der Elektrolyse. Der Einfluß eines magnetischen Feldes: 180f. — — Alle Arbeiten rumän.

Revue Physique [Bucureşti] Inductions magnétiques alternatives produites par un fil de fer parcouru par un courant alternatif axial. Influence de la traction et d'un champ d'aimantation longitudinal[17]): **1** ('56) 63–87.

Revue roumaine Physique Sur l'aimantation des couches minces de cobalt déposées sur le cuivre par électrolyse[21])[11]): **14** ('69) 1085–88.

Studii şi Cercetări Fizică, Acad. Republ. popul. romîne, Bucureşti Die durch elektrolytische Abscheidung hervorgerufene Rotation einer beweglich angeordneten Elektrode. Die Messung der Ionengeschwindigkeit zum Zeitpunkt der Abscheidung: **2** ('51) 141–44. — Die Ionengeschwindigkeit von Kupfer, Silber, Eisen, Zink und Wasserstoff im Zeitpunkt der elektrolytischen Abscheidung auf einer beweglichen Elektrode[20]): 145–52. — Über die Absorption bei an Elektronen und Plasma im magnetischen Feld erzeugter Hochfrequenz[21]): **19** ('67) 711–16. — Magnetisierung zylindrischer dünner Schichten von Kobalt und Permalloy unter der Einwirkung von zwei Magnetfeldern, einem kreisförmigen Wechselfeld und einem longitudinalen statischen Feld[21])[11])[5]): 1049–53. — — Alle Arbeiten rumän.

Studii şi Cercetări şti., Acad. Republ. popul. române, Filială Iaşi Le potentiel de mouvement d'une électrode de fer dans les solutions de ses sels. L'influence de la gélatine et des substances fluorescentes[20]): **1** ('50) Nr. 1, 148–69. — Eléments du magnétisme terrestre à Jassy en 1948, 1949 et 1950[10]): Nr. 2, 44–49. — Une nouvelle méthode pour la mesure des grandes radioactivités avec le compteur Geiger-Müller. Application à l'étude des minérais radioactifs[20]): **2** ('51) Nr. 3/4, 133–42. — Effet Barkhausen circulaire, pour des fils de fer, par lesquels on fait passer un courant alternatif[17]): 143–67. — Les éléments du magnétisme terrestre à Jassy, pour 1951, et les variations séculaires[10]): **3** ('52) 54–56. — Le fonctionnement d'un tube Geiger-Müller dans un régime de décharges diffuses. Un nouveau tube Geiger-Müller avec gaine métallique extérieure, qui fonctionne en décharges diffuses sous l'action des radiations radioactives[20]): **4** ('53) 69–79. — Détermination de la conductibilité thermique des métaux par deux méthodes en régime non stationnaire. Transposition de ces méthodes à la détermination du coefficient de diffusion des électrolytes: 81–87. — Conductibilité thermique du mercure et du fer, en régime variable, par inscription photographipue de la variation de la température en fonction du temps, dans un point du conducteur[3]): 89–109. — — Alle Arbeiten rumän. m. russ. u. französ. Zusammenfassg.

Studii şi Cercetări şti., Acad. Republ. popul. romîne, Filială Iaşi, Ser. 1 Détermination du moment magnétique de l'électron par la conductibilité électrique aux hautes fréquences dans la décharge par les gaz, sous l'influence d'un champ magnétique constant: **5** ('54) Nr. 3/4, 99–112 [rumän. m. russ. u. französ. Zusammenfassg.]. — Méthode différentielle pour la mesure de l'absorption des rayons gamma par l'emploi de deux tubes Geiger-Müller et avec galvanomètre[20]): **6** ('55) 227–32 [~].

Studii şi Cercetări şti., Acad. Republ. popul. romîne, Filială Iaşi, Fizică şi Şti. tehn. Les éléments du magnétisme terrestre à Jassy pour 1955[10])[13])[17]): **7** ('56) 37–40. — La perméabilité magnétique des fils de fer sous traction avant et après la traction limite[17]): **9** ('58) 11–15. — Les éléments du magnétisme terrestre à Jassy pour 1952, 1953 et 1954[10]): 17–21. — Les intensités d'aimantation des fils de fer électrolytique et d'acier sous l'influence des champs alternatifs longitudinaux et circulaires. L'effet Barkhausen circulaire[21]): **14** ('63) 13–36. — Détermination de la valeur du magnéton de Bohr-Procopiu par des mesures effectuées à l'aide d'une méthode de résonance sur un faisceau d'électrons libres qui se déplacent: a) dans l'air ionisé, b) dans le vide, sous l'action d'un champ magnétique longitudinal de valeur constante et d'un autre transversal de radiofréquence[12]): 267–84. — L'influence de la traction sur les propriétés magnétiques de fer électrolytique sous forme de fils, en champ magnétique alternatif longitudinal[21]): 285–306. — Etude des phénomènes magnéto-mécaniques au nickel sous forme de fils, en champ magnétique alternatif longitudinal et circulaire. L'effet Barkhausen circulaire[21]): 307–40. — — Alle Arbeiten rumän. m. russ. u. französ. Zusammenfassg.

Terrestrial Magnetism and atmospher. Electr. Mesures magnétiques et carte magnétique des isogones de la Moldavie et Bessarabie [Roumanie]: **38** ('33) 31–35.

Mit: [1]) G. d'Albon; [2]) C. Baiardi; [3]) I. Bursuc; [4]) N. Calinicenco; [5]) Călugăru; [6]) M. Comănescu; [7]) T. Farcaş; [8]) C. Florescu; [9]) N. Florescu; [10]) E. Ionescu; [11]) C. Naum; [12]) A. Papp; [13]) C. Păpuşoi; [14]) V. Petrescu; [15]) D. Prodan; [16]) M. Ţibu; [17]) V. Tutovan; [18]) D. Umanschi; [19]) G. Vasiliu; [20]) R. Vasiliu; [21]) I. Viscrian.

VI **PROCTOR,** Mary. Astron. — Lecturer and writer on astronomical subjects. (⊠)

*1862, April 1, Dublin, Ireland;
†1957, Sept. 11.

W. Wonders of the sky (London–NewYork '32, '36, '38) 96 S. — Comets; their nature, origin, and place in the science of astronomy (m. A. C. de la C. Crommelin) (London '37) 11+203 S. — Our stars month by month (London–NewYork '37) 92 S. — The book of the heavens (London–NewYork '38) 268 S. — Everyman's astronomy (London '39) 6+245 S.

v,vi **PROUDMAN,** Joseph. Ozeanogr. — 1919–33 Prof. appl. Math., '33–54 Prof. Oceanogr., '54 Prof. Emer., '40–46 Pro-Vice-Chancellor, Univ. of Liverpool; '19–45 Dir., Liverpool Tidal Inst.; '33–48 Secretary, '51–54 Pres., Int. Assoc. of Physical Oceanogr.; '54–66 Chairman of Advisory Committee on Research on Coastal Flooding, Ministry of Agric., Fisheries and Food; '59–62 Chairman of Sub-Committee on Growing Demand for Water, Ministry of Housing and Local Government; '41–54 Justice of the Peace, Liverpool. —'15 Smith's Prize, '23 Adams Prize (Univ. of Cambridge); '46 Agassiz Medal (Nation. Acad. Sci., USA); '52 Commander of the Order of the British Empire (The Queen); '57 Hughes Medal (Roy. Soc. London).
*1888, Dez. 30, Thurston Fold Farm, Unsworth, near Bury, Lancashire;
†1975, Juni 26, (Dorset).

Zur Biogr. C. Hinshelwood, Proc. roy. Soc. London **243** ('57) VIII. — L. Rosenhead, University of Liverpool Recorder **1954**, Okt.-Nr., 4–6. — Nature [London] **131** ('33) 391; **173** ('54) 1022f.; **180** ('57) 1232.

Nekr. D. E. Cartwright, F. Ursell, Biographical Mem. Fellows roy. Soc. **22** ('76) 319–33 (m. Bildn., Faks., Schr.verz.). — Nature [London] **256** ('75) 245.

MH. Monthly and annual mean heights of sea-levels, up to and including the year 1936 (Göteborg '40) (Association Internationale d'Océanographie Physique, Publications scientifiques, 5). — Bibliography on tides, **1**: 1665–1939 (Bergen '55) (∼ 15).

MHZ. Procès-verbaux Assoc. Océanogr. physique **1**.1933 ('34) – **4**.1948 ('49).

S. James Johnstone memorial volume (Liverpool '34) 316–23: On the distribution of tides over an element of the sea. — Chambers's encyclopaedia (London '47): Ocean; Oceanic circulation; Tides; Neuaufl.: **10** (Oxford '66) 183–85: Oceanic circulation. — Encyclopaedia Britannica; a new survey of universal knowledge **22** (Chicago, Ill.–London–Toronto– ... '65) 193–205: Tides[6]) [auch in früheren Auflagen seit '29].

W. Tidal bibliography, 1: Publications issued before 1910; 2: Publications issued during 1929; 3: Publications issued during 1930 (Helsingfors '32) 17 S. (Union Géodésique et Géophysique Internationale, Association d'Océanographie Physique, Publications scientifiques, 2). — Dynamical oceanography (London–NewYork '53) 12+409 S.; (London '63) 12+409 S.

Archiv Meteorol., Geophysik u. Bioklimatol., Ser. A Note on the dynamical theory of storm-surges: **7** ('54) 344–51.

Biographical Mem. Fellows roy. Soc. George Ridsdale Goldsbrough: **10** ('64) 107–16. — Arthur Thomas Doodson, 1890–1968: **14** ('68) 189–205.

Bull. géodés. Oceanographic levelling: (N. S.) **55** ('60) 89f.

Geophysical J. roy. astron. Soc. The condition that a long-period tide shall follow the equilibrium law: **3** ('60) 244–49.

International hydrogr. Rev. The applicability of Laplace's differential equations on the tides: **25** ('48) 112–18.

J. Fluid Mech. Oscillations of tide and surge in an estuary of finite length: **2** ('57) 371–82. — On the series that represent tides and surges in an estuary: **3** ('57/58) 411–17.

J. Marine Res. A damped Kelvin-wave of general form: **17** ('58) 424–28.

Memoirs and Proc. Manchester lit. and philos. Soc. The tides: 88.1946/47 ('47) 77–84.

Monthly Notices roy. astron. Soc. The tides of the Atlantic Ocean (George Darwin Lecture): **104** ('44) 244–56.

Monthly Notices roy. astron. Soc., Geophysical Suppl. On tidal variations of temperature in the Irish Sea: **4** ('38/39) 373–86. — On the currents in the North Channel of the Irish Sea: 387–403. — The effect of coastal friction on the tides: **5** ('41) 24–26. — Note on the dynamics of storm-surges: **7** ('54) 44–48.

Nature [London] Dr. S. F. Grace: **139** ('37) 1096. — International Union of Geodesy and Geophysics: **162** ('48) 744f. — Ocean surface waves: **164** ('49) 742.

Notes and Rec., Roy. Soc. London The association of the Royal Society with progress in knowledge of oceanic tides: **2** ('39) 140–43.

Philosophical Trans. roy. Soc. London, Ser. A Tides in oceans bounded by meridians, 1: Ocean bounded by complete meridian: general equations: **235** ('35/36) 273–89. — On the temperature of the surface waters of the Irish

Sea[4])[3]): **236** ('36/38) 261–302. — On the salinity of the surface waters of the Irish Sea: **239** ('46) 579–92. — On the decay of a normally distributed and homogeneous turbulent velocity field[5]): **247** ('54) 163–89. — The large-scale structure of homogeneous turbulence[1]): **248** ('56) 369–405.

Proc. London math. Soc. On the dynamical equations of the tides, 4: Flat seas of uniform depth: (2) **34** ('32) 293–304. — Note on the free tidal oscillations of a sea with slow rotation: **35** ('33) 75–82. — On the distribution of tides over a channel: **49** ('47) 211–26.

Proc. roy. Soc. London, Ser. A On the turbulence of a tidal current: **176** ('40) 449–68. — On Laplace's differential equations for the tides: **179** ('41/42) 261–88. — On the mixing of sea water by turbulence: **195** ('49) 300–09. — Observations on the turbulent fluctuations of a tidal current[2]): **199** ('49) 311–27. — The propagation of tide and surge in an estuary: **231** ('55) 8–24. — The effect of friction on a progressive wave of tide and surge in an estuary: **233** ('55) 407–18.

Procè -verbaux Assoc. Océanogr. physique An attempt to measure the frictional forces in a tideway: **3.1939** ('40) 119. — The unknown tides of the oceans (Presidential address): **6** ('54) 83–91.

Mit: [1]) G. K. Batchelor; [2]) K. F. Bowden; [3]) A. L. Dennis; [4]) H. M. Lewis; [5]) W. H. Reid; [6]) G. W. Groves.

VI **PRYDE,** John. Biochem. — 1921–23 Research Fellow, Univ. of St. Andrews; '23– Lecturer, then until '55 Senior Lecturer, '35 D.Sc., '55–63 Prof., Univ. College of South Wales and Monmouthshire, Cardiff, Wales; '55–63 Prof., Welsh National School of Medicine.

*1897, Jan. 22, Fife, Scotland;
†1973, Dez. 30.

Annual Rep. Progr. Chem. Report on biochemistry[3]): **28** ('32) 212–61; **29** ('33) 239–74; **30** ('34) 305–43.

Biochemical J. The biochemistry and physiology of glucuronic acid, 1: The structure of glucuronic acid of animal origin[5]): **27** ('33) 1197–204; ∼ 2: The methylation of glucurone of animal origin[5]): 1205–09; ∼ 3: The structure of benzoylglucuronic acid[5]): 1210–15; ∼4: (a) The occurrence of conjugated glucuronic acids in the animal body; (b) Observations on the conjugation of D- and L-borneol[5]): **28** ('34) 131–35; ∼ 5: The site and mechanism of the formation of conjugated glucuronic acid[6])[5]): 136–42; ∼ 6: The excretion of ethereal sulfate by the rabbit following the administration of phenylglucosides[5]): **30** ('36) 794–98; ∼ 7: A note on the conjugation of borneol in man[5]): 799f. — Note on a quantitative skatole colour reaction for fructose[2]): **32** ('38) 279–81. — Organic catalysts of the oxidation of ascorbic acid and of ketoses: **47** ('50) XII. — The distribution of fructose in fractionated specimens of human semen: XV. — An automatic fraction-cutter for use in partition chromatography[1])[4]): XXIII.

British med. J. Human fertility: **1941** I, 12f.

J. chem. Soc., London The structure of theophylline L-arabinoside[5]): **1933,** 640–42. — New derivatives of hydroxymethoxysuccinic and methoxymalonic acids[5]): 642–44. — New derivatives of methoxymalonic acid[5]): 1627f.

Nature [London] A new unsaturated derivative of glucuronic acid[5]): **131** ('33) 57. — Recent developments of sterol chemistry in relation to biological problems: **133** ('34) 237–39. — Structure and physiological activity: **135** ('35) 713–16. — Sugar of human semen: **157** ('46) 660. — Action of alkaline hypochlorite on 3,5,6-trimethyl-D-gluconamide[1]): **170** ('52) 35f. — Organization and financing of biochemical research in Britain[1]): **188** ('60) 194f.

Mit: [1]) K. S. Dodgson; [2]) R. C. Jordan; [3]) A.G. Pollard; [4]) A. L. Sims; [5]) R. T. Williams; [6]) A. Hemingway.

VI **PRYTZ,** Milda Dorothea. Chem. — 1925–48 Assist., '48–57 Doz., Univ. i Oslo.

*1891, Apr. 22, Leith, Scotland;
†1977, Okt. 22, Oslo.

Zum 70. Geb.tag T. Østerud, Tidsskr. Kjemi, Bergvesen og Metallurgi **21** ('61) 96 (m. Bildn.).

W. Praktisk veiledning i kvalitativ analyse til bruk ved Universitetets kjemiske laboratorium (Oslo '33) 31 S. (Studentersamfundets skrivemaskinstue); ab 2. Aufl. u.d.T.: Praktisk veiledning i kvalitativ analyse ⟨makro, uorganisk⟩ (m. R. A. Minken) [2]('59) **33** S.; [[3]]('67) 33 S. — Uorganisk kjemi (m. T. Østerud) (Oslo '46) 11+446 S.; [2]('59) 15+456 S.; (3. Aufl. m. T. Østerud u. H. Bergseth) [3](Oslo '71) 19+454 S.

Acta chem. scand. On acid–base equilibria in non-aqueous solutions: **1** ('47) 507–10. — Electrolytic reduction of zinc ions and of zinc cyanide complex ions from aqueous solutions of zinc perchlorate and zinc perchlorate with potassium cyanide[2]): **4** ('50) 1250–62. — Polarographic investigation of dilute solutions of cadmium cyanide complexes[2]): **6** ('52) 1534–44. — Polarographic investigation of oximes as an indication of the polarographic behaviour of hydroxamic acids [2]): **10** ('56) 451–58. — Polarographic reduction of hydroxamic acids [2]):**11**('57)1530–33. — Polarographic determination of hydroxylamine, alone and in comparison with hydroxamic acid [2]): **13** ('59) 2114–18. — Polarographic reduction of aliphatic esters[2]): **15** ('61) 1285–88. — Quantitative polarographic determination of aliphatic esters[2]): 1923–26.

Archiv Math. og Naturvid. Electrolytic reduction of mono- and polyvalent cations as registered by polarographic methods[2]): **45** ('42) 71–82. — The properties of beryllium acetate in aqueous solutions: 155–62. — Electrolytic reduction of cations from elements with more than one valence[2]): **47** ('43/44) Nr. 4, 73–81. — On the preparation of germanium perchlorate[2]): Nr. **7**, 107–09. — Electrolytic reduction of cations from transition elements[2]): **49** ('47) 157–70.

Tidsskr. Kjemi, Bergvesen og Metallurgi Der Kathodenstrahloszillograph verglichen mit dem Polarographen als Registriergerät für Polarogramme[2]): **1** ('41) 27–31 [norweg.]. — 75 Jahre Periodisches System: **4** ('44) 89–91 [~].

Veneficus [Oslo] Lichtabsorptionsmessungen als analytisches Hilfsmittel: **1938**, Nr. 6, 130–33 [norweg.]. — Polarographische Analyse: **1939**, Nr. 6 [~]. — Anwendung des Kathodenstrahloszillographen auf qualitative Analysen: **1942**, Nr. 4, 70–74 [~].

Z. anorg. u. allg. Chem. Potentialmessungen in Zinnchloridlösungen: **219** ('34) 89–96. — Über amphotere Oxydhydrate, die Lösungen ihrer hydrolysierenden Salze und ihre hochmolekularen Verbindungen, 31: Über die Hydrolyse und die Eigenschaften der Wismutperchlorate[1]): **227** ('36) 65–80. — Das Verhalten von Berylliumchlorid und Berylliumfluorid in wäßrigen Lösungen: **231** ('37) 238–48.

Mit: [1]) P. Nagel; [2]) T. Østerud.

VI **PRŽEBOROVSKIJ,** Jaroslav Stepanovič. Chem. (anorg., physikal.). 1917–23 Privatdoz., '23–41 Prof., I. Staatsuniv. Moskva; '20–30 Prof., Kommunist. Unionsuniv. „Ja. M. Sverdlov"; '30— Prof., I. Staatl. Med. Inst., Moskva; '35 Dr. d. chem. Wiss.

*1883, Febr. 7 (Jan. 26), Kišinev;

†.

S. 175 let I Moskovskogo gosudarstvennogo medicinskogo instituta [175 Jahre I. Moskauer Staatliches Medizinisches Institut] (Moskva–Leningrad '40) 136f.: Der Lehrstuhl für anorganische, physikalische und Kolloidchemie [russ.]. — Očerki po istorii I Moskovskogo ordena Lenina medicinskogo instituta imeni I. M. Sečenova [Skizzen zur Geschichte des I. Moskauer Medizinischen Instituts „I. M. Sečenov"] (Moskva '59) 157–62: Der Lehrstuhl für allgemeine Chemie [russ.].

W. Rukovodstvo k praktičeskim zanjatijam po neorganičeskoj chimii dlja studentov vysšich medicinskich učebnych zavedenij [Anleitung für das anorganisch-chemische Praktikum für Studenten der medizinischen Hochschulen] (Moskva–Leningrad '34) 39 S. — Kraftkoe vvedenie v kurs fizičeskoj i kolloidnoj chimii. Dlja studentov vysšich medicinskich učebnych zavedenij [Kurze Einführung in den Lehrgang der physikalischen Chemie und der Kolloidchemie für Studenten der medizinischen Hochschulen] (Moskva–Leningrad '35) 147 S. — Vvedenie v fizičeskuju i kolloidnuju chimiju. Dlja medikov i biologov [Einführung in die physikalische Chemie und die Kolloidchemie. Für Mediziner und Biologen] [2](Moskva–Leningrad '38) **343** S. — Dopolnitel'nye glavy po neorganičeskoj chimii. Konspekt lekcij [Ergänzende Kapitel zur anorganischen Chemie. Vorlesungsskripte] (N. Poljanskij, M. Senin) (Moskva '41) 178 S. — Praktikum po fizičeskoj i kolloidnoj chimii [Praktikum zur physikalischen und zur Kolloidchemie] (m. V. P. Mišin) (Moskva '61) 54 S.

Front Nauki i Techn. Zur Geschichte der Chemie an der Moskauer Staatlichen Universität während der 180 Jahre ihres Bestehens: **1935**, Nr. 9, 49–53 [russ.].

Kolloidnyj Ž. Eine Methode der gleichzeitigen Bestimmung von Volumen- und Gewichtskoeffizient der Quellung eines Gels an der gleichen Probe[1]): **16** ('54) 304–08 [russ.].

Mit: [1]) V. K. Tile.

VI **PRZYŁĘCKI,** Stanisław Jan. Chem. (physiol.). — 1909–10 Stud., Univ. Halle (Saale); '10–14 Stud., '14 Dr. d. Chem. u. Bot., Univ. Genf; '14–16 wiss. Mitarbeiter, Zool. (→Physiol.) Labor. d. Ges. d. Wissenschaften, Warszawa; '16–20 Assist., '20–24 Adjunkt, '23 Doz., '25–44 ord. Prof., '28–44 Dir. d. Physiol.-Chem. Inst., Univ. Warszawa; '21 Dr. phil., Univ. Kraków; '24–25 außerord. Prof., Univ. Poznań. — '38 Officier de la Légion d'Honneur (Frankr.).

*1891, Aug. 29, Radom;

†1944, Aug., Warszawa.

Zur Biobibliogr. Roczn. Towarz. nauk. warszawsk. **25** ('32) 79–81.

S. Trabajos IX Congreso internacional de química pura y aplicada, Madrid 1934, **5** (Madrid '36) 266–74: Über Verbindungen zwischen Glykogen und anderen Zellbestandteilen [poln.]. — Die Methoden der Fermentforschung (E. Bamann, K. Myrbäck) **1** (Leipzig '41) 432–69: Darstellung und Untersuchung der Mehrstoffe; **3** ('41) 2489–95: Urikase, Allantoinase, Allantoikase[24]).

W. Chemia fizjologiczna **1** [2](Warszawa '46) 186 S., **2** [2]('46) 232 S.; Neuaufl. in 1 Bd. (A. Dmochowski) ('50) 606 S. — Podręcznik chemii fizjologicznej (A. Dmochowski) 1 (Łódź '47), 2 ('48), [insgesamt] 604 S.

Acta Biol. exper. [Warszawa] Über künstliche Lipoproteine, 2[11]): **11** ('37) 193–96. — Biokolloide im lebenden Organismus: 308–31 [poln.]. — Untersuchungen über Polyoso-Proteine, 12: Die Unterschiede in der Bindungsfähigkeit der verschiedenen Tier-Euglobuline mit Amylose[2]): **12** ('38) 75–81. — Über die Art der Bindung von Polyosen mit Proteinen in den sogenannten Glyko-Proteinen aus Serum: 82–86.

Biochemische Z. Untersuchungen über die Bindung der Biokolloide, 3: Harnsäure-Eiweißkörper[10])[22]): **244** ('32) 190–213; ~ 4: Bindungen zwischen Amylopektin und Eiweißkörpern oder ihren Abkömmlingen[5]): **245** ('32) 388–407; ~ 5[14]): **247** ('32) 1–7; ~ 6: Geronnenes Ovalbumin und verschiedene Kohlenhydrate[10]): **248** ('32) 16–38; ~ 7: Eiweiß und Nucleinsäure sowie deren Abbauprodukte[10]): **251** ('32) 248–65; ~ 10[3]): **253** ('32) 288–93; ~ 11: Theoretische Betrachtungen über die Bindung zwischen zwei Proteinen: **255** ('32) 393–405; ~ 12: Aggregation der Gelatine[23]): 406–19; ~ 13: Untersuchungen über Zwei- und Drei-Komponenten-Systeme[10]): **256** ('32) 75–99; ~ 14: Über synthetische Nucleoproteide: **258** ('33) 79–93; ~ 15: Eiweiß und Nuclein sowie dessen Abbauprodukte[10]): 389–400; ~ 17: Über Verbindungen zwischen Proteinen, Polysacchariden und Nucleinsäuren[26]): **260** ('33) 395–402; ~ 18: Über synthetische Nucleoproteide[7])[9]): **262** ('33) 224–36; ~ 19: Über Polyosoproteide (Polysaccharoproteide) [18])[19]): 260–71. — Über Nucleoproteide, 3: Methodisches: **264** ('33) 334–47; ~ 4: Native Nucleoproteide[7])[9]): **266** ('33) 107–27. — Die Eigenschaften der Proteine als Funktion ihres Feinbaues[10]): **270** ('34) 203–18. — Über Polysaccharoproteide, 2: Verbindungen mit denaturierten Proteinen[17]): **271** ('34) 168–73; ~ 3: Über die Verbindung Myosin–Polysaccharid[17]): **273** ('34) 262–72; ~ 4: Über Verbindungen zwischen Muskelproteinen und Dextrinen: **277** ('35) 1–14. — Über die Adsorption von Polysacchariden an Fett und Lipoidoberflächen[17]): **271** ('34) 174–79. — Über Glykogenolyse im Muskelgewebe, 2: Wirkung chemischer Muskelkomponenten auf die Amylaseaktivität[6]): **275** ('34) 56–61; ~ 3: Amylasewirkung bei Myosinanwesenheit[6]): 62–65. — Über chemische Gruppen der Proteine, die Affinitäten zu Polysacchariden besitzen [,2]: Polysaccharoclupeine[17]): **277** ('35) 420–23; ~ [3]: Dextrino-guanidin[20]): 424f.; ~ 4: Rolle des Tyrosins[20]): **280** ('35) 92–96; ~ 6: Rolle des Lysins, Leucins, Phenylalanins, der Asparaginsäure, Glutaminsäure, des Asparagins, Cystins und Tryptophans[20])[4]): **281** ('35) 420–22; ~ 8: Versuche mit Oxyprolin, Histidin, Lysin und Kreatinin[4])[20]): **284** ('36) 169–71; ~ 9: Rolle der Bindegruppe CONH[4])[20]): 171–76; Untersuchungen über Polysaccharoproteide, 10: Rolle der einzelnen Aminosäurereste und Schlußbetrachtungen[12])[20]): **286** ('36) 360–72. — Über den Glykogenzustand im Zellinnern, 1: Über Dreikomponenten-Symplexe aus Clupein, Nucleinsäure, Glykogen oder Dextrin[9])[20]): **280** ('35) 286–92. — Über Symplexe aus Lecithin und Polysaccharid[17]): 413–15. — Über Affinitäten zwischen Proteinen und Fettsäuren, Fetten oder Lipoiden[11])[8]): **282** ('35) 362–73. — Über Verbindungen zwischen Aminosäuren und organischen Säuren, insbesondere Fettsäuren[12]): **288** ('36) 29–38. — Untersuchungen über künstliche „Lipoproteide“[11]): 303–09. — Eine neue Methode zur Trennung der Aminosäuren[12]): **289** ('37) 243–50. — Röntgenographische Untersuchungen über die Polyoso-Tyrosine[15]): **291** ('37) 76–78. — Versuch einer Trennung von Tyrosin, Thyroxin, 3,5-Dijodtyrosin und Tyrosin enthaltenden Peptiden[24]): **298** ('38) 326f. — Über die Löslichkeit verschiedener Aminosäuren in Essig- und Buttersäure[13]): 328f. — Untersuchungen über kovalenzartige Symplexe aus Kohlenhydraten und Eiweißkörpern, 2: Verbindungen zwischen Lysinresten und reduzierenden Zuckern[4]): **299** ('38) 92–99. — Affinitäten von Aminosäuren und Polypeptiden zu Säuren, Basen und Zwitterionen[4])[11])[20]): 230–41. — Über Darstellung und Eigenschaften des nichtdissoziierten Glykokolls[15])[9]): **300** ('38/39) 128–35.

Bull. int. Acad. polon. Sci. et Lettres, Cl. Méd. Über das Verhalten von Nucleotiden und Nucleosiden, die zum Rinderserum hinzugefügt wurden[7]): **1935**, 407–11. — Über Methoden zur Isolierung basischer Proteine und des Glucoproteins aus Leberbrei[20]): **1939**, 403–. — Über Symplexe Euglobulin – Gummi Arabicum[2]): 405–.

Enzymologia Regulationsmechanismen der chemischen Prozesse im Organismus: **3** ('37) 153–63. — Über die Wirkung der Pankreas- und Leberesterase auf mehrwertige Alkohole, Kohlenhydrate und ihre Ester[21]): **6** ('39) 135–39.

Ergebn. Enzymforsch. Über die intrazelluläre Regulierung der Enzymreaktionen mit besonderer Berücksichtigung der Amylasewirkung: **4** ('35) 111–46.

Kolloid-Z. Über Sole von Polysaccharoproteiden[1])[18]): **71** ('35) 325–33. — Versuch einer Klassifikation der biologischen Kolloide: **79** ('37) 129–37; ~ 2: Analyse und Bestimmung der Bindungsarten: **83** ('38) 51–71. — Unterschiede in der Bindungsfähigkeit der Serumglobuline normaler und immunisierter Menschen und Tiere mit Polysacchariden: **85** ('38) 251–55.

Monatsh. Chem. Die Eigenschaften der Proteine als Funktion ihres Feinbaues: **69** ('36) 243–69.

Proc. roy. Soc. London, Ser. A A discussion on the protein molecule; protein symplexes: **170** ('39) 65f.

Roczn. Chem. Über die Klassifikation und Eigenschaften der Nucleoproteide: **13** ('33) 681–85 [poln.]. — Über den Mechanismus der Enzymwirkung: **14** ('34) 1377–88 [~]. — Die Verbindung der Proteine mit anderen Körperbestandteilen: **18** ('38) 743–46 [poln. m. französ. Zusammenfassg.].

S.-Ber. Akad. Wiss. Wien, Math.-naturwiss. Kl., Abt. IIb Die Eigenschaften der Proteine als Funktion ihresFeinbaues: **145** ('36) 849–75.

Sprawozd. Posiedzeń Towarz. nauk. warszawsk., Wyd. IV Recherches sur les polysaccharoproteides, 11[20]): **29** ('36) 29; ~ 12: Conclusions générales: 30–33. — Sur les lipoprotéides, 2[25]): 67f.; ~ 3[25]): 68–70. — Essai d'une nouvelle classification des components des êtres vivants: 183–86. — Sur l'inactivation des substrats: 186f. — — Alle Arbeiten poln. m. französ. Titeln.

Mit: [1]) H. Andrzcjowski; [2]) D. Assenhajm; [3]) W. Białek; [4]) J. Cichocka; [5]) S. Dobrowolska; [6]) B. Filipowicz; [7]) S. Frajberger = [8]) S. Frajberger-Grynberg(owa); [9]) W. Giedroyć; [10]) M. Z. Grynberg; [11]) E. Hofer; [12]) K. Kasprzyk = [13]) K. Kasprzyk-Czaykowska; [14]) S. Kisiel; [15]) M. Kołaczkowska; [16]) —; [17]) R. Majmin; [18]) E. Mystkowski; [19]) B. Niklewski; [20]) H. Rafałowska; [21]) E. A. Sym; [22]) D. Szrajber; [23]) J. Targońska; [24]) R. Truszkowski; [25]) E. Hoferówna; [26]) M. D. Grynberg.

V,VI **PUCCIANTI,** Luigi. Physik (exper.). — 1917–47 Prof. ord. e Dir. dell'Ist. di Fisica, '47–50 Prof. fuori ruolo, Univ. di Pisa; anche fino al '47 Prof., Ist. Superiore Agrario di Pisa. — Cavaliere Ufficiale della Corona d'Italia.

*1875, Juli 6, Pisa;

†1952, Juni 9, Pisa.

Nekr. G. Polvani, Suppl. Nuovo Cimento (9) **9** ('52) 478f. [französ.] (m. Bildn., Faks.). — Annuario, Univ. Pisa **1951/52**, 415–18.

MHZ. Nuovo Cimento (6) **15** ('18) - (9) **9** ('52).

W. La spettroscopia (Bologna '32) 44 S. (Conferenze della Scuola Superiore di Pisa, 2). — Termodinamica (R. Università di Pisa, Facoltà di Scienze) (Pisa–Roma '45) 72 S. (Quaderni di fisica, 1). — Ottica (~) (Pisa–Roma '46) (~ 2). — Storia della fisica (Firenze '51) 140 S. (Cultura viva, 10). — Acustica musicale (m. A. Puccianti) (Firenze '54) 60 S. (Manualetti Le Monnier, 32).

Atti reale Accad. nazion. Lincei, Rend. Commemorazione del Presidente dell'Accademia Antonio Garbasso: (6) **17** ('33) 988–95. — Dispersione anomala per la doppia H,K del calcio ionizzato: **19** ('34) 13–15. — Chiarimenti sulle induttività elettrica e magnetica in rapporto alla nuova metrologia elettrica: **21** ('35) 732–39; **22** ('35) 187–93. — Considerazioni generali sul momento e i poli magnetici, la intensità di magnetizzazione e la suscettività, e sulle rispettive misure in un sistema a quattro unità fondamentali: 194–99. — Ancora sulle induttività e su i campi di forza: **23** ('36) 643–46.

Atti reale Accad. Italia, Rend. Sulla dipendenza dal mezzo ambiente delle azioni elettrostatiche, magnetiche, elettromagnetiche, elettrodinamiche: (7) **4** ('43) 411–19.

Filomate Regolo musicale e scala logaritmica: **1** ('48) 10 S.

Nuovo Cimento Dispersione anomala per la doppia H, K del calcio ionizzato: (8) **10** ('33) 373–82. — Per l'insegnamento elementare della fisica: **11** ('34) 255–61. — La moderna concezione del campo magnetico: **14** ('37) 272–88. — In memoria di Ugo Grassi: 474–79. — Sulla concezione elettrodinamica della energia magnetica: **16** ('39) 34–41. — Apparecchio spettroscopico per l'ultrarosso: (9) **5** ('48) 37–43 [m. engl. Zusammenfassg.].

Relazioni, Soc. ital. Progr. Sci. Il contributo della scuola di Pisa alla fisica italiana: 28. 1939, 1 ('40) 321–38.

Ferner eine Broschüre: „La fisica in Europa nel secolo XIX" (Padova '32).

VI **PUCHER,** George Walter. Chem. (org.), Biochem. — Until 1918 Stud., Univ. of Washington, Seattle, Wash.; '19–20 Assist., '20 Ph.D., Yale Univ., New Haven, Conn.; '20–21 Research Chemist, Nation. Aniline and Chemical Comp., Inc., Buffalo, N.Y.; Biochemist, Buffalo General Hospital; '23–25 Assoc. in Biochem., '25–28 Assist. Prof., Univ. of Buffalo, N.Y.; '28–47 Biochemist and Research Assoc., Connecticut Agric. Exp. Station, New Haven, Conn.

*1898, Mai 13, Lake La Barge, Alaska;

†1947, Nov. 20, NewHaven, Conn.

Annual Rev. Biochem. Organic acids of plants[17]): **9** ('40) 529–44.

Biochemical J. The determination of glutamine in the presence of asparagine[17])[5])[4])[19]): **29** ('35) 2710–20.

Biochemical Preparat. L-Aspartic acid[17]): **2** ('52) 71–73.

Biochemische Z. Glutamin in den Blättern von Rhabarber (Rheum hybridum, Hort.)[17]): **293** ('37) 427–31.

Bull., Connecticut agric. Exper. Stat. Chemical investigations of the tobacco plant, 4: The effect of the curing process on the organic acids of tobacco leaves[17]): **352** ('33) 647–85;

~ 5: Chemical changes that occur during growth[17)12)18)13)]: **374** ('35) 557–619; ~ 6: Chemical changes that occur in leaves during culture in light and in darkness[17)18)12)]: **399** ('37) 757–832; ~ 7: Chemical changes that occur in stalks during culture in light and in darkness[17)18)12)]: **407** ('38) 111–31; ~ 8: Effect upon the composition of the tobacco plant of the form in which nitrogen is supplied[17)18)12)]: **442** ('40) 65–119. – Chemical investigations of the rhubarb plant, 1: Chemical changes that occur in leaves during culture in darkness[17)18)12)]: **424** ('39) 7–58; ~ 2: Chemical changes that occur in leaves during culture in water in light and in darkness and also in glucose solution in darkness[17)18)12)]: 59–105; ~ 3: Interpretations of the behavior of the components during culture of detached leaves under various conditions[17)]: 107–57. – Chemical investigations of the metabolism of plants, 1: Nitrogen nutrition of Narcissus poeticus[17)18)12)]: **496** ('46) 5–93.

Industrial and Engng. Chem., Analyt. Edit. Determination of the acids of plant tissue, 2: Total organic acids of tobacco leaf[17)18)]: **6** ('34) 140–43; ~ 3: Determination of citric acid[17)12)]: 190–92. – Determination of malic acid in plant tissue: Simultaneous determination of citric and malic acids[17)18)]: 288–91. – A still-head for rapid concentration in vacuo[17)]: 372. – Determination of ammonia and of amide nitrogen in plant tissue[17)12)]: **7** ('35) 152–56. – Determination of starch in plant tissue[17)]: **8** ('36) 92–97. – A mechanically operated continuous liquid-extraction apparatus[17)]: **11** ('39) 656f. – Method for determining glutamine in plant tissues[17)]: **12** ('40) 27–29. – Organic acids in plant tissues[18)17)]: **13** ('41) 244–46. – Determination of succinic acid in plant tissues[17)]: 412–15.

Analytical Chem. Determination of starch in plant tissues[12)17)]: **20** ('48) 850–53.

J. biol. Chemistry The isolation of trimethylamine from spores of Tilletia levis, the stinking smut of wheat[20)17)]: **97** ('32) 351–58. – The determination of the acids of plant tissue, 1: The determination of nitric acid[17)18)]: 605–15. – The preparation of glutamine[17)5)]: **109** ('35) 39–42. – Glutamine and asparagine in tobacco leaves[57)]: **113** ('36) 157–60. – A method to determine small amounts of citric acid in biological material[16)17)]: 235–45. – The organic acids of rhubarb (Rheum hybridum), 1: On the malic acid of rhubarb, with a note on the malic acid of tobacco leaves[5)17)]: **117** ('37) 599–604; ~ 2: The organic acid composition of the leaves[5)17)]: 605–17; ~ 3: The behavior of the organic acids during culture of excised leaves[18)17)]: **126** ('38) 43–54. – The metabolism of amides in green plants, 1: The amides of the tobacco leaf[17)18)12)]: **119** ('37) 369–82; ~ 2: The amides of the rhubarb leaf[17)12)18)]: **125** ('38) 527–38; ~ 3: The mechanism of amide synthesis[17)]: **128** ('39) 703–13. – The metabolism of the organic acids of the tobacco leaf during culture[18)17)]: **119** ('37) 523–34. – The red pigment of the root of the beet (Beta vulgaris), 1: The preparation of betanin[6)17)]: **123** ('38) 61–70; ~ 2: A method to determine betanin[6)17)]: 71–75. – The loss of carbon from excised rhubarb leaves during culture[17)]: **128** ('39) 685–702. – The metabolism of nitrogen in the leaves of the buckwheat plant[17)15)14)]: **129** ('39) 791f. – The assimilation of ammonia nitrogen by the tobacco plant: a preliminary study with isotopic nitrogen[17)15)14)]: **135** ('40) 531–39. – Preparation of asparagine[17)7)]: **145** ('42) 45–53. – Organic acids of the leaves of Bryophyllum calycinum: 511–23. – Identity of the so-called crassulacean malic acid with isocitric acid[17)]: 525–32. – Amide metabolism in etiolated seedlings, 1: Asparagine and glutamine formation in Lupinus angustifolius, Vicia atropurpurea, and Cucurbita pepo[17)]: **150** ('43) 197–207. – A microtitration method for the determination of small amounts of citric acid: **153** ('44) 133–37. – Synthesis of isocitric acid[17)]: **163** ('46) 169–84. – Preparation of optically active isocitric acid from Bryophyllum leaf tissue[1)17)]: **172** ('48) 579–88. – The metabolism of the organic acids of tobacco leaves, 1: Effect of culture of excised leaves in solutions of organic acid salts[17)8)13)12)]: **178** ('49) 557–75.

J. Nutrition [USA] Studies in human physiology, 5: Urine chemistry; comparison of 24-hour and short-period, basal excretion; correlations between urine constituents and menstrual and seasonal variation[10)3)]: **7** ('34) 131–67; ~ 6: Variations in blood chemistry over long periods of time, including those characteristic of menstruation[9)2)11)3)]: 169–93.

Plant Physiol. Glutamine metabolism of the beet[17)5)]: **11** ('36) 413–20. – Relationship of the organic acids of tobacco to the inorganic basic constituents[17)18)]: **13** ('38) 621–30. – Organic acid metabolism of the buckwheat plant[18)17)]: **14** ('39) 333–40. – Succinic acid as a metabolite in plant tissues[17)]: **16** ('41) 771–83. – Studies in the metabolism of crassulacean plants: Changes in the composition of Bryophyllum calycinum during growth[12)8)17)]: **22** ('47) 1–19; ~: Effect upon composition of Bryophyllum calycinum of the form in which nitrogen is supplied [12)8)17)]: 205–27; ~: Diurnal variation in organic acid and starch content of Bryophyllum calycinum[12)8)17)]: 360–76; ~: Behaviour of excised leaves of Bryophyllum calycinum during culture in water[12)8)17)]: 477–93; ~: The effect of temperature upon the culture of excised leaves of Bryophyllum calycinum[12)8)17)]: **23** ('48) 123–32; ~: Diurnal variation of organic acids and starch in excised leaves of Bryophyllum calycinum[17)1)12)]: **24** ('49) 610–20. – Correction of data for protein nitrogen in leaves of Bryophyllum calycinum[12)8)17)]: **23** ('48) 149–51.

Proc. nation. Acad. Sci. USA The catabolism of the non-volatile organic acids of tobacco leaves during curing[17)]: **19** ('33) 623–26.

Proc. Soc. exper. Biol. and Med. Artificial enrichment of beet-root tissue with glutamine[17)12)]: **68** ('48) 294–96.

Publ., Carnegie Instn. Washington Chemical investigations of the tobacco plant, 1: Chemical changes that occur in leaves of Connecticut shade-grown tobacco during early stages of curing [17)18)12)]: **445** ('33) 1–36; ~ 2: Chemical changes that occur in leaves of Connecticut shade-grown tobacco during culture in distilled water[17)18)12)]: 37–70; ~ 3: Determination of carbohydrates in tobacco leaf extracts: 71–77.

Science [USA] Glutamine in the tomato plant[17)5)]: **80** ('34) 459–61.

Mit: ¹) M. D. Abrahams; ²) K. A. Brownell; ³) M. E. Carmer; ⁴) A. C. Chibnall; ⁵) H. E. Clark; ⁶) L. C. Curtis; ⁷) C. G. Deuber; ⁸) W. D. Ginter; ⁹) F. R. Griffith, jr.; ¹⁰) F. D. Klein; ¹¹) J. D. Klein; ¹²) C. S. Leavenworth; ¹³) L. S. Nolan; ¹⁴) D. Rittenberg; ¹⁵) R. Schoenheimer; ¹⁶) C. C. Sherman; ¹⁷) H. B. Vickery; ¹⁸) A. J. Wakeman; ¹⁹) R. G. Westall; ²⁰) W. F. Hanna.

VI **PUGH,** William. Chem. — 1919–21 Stud., King's College, London; '22–37 Lecturer, '24 Ph.D., '38–54 Prof. and Head of the Departm. of Chem., '51–54 Dean of the Fac. of Sci., Univ. of Cape Town, Rondebosch, Cape Province; '39 D.Sc., Univ. of London; '54–55 Research Scientist, Univ. of Cambridge.

*1897, Jan. 8, Llannon, Carmarthenshire; †1955, März 12, Dublin.

Nekr. A. H. Spong, J. chem. Soc., London **1955,** 3566f.

Analyst The determination of ammonia in the presence of hydrazine[1)]: **78** ('53) 177–79.

J. appl. Chem. The determination of halogens in complex platinates: preliminary reduction with hydrazine: **4** ('54) 47f.

J. chem. Soc., London Germanium, 8 [eigentlich: 7]: The sulphides of germanium: **1930,** 2369–73; ~ 8: The action of ammonia on germanium tetrachloride: germanium imide[10)]: **1931,** 60–71. — Conditions for estimating antimony by the permanganic method: Potentiometric titration: **1933,** 1–4. — The reduction of permanganate in buffered solution: Potentiometric titration with hydrogen peroxide: **1934,** 1150f. — [Gallium, 1:] Complex fluorides of gallium and the alkali metals: **1937,** 1046–48; ~ 2: The extraction of gallium and germanium from germanite[7)]: 1371–73; ~ 3: The electrodeposition, purification, and dissolution of gallium[7)]: 1373–76; ~ 5: 1959–62; ~ 6: Separation of gallium and germanium from alkaline extracts of germanite by electrolysis[4)]: **1943,** 74–76; ~ 7: Gallium perchlorate hydrates and a gallium perchlorate–urea complex: 76f. — Mercurous perchlorate as a volumetric reagent for chlorides and bromides: **1937,** 1824f. — Mercurous perchlorate as a volumetric reagent for iron: **1945,** 588f. — Germanium (germanyl) ferrocyanide[6)7)]: **1950,** 949f. — [Hydrazine, 1:] The chlorostannates of hydrazine and 3,5,5-trimethylpyrazoline[9)]: **1952,** 4138–41; [~ 2:] The chlorostannates of dimethyl ketazine and certain hydrazones[9)]: **1953,** 354f.; ~ 3: The hydrazinium salts of complex fluoro-acids of tin, antimony, and bismuth[11)]: 1934–36; ~ 4: The bromostannates and bromostannites of hydrazine, dimethyl ketazine, and pentan-3-one hydrazone[11)]: 2491–93; ~ 5: Complex halides of aluminium and hydrazine[2)11)]: 2493–95; ~ 6: Salts of dimethyl ketazine and certain hydrazones; the halogeno-antimonites and -bismuthites[11)]: 3445–51; ~ 7: Some halogeno-antimonites and -bismuthites of hydrazine: **1954,** 1385–88; ~ 8: Some salts of 3, 5,5-trimethyl-Δ^2-pyrazoline and of 3,5,5-trimethyl-1-isopropylidene-Δ^2-pyrazolinium ion [11)]: 2423–28; ~ 9: Condensation products of aldehydes and ketones with salts of some substituted Δ^2-pyrazolines and hydrazines[3)9)]: 2429–34; ~ 10: Salts of some aldazines and ketazines[8)5)]: **1955,** 1753–55. — Some salts of secondary amines and of their condensation products with carbonyl compounds[3)9)]: **1954,** 4418–25.

J. inorg. and nuclear Chem. Separation of protactinium and zirconium by an anion-exchange column[12)]: **2** ('56) 114–17.

South african industr. Chemist The high vacuum technique for chemical research: **4** ('50) 22–26. — Mercury salts as volumetric reagents. Mercurimetry: 182–85.

Trans. roy. Soc. South Africa The stability of bromic acid and its use for the determination of bromide in bromates and in chlorides: **20** ('32) 327–32. — Germanium, 10: The system sodium germanate – water: Conductivity and freezing-point measurements, heterogeneous equilibria: **21** ('32) 67–74. — The influence of fluorides on the reduction of permanganate, 2: Potentiometric titrations with antimonious salts, arsenious acid, potassium iodide, and hydrogen peroxide: **22** ('34) 71–80. — Gallium, 4: The phosphates and arsenates of gallium[7)]: **25** ('38) 391–401.

Mit: ¹) W. K. Heyns; ²) M. C. B. Hotz; ³) M. Lamchen; ⁴) D. J. Lloyd; ⁵) R. H. Marks; ⁶) M. Peisach; ⁷) F. Sebba; ⁸) E. G. Sohn; ⁹) A. M. Stephen; ¹⁰) J. S. Thomas; ¹¹) H. C. G. Vincent; ¹²) A. G. Maddock.

VI **PUIG** (Puig Simón), Ignacio, S. I. Chem., Physik, Astron. – Estud. Ci. naturales, Física, Quím. y Teol.; 1912–16 Lector, Colegio de Sto. Domingo, Orihuela; '20 Dr. en Teol. y Sacerdote, Barcelona; después Prof. Química, Inst. Químico de Sarriá de Barcelona; '25– Sub-Dir., Observat. del Ebro, Tortosa; '35–44 Dir., Observat. de Física Cósmica de San Miguel, Repúbl. Argentina; '45–61 Dir. de la Revista "Ibérica", Barcelona.

*1887, Dez. 14, Manresa, Barcelona; †1961, Okt. 16, Barcelona.

Nekr. Noticias de la Provincia Tarraconense S. I. Nr. **144** ('61) 315–19.

Schriftenverzeichnis Escriptors Jesuïtes de Catalunya. Bibliografia 1931–1976 (Sant Cugat de Vallès, Barcelona '79) 233–49.

Teilsammlungen Actualidades científicas. Artículos publicados en el diario católico argentino "El Pueblo", **1** (Buenos Aires '38) 200 S. (Biblioteca científica del Observatorio de Física Cósmica de San Miguel, República Argentina, 8); **2** ('38) 214 S. (~ 10); **3** ('39) 232 S. (~ 11); **4** ('39) 255 S. (~ 14); **5** ('40) 287 S. (~ 15); **6** ('40) 285 S. (~ 17); Actualidades científicas **7**: Folletos editados por la Revista "Ibérica" (Manuales Revista "Ibérica" 5, 6, 7, 10, 11, 13, 14, 15, 16, 17, 23) (Barcelona '49). – Monografías científicas **1** (Barcelona '49); **2** ('52). – Inventario de los adelantos científicos **1** (Barcelona '51) 337 S.; **2** ('52) 354 S.; **3** ('53) 352 S.; **4** ('54) 352 S.; **5** ('55) 352 S.; **6** ('56) 352 S.; **7** ('57) 360 S.; **8** ('58) 358 S.; **9** ('59) 338 S.

HZ. Ibérica [Barcelona] 1945–1961.

S. Associação Portuguesa paro o Progresso das Ciências. XIII Congresso juntamente com o XX Congresso da Associação Espanhola para o Progresso das Ciências, Lisboa 1950, **1** (Porto Alegre '50) 143–59: Periodicidad de las épocas lluviosas y secas; la supuesta periodicidad del caudal del Ebro.

W. Vademecum del químico. Resumen de un curso general de química [2]('Barcelona '32) 237 S. (Estudios teórico-prácticos del Instituto Químico de Sarriá, Barcelona, 14), [3]('37), [4]('41), [5]('43), [6]('47) 269 S. (Manuales Revista "Ibérica", 19), [7]('50); portugies.: Resumo do curso geral de química ou Vademecum do químico (Porto Alegre '34) 238 S., ('35). – Historia natural (Barcelona '32) 2+444 S.; [2]('54); portugies.: (Porto Alegre '35) 582 S. – Química práctica (Barcelona '33) 16+415 S.; Neudruck: ('35). – Astronomía popular (Barcelona '33) 102 S. (Bibliotéca científico-popular de cuestiones actuales, 10), [2]('36); [3]('48) 318 S.(Manuales Revista "Ibérica", 28), [4]('49). – La pluralidad de los mundos habitados (Barcelona '34) 64 S. (Bibliotéca científico-popular de cuestiones actuales, 16). – La edad de la tierra (Barcelona '34) 64 S. (~ 17); (Buenos Aires '40) 43 S. (Biblioteca científica del Observatorio de San Miguel, República Argentina, 16); [2](Buenos Aires '50) 159 S. (Colección Austral, 990). – Hay habitantes en Marte ? (Barcelona '34) 64 S. (Biblioteca científico-popular de cuestiones naturales, 20). – El fin del mundo (Barcelona '35) 104 S. (~ 28/29); Neubearbeitung: (Buenos Aires '41) 245 S. – Curso general de química [3](Barcelona '34) 18+657 S., Neudr.: ('35); [4]('38); [5]('40) 6+657 S.; [6]('43) 18+667 S.; [7]('45) 784 S. (Manuales Revista "Ibérica", 4); [8]('50) 918 S.; [9]('54); [10]('56); [11]('60); portugies.: Curso geral de química (Rio de Janeiro–PortoAlegre–São Paulo '32), ('53) 585 S. – Manual de química elemental (Barcelona '35) 20+386 S. – Se aproxima una sequía universal ? (Buenos Aires '35) 20 S. (Publicaciones populares del Observatorio de San Miguel, República Argentina, Ser. C, 1); (Barcelona '46) (Manuales Revista "Ibérica", 13). – El sol y la tuberculosis (Buenos Aires '35) 20 S. (Publicaciones populares del Observatorio de San Miguel, República Argentina, Ser. F, 1). – El sol y el cáncer (Buenos Aires '35) 20 S. (~ Ser. F, 2). – El Observatorio de San Miguel, República Argentina (Buenos Aires '35) 40 S. (~ Ser. N, 2). – La paralización del mundo (Buenos Aires '35) 19 S. (Biblioteca científica del Observatorio de Física Cósmica de San Miguel, República Argentina, 1). – La expansión del universo (Buenos Aires '35) 19 S. (~ 2). – Cómo empezó el mundo ? (Buenos Aires '36) 23 S. (~ 3). – La materia interestelar (Buenos Aires '37) 24 S. (~ 4). – Los rayos cósmicos (Buenos Aires '38) 28 S. (~ 6). – El planetario Zeiss (Buenos Aires '38) 8 S. (~ 7). – Los rayos Gurwitsch o mitogenéticos (Buenos Aires '39) 51 S. (~ 12). – Las corrientes vagabundas (Buenos Aires '39) 38 S. (~ 14). – Movimientos lentos de la tierra (Buenos Aires '40) 68 S. (~ 18). – El problema de las heladas (Buenos Aires '41) 48 S. (~ 19). – Química prática para os estudiantes de Química dos cursos secundario e complementar (Porto Alegre '38) 487 S. – Química inorgánica. Responde ampliamente a los nuevas programas de los Colegios Nacionales, Escuelas Normales de Comercio e Industriales (Buenos–Aires–Barcelona ['38]) 24+311 S. – Química orgánica. Responde ampliamente ~ (Buenos Aires–Barcelona ['40]) 21+344 S. – La estratósfera (Buenos Aires '40) 155 S. – Mineralogía (Buenos Aires '40) 16+287 S. – Geología (Buenos Aires '40) 18+345 S. – Ascensión estratosférica argentina (Buenos Aires '40) 16 S. – Existen otros mundos habitados ? (Buenos Aires '41) 173 S.; (Barcelona '46) 192 S. (Manuales Revista "Ibérica", 12. Obras científicas, 2). – Cosmografía (Buenos Aires '41) 54 S. – Influencias lunares (Buenos

Aires '42) 158 S. — Los accidentes eléctricos (Buenos Aires '42) 55 S. (Publicaciones del Observatorio de San Miguel, 32. Publicaciones populares del Observatorio de San Miguel, República Argentina, 6); (Barcelona '46) 52 S. (Manuales Revista "Ibérica", 16). — Manual de astronomía, resumen sintético de nuestros conocimientos sobre el cosmos (Buenos Aires '42) 411 S. — Materia y energía; cuestiones científicas relacionadas con la filosofía (Buenos Aires '42) 315 S.; [2]('44) 389 S. — Nicolás Copérnico, 1543–1943; acto de homenaje en su cuarto centenario: Copérnico, fundador de la astronomía moderna (Buenos Aires '43) 32 S. (Publicaciones de la Institución Cultural Argentino-Germana, 13). — Elementos de cosmografía (Buenos Aires '43) 458 S. — Cómo y cuándo acabará el mundo? (Barcelona '44) 275 S. (Manuales Revista "Ibérica", 2); ('58) 225 S. — Qué son las radiaciones? Qué es la materia? Iones y electrones. Rayos cósmicos (Buenos Aires '44). — La conquista de la estratósfera (Bilbao '44) 46 S. (Ediciones de conferencias y ensayos, 14); (Barcelona '45) (Manuales Revista "Ibérica", 3). — Compendio de religión (Buenos Aires '44) 192 S. — Teorías físico-matemáticas (Buenos Aires '44) 74 S. — Qué es la física cósmica? (Buenos Aires '44) 221 S. (Colección Austral, 456); [2](Madrid '46) 225 S. — El sol y el cáncer (Barcelona '46) 23 S. (Manual Revista "Ibérica", 5). — El sol y la tuberculosis (Barcelona '46) 23 S. (~ 6). — La expansión del universo (Barcelona '45) 35 S. (~ 7). — La bomba atómica y las colosales reservas de energía de la materia (Barcelona '45) 196 S. (Manuales Revista "Ibérica", 8. Obras científicas, 1). — Química escolar (Barcelona '46) 14+349 S. (Manuales Revista "Ibérica", 9), [2]('51). — El secreto de la bomba atómica (Barcelona '46) 43 S. (~ 10). — Las maravillas del cosmos (Barcelona '46) 32 S. (~ 11). — La corrosión de los metales (Barcelona '46) 29.S. (~ 15). — La conservación de la madera (Barcelona '46) 100 S. (~ 17). — Las calorías de los alimentos (Barcelona '46) 152 S. (~ 18). — Influye la luna en la tierra? (Barcelona '47) 128 S. (~ 20). — El agrandamiento aparente de los astros en el horizonte (Barcelona '48) 19 S. (~ 23). — Los últimos adelantos de la ciencia (Barcelona '47) 230 S. (~ 24). — Los últimos adelantos de la técnica (Barcelona '48) 474 S. (~ 27). Fijación de fechas (Barcelona '50) 40 S. (~ 28). — La proyectada ascensión estratosférica argentina (Madrid '46) 20 S. (Publicaciones de la Real Sociedad Geográfica, Ser. B, 177). — Gran formulario industrial (Buenos Aires '46) 1165 S. — Manual de pequeñas industrias (artes industriales) (Buenos Aires '46) 237 S. — Manual de pequeñas industrias químicas (Buenos Aires '46) 182 S. — Manual de industrias de bebidas (Buenos Aires '47) 166 S. — Manual de industrias alimenticias (Buenos Aires '47) 174 S. — Proyectos de representación atómica y del sistema periódico de los elementos (Barcelona '47). — Recetario práctico para el hogar (Buenos Aires '47) 214 S. — Los recientes progresos en física (Buenos Aires '48) 216 S. — Los recientes progresos en química (Buenos Aires '48) 220 S. — Facilidades que ofrece para los cálculos de la navigación el extracto del Almanaque náutico (Barcelona '48). — Recuerdos Ignacianos en Manresa (Barcelona '49) 132 S. — Los recientes progresos en electrónica (Buenos Aires '50) 216 S.; (Madrid '51) 216 S. — Album de Manresa Ignaciana (Barcelona '50) 97 S. u. 92 Tafeln [fünfsprachig]. — Demostración científica de la existencia de Dios (Valencia '50) 24 S. (Folletos populares, 2). — La astronomía contada con sencillez (Madrid '51) 377 S. (Biblioteca contada con sencillez, 2), [2]('60) 397 S. — La Cueva de San Ignacio en Manresa (Barcelona '53) 30 S.; französ.: La Grotte de Saint Ignace à Manrèse (Barcelona '53) 29 S. — Aprovechamientos agrícolas e industriales del Gállego (Barcelona '53) 36 S. — Primer centenar de pequeñas industrias y trabajos manuales (Barcelona '53) 21+342 S. — Segundo centenar de pequeñas industrias y trabajos manuales (Barcelona '54) 361 S. — Obras de la "Confederación Hidrológica" del Júcar (Barcelona '54) 40 S. — La energía nuclear; las bombas "A", "H" y "Co" (Barcelona '54) 419 S. — San Pedro Claver, S. I., apóstol de los negros (1654–1954) (Barcelona '54) 70 S. — Presente y futuro de la producción de electricidad por energía atómica (Barcelona '55) 110 S. — San Ignacio de Loyola y Barcelona; monografía histórica publicada con motivo del cuarto centenario de la muerte del santo, 1556–1956 (Barcelona '55) 152 S. — Aprovechamientos hidroeléctricos de la Cuenca del Tajo (Barcelona '55) 35 S. — El satélite artificial. Hacia la conquista del espacio (Barcelona '56) 187 S. — San Ignacio en Montserrat; la vela de las armas (Barcelona '56) 142 S. — Los satélites rusos y americanos (Barcelona '58) 254 S. — La conservación de la madera (Barcelona '58) 100 S. — Virtudes curativas del magnesio; complicación de estudios de eminencias médicas, zootécnicas y agronómicas sobre los beneficiosos efectos del magnesio en el hombre, en los animales y en las plantas (Barcelona '58) 149 S.; [2]('66) 158 S.; [3]('74) 160 S. — Plan Badajoz. Obras de transformación fuera del sistema Cijara-Zújar (Barcelona '59) 15 S. — El "Plan Jaen" (Barcelona '60) 309 S. u. 80 Tafeln. — Atlas de astronomía (Barcelona '61) 88 S.; ('66). — La comarca de "Las Hurdes". Su pasado, presente y futuro (Barcelona '61) 48 S. — La naturaleza **3**: Botánica (Barcelona '61) 212 S.; **4**: Geología y Astronomía ('62) 96 S.

Anales Asoc. españ. Progr. Ci. El nuevo Observatorio de Física Cósmica en San Miguel

República Argentina): **3** ('36/39) 267–74. — La fórmula de estructura de los feldespatos: **6** ('41) 915–20. — El estado gaseoso en la teoría de las valencias positivas y negativas: **7** ('42) 531–34. — La predicción de las heladas: **10** ('45) 265–82. — El agrandamiento aparente de los astros en el horizonte: **13** ('48) 540–60. — Periodicidad de las épocas lluviosas y secas. La supuesta periodicidad del caudal del Ebro: **16** ('51) 35–50. — Un nuevo colector de potencial atmosférico para observaciones de campo: **17** ('52) 450–56. — La utilización de la energía solar: **22** ('57) 29–61.

Barcelona San Ignacio y Barcelona: Nr. **32** ('57) 303–06.

Estudios [Buenos Aires] El fin del mundo: **53** ('35) 353–69. — La expansión del universo: 420–36. — El nuevo Observatorio de San Miguel. Lo que pretende ser: **54** ('36) 25–38. — Como empezó el mundo ?: 337–57. — La materia interestelar: **56** ('37) 215–36. — La teoría de la relatividad: 293–314. — Los rayos cósmicos: **57** [?] ('37) 127–54. — Los rayos Gurwitsch o mitogenéticos: **59** ('38) 113–52. — La hora de verano: **60** ('38) 621–32. — Los accidentes eléctricos: **61** ('39) 127–46. — Los estupefacientes: **62** ('39) 19–28. — La figura del P. José A. Pérez del Pulgar, S. I.: **63** ('40) 5–26. — Principales fenómenos astronómicos de 1941: **65** ('41) 75–78, 241–46; **66** ('41) 57f., 350–54. — Virtudes atribuidas a los iones: 201–12. — Principales fenómenos atmosféricos de 1942: **67** ('42) 100f., 153f., 425–27; **68** ('42) 235f.; ~ de 1943: **69** ('43) 62–65, 259–62; **70** ('43) 73–75, 341–43. — El agua pesada: **67** ('42) 142–47. — Influencia de la luna en las lluvias: 248–54. — Las jornadas astronómicas de Córdoba: **68** ('42) 295–306. — Las estrellas supernuevas: **69** ('43) 136–44. — La luna y el tiempo: 358–64. — Teoría sobre las estrellas nuevas y supernuevas: **71** ('44) 157–63.

Gerlands Beitr. Geophysik Das neue Observatorium für kosmische Physik in San Miguel: 48 ('36) 90–93.

Ibérica [Barcelona] Argentina. El nuevo mapa magnético: **42** ('34) 211f. — Las corrientes vagabundas: **44** ('35) 201–04, 217–21, 251–56. — El nuevo Observatorio de Física Cósmica en San Miguel (República Argentina): **45** ('36) 24–28. — La predicción de las heladas a largo plazo: (2) **1** ('45) 21–23. — Biografías de científicos ilustres: P. Longinos Navás, S. I.: 24–28; ~: P. Luis Rodés, S. I.: 169–72; ~: José Comas y Solá: 193–96; ~: Jorge Ellery Hale (1868–1938): 291–95; ~: P. José A. Pérez del Pulgar (1875–1939): 337–40, 344. — La predicción de las heladas a corto plazo: 47–50. — Curiosidades científicas: 53–56, 146–48, 152. — Las minas submarinas: 64–68. — Información astronómica y geofísica: 76–78, 98–100, 149–51. — Las minas magnéticas: 87–90. — Sustitutos industriales: 113–17. — La auscultación de las construcciones: 137–40, 145. — El celofán: 161–64. — El celuloide: 184–86. — La bakelita: 215–18. — Intentos de provocar artificialmente la lluvia: 233–35. — Se llegará a provocar artificialmente la lluvia ?: 257–59. — La gasolina sintética: 279–85. — La fuga de las nebulosas espirales: 402–06. — La teoría de la expansión del universo: 521–24. — Reparos a la teoría de la expansión del universo: **2** ('45) 12–16. — Manera de fabricarse por sí mismo un telescopio: 65–68. — El sol y el cáncer: 133–37. — Instrumental para desintegraciones atómicas: 320–24. — Agentes de desintegración atómica: 345–51. — Energía subatómica y másica: 372–75, 384. — Reacciones termonucleares: 418–22. — Procesos termonucleares de los astros: 442–47. — Mantenimiento del calor solar: 540–43. — Mecanismo de la bomba atómica: **3** ('46) 11–15. — Porvenir de la energía atómica: 63–67. — El sol y la tuberculosis: 106–12. — Qué hay de verdad sobre las supuestas comunicaciones astrales ?: 158–60. — Qué es el átomo ?: 208–11. — Quiere Vd. aprender a conocer las fibras que usa ?: 213–15. — La plaga del humo: 260–62. — Energía en el átomo: 274–476. [?]. — El polvo que contamina la atmósfera: 542–45. — La iluminación del porvenir: 567–70, 576. — Cualidades de la madera con miras a su desecación: **4** ('46) 43–46, 48. — La humedad en la madera: 114–19. — Desecación artificial de la madera: 153–59. — Desecación de la madera según el sistema Ihne: 203–09. — Los desecadores de madera: 352–57. — La cochinilla: 497–500. — Irregularidades de la rotación terrestre: **5** ('47) 58–61. — Efectos biológicos de las ondas hertzianas: 249f. — La tintura de tornasol y algo referente a la orceina: 351–55. — Producción directa de sonidos por electricidad: **6** ('47) 17–19. — Síntesis de los progresos científicos realizados en 1946: 50–54, 66. — La calefacción por losas radiantes: 251–54, 273. — Acciones biológicas atribuidas a la luz: **7** ('48) 175–78. — Comparación entre el cielo boreal y el austral: 297–99. — La astronomía en el Celeste Imperio: 416–19. — Síntesis de los progresos científicos realizados en 1947: **8** ('48) 21–28. — Los diferentes "efectos" descubiertos en Física: 55–60. — Un astrónomo excepcional: Buenaventura Suárez, S. I., 1679–1750: 381–84. — Los carbones para arco voltaico: **9** ('49) 296–301, 317. — Síntesis de los progresos realizados en 1948: 377–83, 399. — Las "V" de la segunda guerra mundial: 417–21. — Las armas secretas alemanas: 456–60. — Epocas de sequía y de lluvia en España durante la antigüedad: **10** ('49) 138–42; ~ durante los siglos XVI, XVII y XVIII: 177–81; ~ durante el siglo XIX: 216–21. — Los ciclos cronológicos: 257–60. — Las subdivisiones del año: 297–303. — Por qué la Pascua coincide siempre con la luna llena ?: 337–41. — La letra dominical y la epacta: 377–81. — Determinación de la fecha de la Pascua por cálculo: 417–19. — Determinación de la fecha de la Pascua por tablas: 455–59. — Qué hay sobre la superbomba atómica de helio?: **11** ('50) 57f. — Un calendario perpetuo: 96–99. — La estación depuradora de aguas potables de Manresa: 337–43. — Primeros conatos del cine en relieve: **12** ('50) 57–61. — El cine en relieve por los anaglifos: 97–102. — Hacia la realización del cine en relieve: 137–40. — Síntesis de los progresos realizados en 1949: En física y química: 217–20; ∼: En técnica e ingeniería y en electrónica: 257–61; ∼: Astronomía, aeronáutica, geología, antropología y prehistoria: 297–300; ∼: Botánica y zoología, biología, medicina e higiene: 337–41. — El XX Congreso hispano-portugués para el Progreso de las Ciencias: 457–59. — Las instalaciones de la "Unión Eléctrica de Cataluna", 1: Las instalaciones de los Valles de Arán y de Ribas: **13** ('51) 97–102; ∼ 2: Las instalaciones en el río Flamisell: 138–41; ∼ 3: Las instalaciones del Pallaresa y del Segre: 216–21; ∼ 4: Centrales hidroeléctricas del Ebro y térmicas: 297–302. — Novedades scientíficas y técnicas: 176–83, 199, 255–60, 279, 376–82, 455–58; **14** ('51) 55–63, 80, 95–104, 135–42, 157, 175–84, 215–24, 255–63, 455–61; **16** ('52) 17–21, 39, 55–61, 77, 95–99. — Aprovechamiento de la cuenca del Ribagorzana, 1: Características de esta cuenca: **13** ('51) 337–46; ∼ 2: Plan de su aprovechamiento integral: 415–25; ∼ 3: Realizaciones: **14** ('51) 22–31. — Las instalaciones de "Compañía de Fluido Eléctrico, S. A.": 295–305. — La "Hidroeléctrica de Cataluña, S. A.", 1: Trabajos en el Alto Pallaresa (Lérida): 339–50; ∼ 2: Trabajos hidroeléctricos en el Ter (Gerona): 375–81. — La empresa "Fuerzas hidroeléctricas dol Segre, S. A.": 415–23. — Novedades científicas: **15** ('52) 16–26, 55–64, 94–103, 116, 143–47, 215–23, 238, 334–42, 359, 415–23, 454–58. — Los aprovechamientos hidráulicos de la cuenca del Guadalhorce: 175–87. — Las sales potásicas de Sallent (Barcelona): 255–60. — Las sales potásicas de Balsareny (Barcelona): 295–300. — Eugenio Saz, S. J. (1878–1952): 310f. — El pantano de Barasona (Huesca): 375–81, 396. — Nuevos productos de la industria química: **16** ('52) 135–39. — Adelantos en electrónica: 175–80, 193. — Nuevos aparatos para el laboratorio y la industria: 215–20; **20** ('54) 215–22; **21** ('55) 454–59; **23** ('56) 453–57. — El pantano del Ebro: **16** ('52) 255–64, 279. — Novedades en materias plásticas: 295–00; **31** ('60) 454–57. — El pantano de Alloz (Navarra): **16** ('52) 339–45, 359. — Las sales potásicas de Cardona: 374–82. — El pantano de Mansilla (Logroño): 415–22. — El aprovechamiento integral del Ebro: 455–60. — El pantano de Arguis (Huesca): **17** ('53) 17–22. — Los pantanos de la Peña y de las Navas (Huesca): 54–60. — Pantanos de González Lacasa y Amós Salvador (Rioja): 95–101. — Los pantanos de Ardisa y de la Sotonera (Alto Aragón): 134–44. — Aprovechamientos hidroeléctricos de "Eléctricas Reunidas de Zaragoza": 175–79. — Aprovechamientos hidroeléctricos de "Energía e Industrias Aragonesas": 215–25, 232. — Progresos en análisis físicos y químicos: 255–59, 279. — Pantano de Yesa y canal de las Bardenas (Navarra): 295–302. — Nuevas fibras textiles: 335–40. — Nuevos productos químicos: 376–80, 400; **18** ('53) 255–61; **21** ('55) 415–20. — Notables avances en óptica: **17** ('53) 415–20. — Nuevos instrumentos de trabajo: 454–57. — El pantano de San Pons en el río Cardoner, afluente del Llobregat: **18** ('53) 16–27, 37. — Nuevos mecanismos detectores y reguladores: 55–60. — Notables aplicaciones de los ultrasonidos: 94–99. — Nuevos recubrimientos metálicos: 135–41. — Progresos en electrotecnia: 175–80; **21** ('55) 175–78, 196. — Progresos de luminotecnia: **18** ('53) 215–21. — Nuevos productos metalúrgicos: 295–99, 319. — Aislamiento eléctrico de los seres vivos: 335–38. — Nuevas técnicas químicas: 375–80; **22** ('55) 95–99, 255–59. — El pantano de Alarcón en el Júcar: **18** ('53) 415–21. — Los pantanos del río Turia: 455–60, 467. — Recientes investigaciones fisicoquímicas: **19** ('54) 17–22; **20** ('54) 375–78, 396; **21** ('55) 335–39, 357. — Las obras hydráulicas de Alicante: **19** ('54) 55–62. — Instalaciones de la "Sociedad Hidroeléctrica Española": 95–106. — Novedades en electrónica: 135–40, 159; **22** ('55) 295–99; **24** ('56) 95–99. — Aprovechamientos hidráulicos de la provincia de Castellón: **19** ('54) 175–88. — La bomba atómica "A", "H" y "C": 215–21, 235. — Las obras hidroeléctricas de "Iberduero": 255–62. — El pantano y central del Esla: 295–301, 319. — Los Saltos de Villalcampo y de Castro (Zamora): 335–43, 358. — Las obras hydráulicas de la Confederación Hidrográfica del Duero: 375–82, 400. — La central térmica de Compostilla en Ponferrada: 415–24, 439. — Los aprovechamientos hidroeléctricos de "Fenosa" en los ríos Miño y Limia: 455–61, 482. — Instalaciones hidroeléctricas de "Saltos del Sil, S. A.": **20** ('54) 15–27, 40. — Novedades en acústica: 55–61. — Nuevas técnicas en la industria metalúrgica: 95–99; **23** ('56) 335–39, 359. — Los últimos avances en electrónica: **20** ('54) 135–40, 153. — Progresos en fotografía: 173–79, 197. — Nuevas técnicas en las industrias químicas: 255–60; **32** ('60) 175–79, 196. — Progresos en la calefacción y refrigeración: **20** ('54) 295–99, 320. — Avance en el conocimiento del sistema solar: 335–40, 358. — Las realizaciones hidroeléctricas de la "Enher" en el Noguera Ribagorzana: 415–25, 439. — Recientes progresos en la industria del caucho: 454–56. — Las instalaciones eléctricas de "Electra de Viesgo", en Santander: **21** ('55) 15–25. — Las instalaciones de "Electra de Viesgo" en Asturias: 55–64. — Aprovecha-

obradas por los radioisótopos: 95–98, 118. — El oro en España: Las minas de Rodalquilar (Almería): 134–45, 148. — La Universidad Laboral de Gijón: 175–81, 198, 215–24, 239. — El análisis químico mejora y se simplifica: 255–60. — Las últimas realizaciones hidroeléctricas de "Fenosa": 295–306. — Nuevos combustibles y carburantes: 335–39. — Aprovechamiento de los recursos hidráulicos de Galicia por "Fenosa": 375–86. — El más importante traslado monumental de Europa, realizado por "Fenosa": 414–21, 439. — Nuevas técnicas metalúrgicas: 455–57, 476. — Nuevas técnicas biológicas: **35** ('62) 16–19. — Crónicas: Vida práctica: 307–12, 318, 339–44, 383–89, 461, 478.

Razón y Fe Colaboración internacional para la medida de distancias estelares: **98** ('32) 497–513. — El segundo año polar internacional (1932–1933): **99** ('32) 235–39. — El XIII Congreso de la Asociación Española y Portuguesa para el Progreso de las Ciencias: 498–522. — La exploración de la alta atmósfera: **101** ('33) 375–83. — Inauguración del Observatorio de San Miguel (República Argentina): **110** ('36) 372–86. — Los últimos adelantos de la ciencia: **135** ('47) 28–48. — Novedades de física: **143** ('51) 411–20; **145** ('52) 528–37; **146** ('52) 468–75; **147** ('53) 407–14. — Novedades de química: **148** ('53) 281–89; **151** ('55) 57–65. — Novedades de electrotecnia: **149** ('54) 55–62. — Novedades en electrónica: **152** ('55) 317–24. — Curiosas aplicaciones de los radioelementos: **155** ('57) 259–68. — Crónica química: **156** ('57) 469–82; **159** ('59) 397–406. — Crónica electrónica: **160** ('59) 239–49.

Revista astron. Origen de las estrellas dobles: **8** ('36) 363–72. — Origen de las estrellas "novae": **9** ('37) 356–76. — La teoría de la relatividad en sus relaciones con la astronomía: **10** ('38) 353–69. — La fotometría astronómica: **11** ('39) 102–07. — El primer astrónomo argentino: 199–204.

Terrestrial Magnetism and atmospher. Electr. The new Observatory at San Miguel, Argentina: **41** ('30) 211. — The new San Miguel cosmophysical observatory: 311f.

VI **PULLIN,** Victor Edward Anthony. Radiol. (techn.). — Stud., Exeter College, Oxford; 1916–19 Assist. Metallurgist, '19–38 Dir. of Radiol. Research, Arsenal Research Departm., Woolwich; '39–45 Consultant to the Ministry of Aircraft Production; '45–56 Consultant to the Ministry of Supply. — '33 Commander of the Order of the Brit. Empire. (☒)
*(Lancashire);
†1956, Aug. 4.

Nekr. Engineer [London] **202** ('56) 220.

W. x-Rays, past and present (m. W. J. Wiltshire) [Neuaufl.] (London '32) 230 S. — Engineering radiography (London '34) 7+135 S.

Engineer [London] Radium in engineering inspection: **153** ('32) 492–94. — A portable x-ray laboratory: **154** ('32) 594. — Radium in engineering practice: **155** ('33) 304–06. — Radiographic examination of rivets: **158** ('34) 429. — Radiology in the welding art: **159** ('35) 402–05. — Notes on the use of radon in engineering: **188** ('49) 452f. — Inspection by radon of large high-pressure vessels: **189** ('50) 262f. — The selection of industrial radiographers: **191** ('51) 116f. — Protective measures of radioactive isotopes: **193** ('52) 660–62. — The economic aspect of radiographic inspection: **194** ('52) 641–43. — Standardisation of x-ray apparatus: **197** ('54) 903f.

Engineering Radium in engineering practice: **135** ('33) 340–42.

Iron and Coal Trades Rev. Industrial radiography. Applications to welding practice: **148** ('44) 829–31.

J. Instn. electr. Engr. Radiography - an aspect of non-destructive testing: **84** ('39) 535–44.

J. roy. Soc. Arts The radiographic application of radium: **82** ('34) 307–22.

Mechanical World and Engng. Rec. Radium in engineering practice: **93** ('33) 340–44.

Usine Radium in the service of the metallurgist: **42** ('33) Nr. 37, S. 25.

Welding Industry Radiographic examination of welds: **5** ('37) Nr. 3, 104–07.

Welding [London] Radon - its place in non-destructive testing: **18** ('50) 166–69.

VI **PUPIN,** Michael Idvorsky. Elektrotechn. — 1901–29 Prof., '29 Prof. Emer., Columbia Univ., New York; '16 Pres., Radio Inst. of America; '25–26 Pres., American Assoc. for the Advancem. of Sci.; '25–26 Pres., American Inst. of Electr. Engrs.; Pres., New York Acad. Sci.; Pres., Univ. Club of New York; Chairman, Engng. Foundat. — '25 Hon.L.H.D. (George Washington Univ., Washington, D.C.); '26 Hon.LL.D. (Marietta College, Marietta, Ohio); '26 Hon.LL.D. (Ohio Wesleyan Univ., Delaware, Ohio); '29 Dr.h.c. (Univ. Beograd); '29 Dr. h.c. (Univ. Praha); [weitere Ehrendoktorate siehe Bd. VI!]. — '02 Elliot Cresson Medal (Franklin Inst., Philadelphia, Pa.); '16 Prix Hébert (Acad. Sci. Paris); '20 Edison Medal (American Inst. of Electr. Engrs.); '20

Gold Medal (Nation. Inst. of Social Sci.); '24 Honor Medal (Radio Inst. of America); '28 George Washington Award (Western Soc. of Engrs.); '32 John Fritz Gold Medal (jointly by the four Nation. Engineering Societies); foreign governmental decorations (Yugoslavia, Czechoslovakia).

*1858, Okt. 4, Idvor, Banat;

†1935, März 12, New York.

Ehrung The Pupin Physics Laboratories (Columbia Univ., New York).

Nekr. B. Davis, Biographical Mem., Nation. Acad. Sci. USA **19** ('38) 307–23 (m. Bildn., Faks., Schr.verz.). — D. C. Jackson, Proc. amer. Acad. Arts and Sci. **72**.1936/37 ('38) 379–85. — F. B. Jewett, Scientific Monthly **40** ('35) 477f. (m. Bildn.). — A. E. Kennelly, Proc. amer. philos. Soc. **75**.1935 ('36) 335–38. — Kiebitz, Telegraphen- u. Fernsprechtechn. **24** ('35) 98. — W. Menzel, Sendung **12** ('35) 215. — G. B. Pegram, J. opt. Soc. America **26** ('36) 76. — E. F. Petritsch, Elektrotechnik u. Maschinenbau **53** ('35) 239. — W. Rihl, Elektrotechnische Z. **56** ('35) 470 (m. Bildn.). — C. F. Scott, American J. Sci. (5) **29** ('35) 540f. — K. W. Wagner, Elektrische Nachr.-Techn. **12** ('35) 159–62. — A. P. Wills, Science [USA] (N.S.) **81** ('35) 475–79. — A. R., Nature [London] **135** ('35) 461f. — Annales Postes, Télégraphes et Téléphones **24** ('35) 489. — Europäischer Fernsprechdienst **39** ('35) 139f. (m. Faks.). — Ingenieur ['s Gravenhage] **50** ('35) 120. — Social Service Rev. [Chicago, Ill.] **9** ('35) 332.

Zur Biogr. A. Beard, Our foreign-born citizens: what they have done for America (T. Beard) [4](New York '41) 283–89; Neudrucke: ('44), ('46), ('51). — H. J. Ettlinger, Four sparkling personalities: Scripta math. [USA] **8** ('41/42) 237–50 (m. Bildn.). — P. Lombardi, Di Heaviside, Vaschy, Pupin e qualche altro: Alta Frequenza **22** ('53) 39–43. — E. Lowenstein, Picture book of famous immigrants (New York '62) 36–38. — D. Markey, Explorer of sound: Michael Pupin (New York '64) 191 S.

Zum 100. Geb.tag E. S. Barr, American J. Physics **26** ('58) 117f. (m. Bildn.). — Telefunken-Ztg. **31** ('58) 269.

Autobiogr. From immigrant to inventor. Neuauflagen (New York '49) 6+396 S. (m. Bildn.), ('60) 396 S. (The Scribner library, SL 26); serbokroat.: Od pastirja do izumitelja **1** (Ljubljana '31), **2** ('32); russ.: (New York '53) 411 S.; gekürzte Ausgabe: From immigrant to inventor, an example for young Americans (NewYork–Chicago, Ill. '34) 5+193 S.; ferner Auszug in: Four biographies (J. E. Greene) (School edition) (New York '56), Neuaufl. u. d. T.: Five biographies (J. E. Greene) (New York '67).

American Scholar Our debt to Joseph Henry, scientist: **2** ('33) 132–38.

Electrical Commun. Balancing cables for inductive networks: **10** ('32) 218–22.

Electrical Engng. [USA] Impedance curves of composite cable: **52** ('33) 115–18. — The equation of electrical propagation: **53** ('34) 691–94.

Scribner's Mag. A message from science: **93** ('33) 300–03.

VI **PUPPINI,** Umberto. Hydraul. — 1903–08 Stud., '08 Laureato, '10–12 Assist., '12–14 Libero Doc., '20–23 Prof. straord., '23–36 Prof. ord., R. Scuola d'Ingegneria, Bologna → '36–46 Prof. ord., '36–45 Pres. della Fac. d'Ingegneria, Univ. di Bologna; Sindaco della Città di Bologna; '34–35 Ministro delle Comunicazioni; '35–39 Pres., Azienda Generale Ital. Petroli; '38–41 Pres. della Classe di Sci. fisiche e Vice-Pres., R. Accad. Sci. dell'Ist. di Bologna.

*1884, Aug. 16, Bologna;

†1946, Mai 21, Bologna.

Nekr. G. Evangelisti, Rend. Sess. Accad. Sci. Ist. Bologna, Cl. Sci. fisiche **51** ('46/47) 69–82.

S. Enciclopedia italiana di scienze, lettere ed arti **18** ([Roma] '33) 711–20: Idraulica; 769–71: Idrostatica. — Atti del II Congresso dell'Unione matematica italiana, Bologna 1940 (Roma '42): Le matematiche e l'ingegneria.

W. Le opere pubbliche del Fascismo (Padova '37) 39 S. (Facoltà di scienze politiche della R. Università di Padova. Corso di dottrina e attività fascista per stranieri). — Le utenze irrigue del Piacentino e la progettata deviazione di acque dal bacino dell'Aveto (Piacenza '38) 35 S. — Ancora sulla deviazione di acque dal bacino dell'Aveto. Bologna, 20 gennaio 1939 (Piacenza '39) 7 S. — Idraulica (Bologna '47) 16+678 S.

Annali Lavori pubbl. Note sulla definizione del coefficiente di viscosità: **74** ('36) 159–62.

Atti Ist. nazion. Assicuraz. Il petrolio: necessità e possibilità per l'Italia: **9** ('37) 20–32.

Atti Soc. ital. Progr. Sci. Luigi Ferdinando Marsili, precursore negli studi sui mari e sui fiumi: **27**.1938, 6 ('39) 574–77.

Boll. Unione mat. ital. Gli studi di matematica e l'ordinamento delle facoltà di ingegneria: (2) **2** ('40) 358f.

Calore Combustibili e autarchia: **11** ('38) Nr. 9.

Elettrotecnica Influenza sui regimi fluviali dell'esercizio non uniforme di impianti idraulici: **20** ('33) 504–10. — Temperature nelle dighe di muratura. Interpretazione di dati di esperienza: 21 ('34) 14–18.

Energia elettr. Verifica durante una notevole pioggia del funzionamento di canali di bonifica: 14 ('37) Nr. 6. — Alcune precisazioni sulla equazione generale del moto delle correnti d'acqua: 15 ('38) 673–75. — Il coefficiente udometrico alla luce di considerazioni di omogeneità: 16 ('39) 700. — Canale in parallelo lungo un tratto di corso d'acqua: Studio delle portate e dei profili di pelo libero: 17 ('40) 4–10. — Canale in parallelo ad un tratto di corso d'acqua. Formazione di un salto: 19 ('42) 117–19.

Ingegnere Coefficienti udometrici per generica scala di deflusso: 6 ('32) Nr. 4. — Influenze di afflusso e di invaso preesistenti alla pioggia sul valore del coefficiente udometrico: Nr. 6.

Memorie R. Accad. Sci. Ist. Bologna, Cl. Sci. fisiche Coefficienti udometrici per canali di bonifica o di fognatura con afflusso ed invaso preesistenti alla pioggia: (8) 9 ('31/32) 27–30. — Coefficienti udometrici per variazioni notevoli della portata di afflusso: 10 ('32/33) 3–10. — La legge di rifrazione nel moto delle acque filtranti dedotta dal criterio del massimo di portata: (9) 2 ('35) 75–81. — Note sulla definizione del coefficiente di viscosità: 3 ('36) 11–15. — Verifica di formule di deflusso dei canali di bonifica durante una notevole pioggia: 4 ('37) 103–11. — Alcune precisazioni sulla equazione del moto vario nelle correnti d'acqua: 5 ('38) 51–57. — Sull'uso della legge di similitudine nello studio della resistenza al moto delle navi: 6 ('39) 87–92. — Canale in parallelo lungo un tratto di corso d'acqua; studio delle portate e dei profili di pelo libero: 7 ('40) 15–31. — La similitudine parziale nello studio della resistenza al moto delle navi: 8 ('41) 105–. — Canale in parallelo ad un corso d'acqua. Formazione di un salto: 9 ('42) 3–8. — La forma originaria del teorema di Daniel Bernoulli nell'idrodinamica: 10 ('43) 75–86. — Sulla forma dell'equazione del regime permanente nelle correnti liquide: (10) 1 ('43) 67–73. — Sulla forma dell'equazione del regime vario nelle correnti liquide: 2 ('44) 147–54. — Canali di bonifica. Le piogge più gravi compatibili col franco in immediato raffronto con la possibilità climatica: 3 ('45) 137–42.

Rassegna ital. Politica e Cultura La politica delle comunicazioni marittime col Levante: 17 ('34) Aug./Sept.-Nr. (= Fasc. spec. "L'Italia e il Levante") 164–.

Rend. Sess. R. Accad. Sci. Ist. Bologna, Cl. Sci. fisiche Sul tempo di riassetto isotropico dell'acqua e sulla validità delle equazioni del Navier: 38 ('33/34) 93–100.

Ricerche Ingegneria Coefficienti udometrici per variazioni notevoli della portata di afflusso: 1 ('33) 37–40. — Sul tempo di riassetto isotropico dell'acqua e sulla validità delle equazioni del Navier: 2 ('34) 104–06. — La legge di rifrazione nel moto delle acque filtranti dedotta dal criterio del massimo di portata: 3 ('35) 99–101.

Scienza e Tecnica Indirizzi didattici nelle scuole di ingegneria: 5 ('41) 11–14.

Ferner eine Denkschrift: „Contributo alla conciliazione di interessi idroelettrici e irrigui nella regolazione del Lago Maggiore" (Milano '42).

V,VI **PUŠIN** (Puschin), Nikola Antonović. Chem. (physikal.). — 1928–40 Ord. Prof. u. Dir. d. Chem.-Technol. Inst., '45–47 ord. Prof. u. Dir. d. Inst. f. physikal. u. Elektrochem., Techn. Fak., Univ. Beograd. — '27 Dr. phil. h.c. (Univ. Ljubljana). — '02 [?] Beketov-Preis (Russ. Physikal.-Chem. Ges.); '14 Il'enkov-Preis (Physikal.-Math. Fak., Univ. Petersburg).
*1875, Febr. 7, Saratov, Rußland;
†1947, Okt. 23, Beograd.

Nekr. G. Druce, Chemistry and Industry **1948**, 813. — M. Milanković, Godišnjak, Srpska Akad. Nauka 54 ('47) 527–30. — P. S. Tutundžić, Glasn. hemiskog Druš. [Beograd] 12 ('47) 189–204 (m. Bildn. u. Schr.-verz.).

Zur Bibliogr. N. N. Beketov, N. A. Pušin, P. P. Fedot'ev, Naučnye trudy po metallurgii aljuminija [Wissenschaftliche Arbeiten auf dem Gebiet der Metallurgie des Aluminiums] (A. J. Beljaev) (Moskva '50); darin S. 19–22: A. I. Beljaev, Die Arbeiten N. A. Pušins auf dem Gebiet der Metallurgie des Aluminiums [russ.]; S. 23–46 u. 47–78: Wiedergabe zweier Arbeiten N. A. Pušins (u. Mitarbeiter) aus den Jahren 1913 u. 1914 [russ.].

MHZ. (Redakt.) Glasn. hemiskog Druš. [Beograd] 1 ('30) – 12 ('47).

W. Jedinstvo materije [Die Einheit der Materie] (Beograd '35) 12 | 1 S. (Biblioteka Kolarčevog narodnog univerziteta).

Ber. dtsch. chem. Ges. Binäre Systeme, welche Arsentrichlorid und 10-Chlor-9,10-dihydro-phenarsazin enthalten[7]): 71 ('38) 798–801.

Glasn. hemiskog Druš. Kraljevine Jugoslavije Verbindungen des Harnstoffs und Urethans mit Säuren und Phenolen[23]): 3 ('32) 65–74. — Brechungsindex von flüssigen Gemischen mit Essigsäure[14]): 141–45 [m. französ. Zusammenfassg.]. — Gleichgewicht in binären Systemen mit Erythrit als Komponente[3]): 157–63 [~]. — Zustandsdiagramme von binären Systemen mit Essigsäure oder Aminen als Komponenten[23]): 179–83 [~]. — Brechungsindex flüssiger Gemische mit Benzol als Komponente[14]): 185–88. – Legierungen des Galliums mit Zink, Cadmium, Quecksilber, Zinn, Blei, Wismut und Aluminium[29])[27]): 189–94. – Die elektrische Leitfähigkeit der Mischungen von Essigsäure mit verschiedenen Aminen[43]): **4** ('33) 9–. – Über den amphoteren Charakter organischer Sauerstoffverbindungen[33]): 23–30. – Brechungsindex der flüssigen Gemische mit Pyridin als Bestandteil[14]): 63–69 [m. französ. Zusammenfassg.]. – Die Legierungen des Galliums mit Aluminium[27]): 129–32 [∼]. – Die Untersuchung der Eigenschaften von Pentaerythrittetranitrat[20])[18])[33]): **5** ('34) 83–102 [m. deutscher Zusammenfassg.]. – Molekularverbindungen der Trichloressigsäure mit Alkoholen, Phenolen und Äthern[23]): 123–34. – Zustandsdiagramme einiger organischer binärer Systeme, 22: p-Kresol–Resorcin[25]): 135–41. – Über die Reaktion des Phosgens mit Hexamethylentetramin[33]): **6** ('35) 165–68 [m. deutscher Zusammenfassg.]. – Über ein basisches Galliumnitrat[33]): **7** ('36) 17–19 [∼]. – Binäre Systeme mit Arsentribromid als Komponente[9])[10])[8]): 73–77 [∼]. – Spezifische Reaktion auf Dichlordiethylsulfid (Yperit): 153–. – Über binäre Systeme der Nitrate der Alkalimetalle[21]): **8** ('37) 25–35 [m. deutscher Zusammenfassg.]. – Zustandsdiagramme binärer Systeme von Guajakol und Aminen, sowie von Benzylamin und Phenolen[23]): 37–46 [∼]. – Über die Verbindungen des Phosgens mit Hexamethylentetramin, m-Toluidin und Äthylendiamin[16]): 71–75 [∼]. – Über die Legierungen des Galliums mit Magnesium[15]): 131–35 [∼]. – Über die Legierungen des Galliums mit Aluminium[15]): 137f. [∼]. – Schmelzdiagramme binärer Systeme aus den Halogeniden des Schwefels, Phosphors, Arsens, Antimons, Wismuts, Zinns und Aluminiums[12]): **9** ('38) 39–49 [∼]. – Binäre Systeme, die Arsentrichlorid oder 10-Chlor-9,10-dihydrophenarsazin (Adamsit) als eine Komponente enthalten[7]): 89–96 [∼]. – Das Gleichgewicht in binären Systemen, welche Phenylendiamine enthalten[3]): 139–49. – Das binäre System Phenylhydrazin–p-Chlorphenol[4]): **10** ('39) 17–24. – – Alle Arbeiten serbokroat.

Glasn. hemiskog Druš. [Beograd] Mischungswärme von Essigsäure mit Pyridin und Chinolin[6])[11]): **11** ('40/46) Nr. 1/2, 12–24. – Binäre Systeme aus Trinitrotoluol und Titan-, Zinn-, Phosphor-, Arsen-, Antimon- und Wismuthalogenid[41])[19])[22])[31])[32]): 25–32 [m. engl. Zusammenfassg.]. – Spezifisches Gewicht, Viskosität und Schmelzpunkt der Gemische von Schwefelsäure mit Mono-, Di- und Trichloressigsäure[28]): 33–40. – Über den amphoteren Charakter chemischer Verbindungen: Nr. 3/4, 1–17. – Schmelzdiagramme binärer Systeme mit Trichloressigsäure[23]): 62–71 [m. engl. Zusammenfassg.]. – Der Brechungsindex flüssiger Gemische, 5: Systeme mit Ameisensäure[14])[23])[17]): 72–80; ∼ 6: Gemische von Toluol mit Aminen und Phenolen[14])[23]): **13** ('48) 38–44 [m. engl. Zusammenfassg.]; ∼ 7: Gemische von Anilin mit Phenolen[14])[23]): 45–49; ∼ 8: Systeme des Chinolins mit Phenolen[14])[23]): 165–72; ∼ 9: Systeme des Benzylamins mit Phenolen[14])[23]): 173–89; ∼ 10: Systeme des Phenylhydrazins mit Phenolen[14])[23]): **14** ('49) 41–45; ∼ 11: Systeme des Mono- und Dimethylanilins mit Phenolen[14])[23]): 93–100. – Über die Grenzen des kristallinen und des flüssigen Zustands der Materie: **12** ('47) 1–14 [m. engl. Zusammenfassg.]. – Über die Gemische von Allyl- und Phenylsenföl mit Aminen[5])[26])[30]): 15–31. – Mischungswärme von Pikrin-, Oxal- und Citronensäure mit Aminen, Campher und Zimtsäure in Aceton und wäßrigen Lösungen[1]): 83–97. – Mischungswärme von Naphthalin mit m-Dinitrobenzol in Aceton[1]): 98–100. – Schmelzdiagramme binärer Systeme mit Pikrinsäure[36]): 101–08. – Schmelzdiagramme der Systeme mit Ameisensäure und Aminen[2]): 109–17. – Schmelzdiagramme der binären Systeme des Äthylendiamins mit Diphenylamin, Pinakon, Diphenylcarbinol, Triphenylcarbinol und Salicylaldehyd[4]): 205–12. – Gemische von Campher mit Essigsäure, Mono- und Dichloressigsäure[23]): **13** ('48) 34–37 [m. engl. Zusammenfassg.]. – Schmelzdiagramme binärer Systeme aus Thymol und verschiedenen organischen Verbindungen[13])[23]): 50–58 [∼]. – [Schmelzdiagramme binärer Systeme, die Orcin enthalten, 1:] Über Verbindungen des Orcins mit Aminen und Säuren[37])[23]): 191–202 [∼]; ∼ 2[38]): **16** ('51) 65–80. – Schmelzdiagramm des Systems $Cd(NO_3)_2 \cdot 4H_2O$–$Zn(NO_3)_2 \cdot 6H_2O$: **14** ('49) 33f. [m. engl. Zusammenfassg.]. – Binäre Systeme von Äthylendiamin mit einigen organischen Verbindungen[23])[40]): 35–40 [∼]. – Über die Zusammensetzung einer Verbindung des Thalliums mit Quecksilber: 101–03 [∼]. – Über binäre Systeme einiger organischer Verbindungen[23]): 163–72 [∼]. – Schmelzdiagramme binärer Systeme aus Aldehyden und Ketonen mit Aminen[23])[40]): 173–79 [∼]. – Schmelzdiagramme binärer Systeme aus Wasser und einigen organischen Verbindungen: **15** ('50) 9–16 [∼]. – Schmelzdiagramm des binären Systems Phosphor–Brom[12]): 17–25 [∼]. – Schmelzdiagramme der binären Systeme Phenylhydrazin und Azobenzol mit Phenolen[13]): **16** ('51) 5–12 [∼]. – Brechungsindizes einiger organischer Verbindungen bei verschiedenen Temperaturen sowie deren Temperaturkoeffizienten[,1][23])[26]): **17** ('52) 11–37; ∼ 2[23])[26]): **18** ('53) 271–94. – Schmelzdiagramme binärer Systeme aus Zinntetrabromid und einigen organischen Verbindungen: **17** ('52) 145–51. – Über das Molekulargewicht der Benzoesäure[26]): 153f. – Schmelzdiagramme verschiedener organischer binärer Systeme: **18** ('53) 7–17. – Binäre Systeme, die aus verschiedenen organischen Verbindungen sowie Halogenverbindungen des Si, Ti, Sn, As, Sb und Bi bestehen: 469–79. — Brechungsindizes von Gemischen von Essigsäure, Di- und Trichloressigsäure mit verschiedenen organischen Verbindungen [35]): **19** ('54) 91–97. — Brechungsindizes wäßriger Lösungen der Gemische von Pyridin mit Schwefelsäure, Phosphorsäure und Trichloressigsäure[17]): 147–54. — Viskosität binärer Gemische in wäßriger Lösung[39]): 253–65. — Brechungsindizes von Gemischen von Wasser mit einigen organischen Verbindungen: 267–76. — Verbrennungs- und Bildungswärmen von isomeren organischen Verbindungen: 531–47. — — Alle Arbeiten serbokroat.

Godišnjak tehn. Fak. Univ. u Beogradu Zustandsdiagramme einiger organischer binärer Systeme: **1935** [serbokroat.].

Liebigs Ann. Chem. Molekularverbindungen der Trichloressigsäure mit Alkoholen, Phenolen und Äthern[23]): **516** ('35) 286–95. — Zustandsdiagramme binärer Systeme von Guajakol und Aminen sowie Benzylamin und Phenolen[23]): **532** ('37) 294–99. — Über die Verbindungen des Phosgens mit Hexamethylentetramin, m-Toluidin und Äthylendiamin [16]): 300f. — Binäre Systeme, zusammengesetzt aus Titantetrachlorid und Nitroverbindungen[41])[22])[45]): **551** ('42) 259–71. — Binäre Systeme, zusammengesetzt aus Nitrilen und Halogeniden des Titans, Zinns und Antimons[24]) [19])[44]): **553** ('42) 278–85.

Monatsh. Chem. Das Gleichgewicht in binären Systemen mit Erythrit als Komponente[3]): **60** ('32) 431–37. — Über die Verbindungen von Harnstoff und Urethan mit Säuren und Phenolen [23]): 436–48. — Das Gleichgewicht in binären Systemen, welche Phenylendiamine enthalten[8]): **72** ('38) 65–75.

Ratnik Zu dem Aufsatz von General i. R. M. Obradović: „Moderner direkter Schutz vor chemischen Kampfstoffen . . .": **53** ('37) [serbokroat.].

Z. anorg. u. allg. Chem. Über die Legierungen des Galliums mit Zink, Cadmium, Quecksilber, Zinn, Blei, Wismut und Aluminium[29]) [27]): **209** ('32) 329–34. — Über die Legierungen des Galliums mit Aluminium[27]): **216** ('34) 26–28. — Über ein basisches Galliumnitrat[33]): **228** ('36) 255f. — Über binäre Systeme der Nitrate der Alkalimetalle[21]): **233** ('37) 41–46. — Über die Legierungen des Galliums mit Magnesium[15]): **234** ('37) 229–32. — Über die Legierungen des Galliums mit Aluminium[15]): 233f. — Die Schmelzdiagramme binärer Mischungen der Halogenide des Schwefels, Phosphors, Arsens, Antimons, Wismuts, Zinns und Aluminiums[12]): **237** ('38) 177–82.

Z. Elektrochem. u. angew. physik. Chem. Die elektrische Leitfähigkeit der Mischungen von Essigsäure mit verschiedenen Aminen[43]): **39** ('33) 305–08.

Z. physik. Chem., Abt. A Der Brechungsindex flüssiger Gemische, 1: Binäre Systeme mit Piperidin als Komponente[14]): **158** ('32) 290–96. — Die Zustandsdiagramme binärer Systeme mit Essigsäure und Aminen als Komponenten[23]): **161** ('32) 336–40. — Der Brechungsindex flüssiger Gemische mit Essigsäure als Komponente[14]): 341–45. — Brechungsindex flüssiger Gemische mit Benzol als Komponente[14]): **162** ('32) 415–18. — Der Brechungsindex flüssiger Gemische mit Pyridin als Komponente[14]): **164** ('33) 80–86. — Das binäre System Phenylhydrazin–p-Chlorphenol[4]): **184** ('39) 231–37.

Ž. obščej Chim. Über Gemische von Allyl- und Phenylsenföl mit Aminen: **18** ('48) 1278–89. — Brechungsexponent flüssiger Gemische, 5: Systeme mit Ameisensäure[14])[23])[17]): 1573–79. — Binäre Systeme, die aus den Halogeniden des Siliciums, Titans, Zinns, Arsens, Antimons und Wismuts und verschiedenen organischen Verbindungen gebildet werden: 1599–606. — — Alle Arbeiten russ.

Zap. russk. naučn. Inst. v Belgrade Dimitrij Ivanovič Mendeleev. Biographie und wissenschaftliche Arbeiten: **10** ('34) 1– [russ.].

Mit: [1]) S. Altarac; [2]) B. L. Bastić; [3]) M. Deželić; [4]) Dj. M. Dimitrijević; [5]) O. Djurković; [6]) A. V. Fedjuškin; [7]) K. S. Hrustanović; [8]) S. Ilić; [9]) J. Jelisavčić; [10]) D. Kenig; [11]) B. Krgović; [12]) J. Makuc; [13]) L. Marić; [14]) P, G. Matavulj; [15]) O. D. Micić; [16]) R. V. Mitić; [17]) M. Nenadović; [18]) R. Nikolić; [19]) I. Parhomenko; [20]) B. Popović; [21]) M. Radoičić; [22]) A. Radojčin; [23]) I. I. Rikovski; [24]) M. Ristić; [25]) L. Sladović; [26]) M. Smiljanić; [27]) V. Stajić; [28]) Dj. Stanojević; [29]) S. Stepanović; [30]) D. Stojković; [31]) N. Vasović; [32]) J. Velicki; [33]) —; [34]) R. D. Živadinović; [35]) Dj. Bugarski; [36]) P. M. Kožuhar; [37]) Dj. Lukavečki; [38]) V. Lukavečki; [39]) Z. Miler; [40]) N. Milutinović; [41]) Lj. Nikolić; [42]) —; [43]) P. S. Tutundžić; [44]) J. Ubović; [45]) T. Vorononova.

VI **PUTNAM,** George Rockwell. Navigat. — 1910–35 Commissioner of lighthouses, Washington, D. C. — '15 Pres., Washington Soc. of Engrs. — '22 Hon. D. Sc. (Stevens Inst. of Technol., Hoboken, N.J.). (⊠)
*1865, Mai 21, Davenport, Ia.;
†1953, Juli 2; Grab: Dorset, Vt.

W. Lighthouses and lightships of the United States. Neuaufl. (Boston, Mass.–NewYork '33) 10+324 S. — Sentinel of the coasts; the log of a lighthouse engineer (NewYork '37) 368 S.

National geogr. Mag. New safeguards for ships in fog and storm: **70** ('36) 169–200.

VI **PUTNAM,** Thomas Milton. Math. — 1901–07 Instructor, '07–15 Assist. Prof., '15–19 Assoc. Prof., '19–42 [?]

Prof., '14–19 Dean of Lower Divis., '19–40 Dean of Undergraduates, Univ. of California, Berkeley, Calif.; '25–30 Dean of Summer Session, Univ. of Calif. at Los Angeles; '17–21 Trustee, California School for Deaf and Blind. (☒)
*1875, Mai 22, Petaluma, Calif.;
†1942, Sept. 22.

Todesanzeige Nature [London] **150** ('42) 685.

Bull. amer. math. Soc. Derrick Norman Lehmer†: **45** ('39) 209–12.

VI von **PUTNOKY,** László (Ladislaus). Chem. (anorg.). — 1918–21 Außerord. Prof., '21–48 ord. Prof., '26–28 Dekan d. Abt. f. Chem., (Königl.) József-Hochschule ('34→József-Univ.) f. Techn. (→ u. Wirtschaftswiss.), Budapest.
*1888, Nov. 25, Felső-Kázsmárk;
†1948, Sept. 9, Budapest.

Chemische Rdsch. Mitteleuropa u. Balkan Technisch-wissenschaftliche Tätigkeit des Anorganisch-Chemischen Institutes der Technischen Hochschule zu Budapest: Sorptionsleistungen verschiedener handelsüblicher Silicagele: **9** ('32) 1–4.

Magyar chem. Folyóirat Die Anerkennung der Verdienste Paul Kitaibels, die Entdeckung des Tellurs betreffend: **47** ('41) 25–27 [ungar. m. deutscher Zusammenfassg.].

Magyar Mérnök- Épés ítész-Egylet Közlönye Entfernung des Eisens aus ungarischen Sanden, 2: Versuche zur Entfernung des Eisens mit physikalischen Methoden und kombinierten Verfahren[1]): **66** ('32) 1–10; ~ 3: Versuche zur Entfernung des Eisens aus von Natur aus eisenarmem Sand[1]): **67** ('33) 121–28; ~ 4: Versuche zur Entfernung des Eisens mit Hilfe von Windsichtern[1]): **67** ('33). — — Alle Arbeiten ungar.

Matematikai és term. Értesítő Über den zeitlichen Verlauf der Alkohol- und Aetherdampfsorption der Kieselsäuregele[3]): **49** ('33) 575–92 [ungar.]. — Angaben zu der Aufschließung eisenreicher (ungarischer) Bauxite mittels Kalk[1]): **50** ('34) 497–508 [ungar. m. deutscher Zusammenfassg.]. — Bauxitaufschließungen mittels schwefliger Säure zwecks Gewinnung der Tonerde[1]): **52** ('35) 86–134 [m. ungar. Zusammenfassg.].

Sprechsaal Keram., Glas, Email Beitrag zur Untersuchung der Steinchen-Fehler im Glas[2]): **72** ('39) 402f.

Mit: [1]) B. (von) Bobest; [2]) N. (von) Bobest; [3]) V. Neráth.

VI **PUTOCHIN,** Nikolaj Ivanovič. Chem. (org.). — Bis 1916 Stud., Univ. Moskva; '17–27 Aspirant, dann Assist., Landwirtsch.-Akad. „K. A. Timirjazev", Moskva; '27– Prof., Landwirtsch. Inst. Samara→Kujbyšev; '30–66 Prof., Mittelwolga-Inst. f. Industrie→Polytechn. Inst. Samara→Kujbyšev; Lehrtätigkeit an weiteren Instituten in Kujbyšev; '34 Dr. d. Chem. Wiss. — Butlerov-Preis; Preis d. Obersten Rates f. Volkswirtsch.; Lenin-Orden (UdSSR); Orden „Ehrenzeichen" (2mal) (UdSSR). (☒)
*1892;
†1966, Febr. 16.

Nekr. V. S. Egorova, A. E. Lipkin, V. N. Ivanova, Ž. obščej Chim. **36** ('66) 1705f. (m. Bildn.).

W. Organičeskaja chimija; dopuščeno v kačestve učebnogo posobija dlja sel'skochozjajstvennych institutov (vuzov) [Organische Chemie; zugelassen als Lehrbuch für landwirtschaftliche Institute (Hochschulen)] (Moskva '56) 384 S.; ²('58) 384 S.; ³('61) 376 S.; auch in Vietnam in vietnames. Sprache erschienen.

Chimija geterociklič. Soedinenij Stickstoffderivate von 2-[Naphthyl-(1)]-thiophen [,1][12]): **1965**, 512–15 [m. engl. Zusammenfassg.]; ~ 2[12]): 690–92. — Acetylierung von 2-[Naphthyl-(1)]-thiophen[12]): 822–24. — Synthese α,β-ungesättigter Ketone aus der Reihe des 2-Phenylthiophens[8])[1]): **1966**, 476f. — Untersuchung einiger Kondensationsprodukte in der Reihe des 2,2'-Dithienyls, 1[8]): 519–21 [m. engl. Zusammenfassg.]; ~ 2[8]): **1967**, 243f. — Thiophenaldehyd und seine Derivate, 2[5])[6]): 829. — Einige Kondensationsprodukte in der 2-Phenylthiophenreihe[8])[1]): 1020f. — — Alle Arbeiten russ.

Dokl. Akad. Nauk SSSR Über die Wirkung der salpetrigen Säure auf Tryptophan[4]): **1935** II, 390–93 [m. deutscher Zusammenfassg.]. — Über die isomeren Umwandlungen des Thiophenringes[5]): **96** ('54) 293f. — Sulfurierung und Amidierung von Sulfoderivaten der Thiophenreihe[7]): 539–41. — Diazotierung von 2-Aminothiophen und Azoverbindungen der Thiophenreihe[7]): **98** ('54) 89–91. — — Alle Arbeiten russ.

Izvest. kujbyševsk. inženerno-meliorat. Inst. Chinoleine - Derivate der Chinolinsäure: **11** ('55) 219–22 [russ.].

Sborn. naučn. Trudov, Kujbyševsk. industr. Inst. Diazotierungsreaktion von 2-Aminothiophen und Azofarbstoffe der Thiophenreihe[7]): **4** ('55) 175–98 [russ.]. — Sulfonierung und Amidierung von Sulfoderivaten in der

Thiophenreihe[7]): **5** ('55) 254–60. — 2,4-Diaminothiophen; die Diazotierungsreaktion des 2,4-Diaminothiophens und seine Azoderivate[11]): 261–70. — Nitrierung des Thiophens mit Kupfernitrat: 271–73. — Über die Elektronentheorie in der organischen Chemie: **7**, Chimija ('57) 3–19. — — Alle Arbeiten russ.

Ž. obščej Chim. Über die Einwirkung von salpetriger Säure auf Amine der Indolreihe[3]): **2** ('32) 290–96. — Über die Einwirkung von Natriummethylat auf Isatin-N-essigsäureäthylester: **5** ('35) 1176–84. — Über die isomeren Umlagerungen des Thiophenringes, 1: Das α-Thiophenmethylamin und seine Reaktion mit salpetriger Säure[5]): **10** ('40) 1873–77; ∼ 2[5]): **18** ('48) 1866–72. — Eine elektrochemische Methode zur Bestimmung von Äthanol in niedrigen Konzentrationen[9]): **11** ('41/42) 1047 f. — Bromophthalimid, seine Konstitution und seine Verwendung bei organischen Synthesen: **15** ('45) 332–40 [m. engl. Zusammenfassg.]. — Ungesättigte Derivate des Thiophens, 1: Thienylvinylketon und seine Eigenschaften[6]): **29** ('59) 3658 f. — UV- und IR-Absorptionsspektren einiger stickstoffhaltiger Verbindungen des 2,2'-Dithienyls, 3[8])[10]): **33** ('63) 3073–76; ∼ 4[8])[10]): **34** ('64) 671–75. — Thienylaldehyd und seine Derivate[5])[6]): 4084–86. — — Alle Arbeiten russ.

Ž. org. Chim. Einige Grignard-Synthesen in der Reihe der α,β-ungesättigten Thiophenketone, 1[2]): **1** ('65) 601–03; ∼ 2[2]): 603–05; ∼ 3[2]): 1008–10. — — Alle Arbeiten russ.

Ferner ein Leitfaden [Einführung in das praktische Studium der Biochemie] in russ. Sprache.

Mit: [1]) S. I. Borisov; [2]) Ju. D. Čurkin; [3]) N. P. Davydova; [4]) N. Ja. Demjanov; [5]) V. S. Egorova; [6]) N. V. Ivanova; [7]) V. I. Jakovlev; [8]) A. E. Lipkin; [9]) A. S. Maslennikov; [10]) B. V. Rassadin; [11]) A. N. Sorokin; [12]) N. V. Stulin.

V,VI **PUXEDDU**, Ernesto. Chem. — 1903 Laureato, '04–08 Assist., '09–24 Aiuto, '14 Libero Doc., '14–49 Prof. incar. Chim. org., '20–24 Prof. incar. Chim. gen. ed inorg., '22–45 Prof. incar. Chim. fizica, '24–28, '31–39 Dir. dell'Ist. di Chim. farm., '29–40 Prof. ord. Chim. farm. e tossicol., '40–46 Prof. ord. Chim. gen. ed inorg., '43–45 Decano della Fac. di Sci. mat., fisiche e natur., '43–47 Pres. della Biblioteca universitaria, '45–47 Rettore, Univ. di Cagliari.

*1876, Sept. 13, Villasor, Cagliari; †1949, Jan. 26, Cagliari.

Nekr. Gedenkband: Rend. Semin. Fac. Sci. Univ. Cagliari **19** ('49); darin S. 4–10: Nekr. von A. Oliverio; 11–14: Schr.verz.

S. Atti del V° Congresso nazionale di chimica pura ed applicata, Sardegna 1935 (Roma '36): Idrologia sarda.

Annali Chim. appl. Analisi chimica e ricerche chimico-fisiche delle sorgenti termali di Sardara[4])[1]): **23** ('33) 193–214. — Ricerche chimiche e chimico-fisiche delle sorgenti termali di Acqua Cotta (Villasor)[3])[1]): **24** ('34) 289–300. — Ricerche chimiche e fisiche sulle terme di Fordongianus[3])[2]): 409–26.

Gazz. chim. ital. Sull'azione dell'etere ossalico sugli o-aminofenoli[4]): **62** ('32) 558–66. — Gruppi e legami funzionali in chimica organica: **64** ('34) 957–68. — Ricerche sull'isoeugenolo ed i suoi polimeri, 1[3]): **66** ('36) 700–10; ∼ 2[3]): **67** ('37) 647–54; ∼ 3[3]): 654–59. — Struttura antracenica e ciclobutanica nei polimeri del diisoeugenolo: **66** ('36) 710–17.

Rend. Semin. Fac. Sci. R. Univ. Cagliari Trasformazioni cicliche delle molecole a catena aperta: **3** ('33) 61–63. — Polimeri fenolici a costituzione tetrametilenica: 64–66. — Analisi chimica e ricerche chimico-fisiche dell'acqua di Sardara[4]): 66–70. — Gruppi e legami funzionali nella chimica organica: 98–105. — Gli atomi di Lucrezio: **5** ('35) 62–67. — Costituzione chimica delle chetofenmorfoline[4]): 68–75. — Alla ricerca dell'elemento chimico: **6** ('36) 95–101. — Fenomeni d'idrolisi nei sali di bismuto[3]): **11** ('41) 24 f. — Bernardo Oddo†: 64. — Ricerche idrologiche nella Sardegna meridionale[5]): **12** ('42) 50–52. — La formula funzionale del benzolo: **15** ('45) 98–102.

Mit: [1]) E. Moss; [2]) P. Oppo; [3]) A. Rattu; [4]) G. Sanna; [5]) S. Vardabasso.

V,VI **PYMAN**, Frank Lee. Chem. — 1919–27 Prof. technol. Chem. and Dir. of the Departm. of Applied Chem., College of Technol., Victoria Univ. of Manchester; '27–44 Dir. of the Research Departm., Boots Pure Drug Co. Ltd., Nottingham; '30–33 Vice-Pres., Chem. Soc. — '02 Leblanc Medal (Owens College, Manchester); '35 Hanbury Gold Medal (Pharmaceutical Soc., Great Britain).

*1882, April 9, Malvern, Worcester; †1944, Jan 1, Nottingham.

Nekr. L. Anderson, Biochemical J. **38** ('44) 283 f. — F. H. Carr, T. A. Henry, J. chem. Soc., London **1944**, 563–70. — H. King, Obituary Notices Fellows roy. Soc. London **4** ('42/44) 681–97 (m. Bildn., Faks. u. Schr.verz.); Nature [London] **153** ('44) 189 f. — Chemistry and Industry **1944**, 54.

Biochemical J. The chemotherapy of derivatives of harmine and harmaline, 1[1])[7]): **27** ('33) 727–39.

Chemical Age Researches in chemotherapy: **37** ('37) 191–93.

Chemical Trade J. and Chemical Engr. Some new researches in chemotherapy: **101** ('37) 201f.

Chemist and Druggist Researches in chemotherapy: **127** ('37) 281.

Chemistry and Industry Twenty-five years' progress in the British fine chemical industry: **13** ('35) 415–21. – Some lines of chemotherapeutic research: 580–85. – Researches in chemotherapy: **15** ('37) 789–94.

Chimie et Industrie Die Änderungen der bakteriziden Eigenschaften in homologen Reihen: **45** ('41) No. spéc. 3bis, 280–84 [ ].

J. chem. Soc., London A general method for the preparation of 1-substituted glyoxalines from acetalylthiocarbimide and primary amines[2]): **1932**, 1806–12. – Constitution of glycerophosphates, 3[11]): **1934**, 448–50. – Stereoisomerides of narcotine and hydrastine [8])[10]): 1315–20. – 4(5)-β-Alkylaminoethylglyoxalines[4]): **1935**, 489–92. – α- and β-Hydroxylaudanosines, 1: Their preparation from papaverinol[6])[3]): **1936**, 731–33.

J. Soc. chem. Industry, Trans. The chemical constitution of oil-soluble basic bismuth salts[2]): **52** ('33) 97–99.

Nature [London] Chemotherapy of amœbicides: **140** ('37) 832–34.

Pharmaceutical J. Phenylmercuric nitrate[11]): **133** ('34) 269. – Constitution and action of drugs: **134** ('35) 619. – Contributions of chemistry to pharmacy and medicine during the twentieth century: **137** ('36) 379–82. – Researches in chemotherapy: **139** ('37) 274f.

Quarterly J. Pharm. and Pharmacol. Relation between chemical constitution and purgative action[2])[5])[9]): **7** ('34) 509–13.

Rep. annu. Meeting, Brit. Assoc. Advancement Sci. Researches in chemotherapy: **107** ('37) 57–70.

Mit: [1]) C. E. Coulthard; [2]) A. P. T. Easson; [3]) P. L'Ecuyer; [4]) B. Garforth; [5]) J. Harrison; [6]) F. E. King; [7]) H. H. L. Levene; [8]) M. A. Marshall; [9]) B. A. McSwiney; [10]) R. Robinson; [11]) H.A. Stevenson.

Q

VI **QUADRAT,** Otakar. Metallurgie, Metallogr. — 1923–58 Prof. an d. Chem.-Technol. Hochschule, '45–46 Dekan, '46–47 Rektor, Tschech. Techn. Hochsch., Praha. — '48 Dr.h.c. (Univ. de Nancy). — '30 Chevalier, '36 Officier de la Légion d'Honneur (Frankreich).

*1886, Sept. 2, Praha;

†1963, Aug. 31, Praha.

Zum 70. Geb.tag A. Komárek, Chemie [Praha] **9** ('57) 154.

Nekr. J. Koritta, Chemické Listy **58** ('64) 48–51 (m. Schr.verz.).

S. Mémoires, Congrès international de fonderie, Prague 1933 (Praha '33): Über die Dilatation von Temperguß[12]) (3 S.) [tschech.]; Beitrag zur Probenahme von Legierungen[8]) (6 S.) [~]. – C. R., VIIe Congrès international des mines, de la métallurgie et de la géologie appliquée, Paris 1935 (Paris '36): La situation de l'industrie sidérurgique en Tchécoslovaquie (11 S.); Sur la composition des résidus insolubles dans la lessive de potasse des alliages d'Al-Cu-Ni. – C.R., XVIIe Congrès international de chimie industrielle, Paris 1937 (Paris '37) 655–66: Etudes sur les alliages de lettres[17]). – C. R., XVIIIe Congrès de chimie industrielle, Nancy 1938 (Paris '38) 592–601: Sur un nouveau procédé d'attaque dans l'analyse du ferrophosphore[20]); 631–39: Contribution à la détermination du phosphore dans les produits sidérurgiques[20]).

W. Tabulky k přednáškám o chemické metalurgii (Praha '32) 40 S. (Skripte). – Výroba železa (m. R. Vondráček) (Praha '34) 656 S. – Základy metalurgie kovů (Praha '48) 238 S. (Hokrovy technické a dílenské příručky, 31); Neuaufl. (m. A. Regner) ('51) 263 S. (Technické příručky Práce, 33). – Encyklopedická chemická technologie (Praha '49) 62 S. (Skripte). – Encyklopedie chemické technologie – směr anorganický (m. V. Škola, R. Bárta) (Praha '51) 297 S. – Výroba surového železa a oceli (Praha '51) 307 S. – Základy metalurgie železa (Praha–Brno '53) 336 S. – Encyklopedie anorganického průmyslu: Metalurgie: [1:] Metalurgie kovy kromě železa; [2:] Metalurgie železa. ([In einem Band mit:] R. Bárta, Encyklopedie technologických sylikátů) (Praha '54) 70 (+62) S. – Kovy a slitiny (Praha '55) 176 S. (Knižnice Svazu zaměstnanců hutního průmyslu a rudných dolů, 12). – Přednášky z metalografie (m. M. Wasgestiánová) (Praha '56) 132 S.; Obrazová příloha [Bilderanhang] ('56) 40 S. – Cvičení v chemické metalurgii, 1 (m. M. Beránek) (Praha '58) 74 S. – Nástin historického vývoje Vysoké školy chemicko-technologické v Praze do roku 1945 (Praha '66) 130 S.

Chemia analit. [Warszawa] Solution of iron ores sparingly soluble in acids: **4** ('59) 405–08 [poln. m. engl. Zusammenfassg.].

Chemické Listy (Vědu a Průmysl) Über das Eutektikum des Systems Antimon–Blei[8]): **29** ('35) 304–08. — Zum Gedenken an Professor Rudolf Vondráček[13]): **32** ('38) 337–40. — Über ein neues Aufschlußverfahren bei der Analyse von Eisenphosphit[20]): **33** ('39) 134–37. — Professor Ing. Dr. Jaroslav Milbauer[14])[7])[4])[15])[18]): **34** ('40) 25–47. — Über die ersten chemischen Veröffentlichungen bei uns und über die Grundlagen der tschechischen chemischen Terminologie: **55** ('61) 518–28. — — Alle Arbeiten tschech.

Chemický Obzor Chemische Reaktionen bei den Frischprozessen: **15** ('40) 94–96. — Über die Tätigkeit von Prof. Franz Wald in der analytischen Chemie: 233f. — Studie über die Analyse von Beryll[19]): **25** ('50) 85–87 [m. engl. u. russ. Zusammenfassg.]. — — Alle Arbeiten tschech.

Chemický Průmysl Über das Studium an der anorganisch-technologischen Fakultät der Chemischen Hochschule in Prag: **4** ('54) 193f. [tschech.].

Chimie et Industrie Etude dilatométrique d'un alliage d'aluminium[12]): **29** ('33) No. spéc. 6bis, 620–22. — Construction d'un dilatomètre différentiel[12]): 623–30. — Sur la perlite dans la fonte malléable au cœur noir[2])[9]): 660–62. — Etude de l'azote dans le procédé Thomas[11]): 694–97. — Sur l'eutectique du système antimoine–plomb[8]): **31** ('34) No. spéc. 4bis, 485–89.

Collection Trav. chim. Tchécoslovaquie Sur un nouveau procédé d'attaque dans l'analyse du ferrophosphore[20]): **10** ('38) 583–92. — Etude sur les oxydes de fer dans le cuisson de la magnésite[3]): **14** ('49) 59–65. — Sur le dosage de la glucine dans le béryl[19]): **15** ('50) 881–85.

Revue Métallurgie [Paris] La situation de l'industrie sidérurgique en Tchécoslovaquie: **32** ('35) 469–81. — Sur la composition des résidus insolubles dans la lessive de potasse des alliages d'Al Cu-Ni[8]): **33** ('36) 489–93.

Sborn. Masarykovy Akad. Práce Über den gegenwärtigen Stand der Aluminiumfabrikation: **12** ('38) 273–82 [ ].

Sborn. vysoké Školy chem.-technol. v Praze, Oddíl Fak. anorg. a org. Technol. Iron oxides in the calcination of magnesite[3]): **1957**, 7–16. — Chromic sulfate[1])[6]): 17–23. — Correlation of sulfide sulfur and iron in basic refining oxide slags[16]): **1958**, 523–35. — Substitution of ferromolybdenum with calcium molybdate: 555–59. — Contribution to the study of the reactions between oxides and sulfides of metals used in metallurgy[10])[6]): **1960**, 141–59. — A contribution to the decomposition of ores by diffusive annealing[3])[21]): 171–79. — — Alle Arbeiten tschech. m. engl. u. russ. Zusammenfassg.

Strojnický Obzor Über den Einfluß von Kupfer und Nickel auf die Löslichkeit von Al–Cu–Ni-Legierung in Alkalilauge[8]): **16** ('36) 240–42 [tschech.].

Věstn. král. české Spol. Nauk Etude sur les oxydes de fer dans la cuisson de la magnésite [3]): **1949**, Nr. 11, 1–7 [tschech. m. französ. Zusammenfassg.].

Mit [1]) V. Bahenský; [2]) A. Benda; [3]) M. Beránek; [4]) J. Chloupek; [5]) J. Fafl; [6]) F. Franz; [7]) V. Hovorka; [8]) J. Jiřiště; [9]) J. Koritta; [10]) L. Králíček; [11]) M. Pilz; [12]) R. Pospíšil; [13]) F. Schulz; [14]) J. Šebor; [15]) V. Škola; [16]) J. Sláma; [17]) V. Suchý; [18]) E. Švagr; [19]) Z. Švejda; [20]) V. Včelák; [21]) V. Masařík.

VI **QUAGLIARIELLO,** Gaetano. Biochem. — 1908–12 Assist., Ist. di Fisiol. umana, '12–23 Aiuto di ruolo, '13–20 Libero Doc., '20–23 Incarico, '26–54 Prof. ord. e Dir. dell'Ist. di Chim. biol., '39–46 Pres. della Fac. di Farm., '46–51 Rettore magnifico, '54 Prof. emer., Univ. di Napoli; '23–25 Prof. incar., '25 Prof. e Dir. dell'Ist. di Fisiol. sperimentale, Univ. di Catania; '41–57 Segretario generale, Soc. Ital. di Biol. sperimentale; '48–52 Membro del Consiglio Superiore della Pubbl. Istruzione; '48–53 Senatore della Repubblica; '53–57 Pres., Soc. Ital. di Biochim.; Pres., Accad. di Sci. Medico-Chirurgiche; Vice-Pres., Comitato per la Biol. e Med. del Consiglio Nazionale delle Ricerche. — '27 Premio Reale di Fisiol. (Accad. dei Lincei); '49 Officier d'Académie (France); '55 Medaglia d'oro per la Scuola, la Cultura e l'Arte (Ministro della Pubbl. Istruzione).

*1883, Dez. 19, Salerno;

†1957, Juni 2, Napoli.

Nekr. V. Baccari, Medicina e Morale **0** ('58) 174–. — G. Bergami, Boll. Soc. ital. Biol. sperim. **33** ('57) 1829–. — A. Castiglioni, Atti Accad. Sci. Torino **93** ('59) 611–14. — F. Cedrangolo, Biochimica appl. 4 ('57) 1–; Chimica e Industria **39** ('57) 601–; Enzymologia **19** ('58) 201–10; Rend. ed Atti Accad. Sci. med. e chirurg., Napoli **111** ('57) 1–. — V. Monaldi, Archivio Tisiol. e Malattie Apparato respirat. **12** ('57) 182–. — A. Orrù, Atti Accad. pontaniana (N. S.) **9** ('59/60) 363–70 (m. Schr.verz.). — A. Rossi-Fanelli, Atti Accad. nazion. Lincei, Rend. (8) **26** ('59) 298–306. — Giorn. Biochim. **6** ('57) vor S. 331 (m. Bildn.).

Zur Biogr. G. Leone, Testimonianze **1963**, 235–.

MHZ. Quaderni Nutriz. **1** ('34) – **17** ('57).

Ue. (aus d. Deutschen) R. Tigerstedt, Trattato di fisiologia dell'uomo **1** (Torino '34) 19+648 S., **2** ('34) 11+528 S.

S. Trabajos, IX Congreso internacional de química pura y aplicada, Madrid 1934, **5** (Madrid '36) 108–12: Ossidazione enzimatica degli acidi grassi superiori. – Atti del I° Convegno nazionale medico sulla organizzazione delle colonie marine, Rimini 1935 (Milano '36): L'alimentazione nelle colonie marine. – Kongreßbericht des 16. Internationalen Physiologen-Kongresses, Zürich 1938 (Basel '39): Problemi d'alimentazione popolare. – Un secolo di progresso scientifico italiano, 1839–1939, **2** (Roma '39) 289–324: Chimica biologica [auch in **4** ('39) 155–90]. – Atti del IX Congresso nazionale, Bari 1934 (Associazione italiana fascista per l'igiene) (Napoli '40) 75–94: Sull'alimentazione della popolazione rurale in Italia. – Il fattore umano del lavoro. Aspetti biologici, fisiologici e psicologici del lavoro (F. Bottazzi, A. Gemelli) (Milano '40) 176–94: Biochimica dell'attività muscolare; **334–37**: Ricambio materiale ed energetico del lavoratore. – L'uva, alimento e medicina nel pensiero di fisiologi e clinici italiani (Roma–Napoli '53) 115–25: L'uva come alimento e come medicamento. – Proc. 2nd International congress of biochemistry, Paris 1952 (Paris '–) 227f.: Synthèse et hydrolyse de la nicotinamide[3])[6]).

W. Documenti per lo studio della alimentazione della popolazione italiana nell'ultimo cinquantennio (m. F. Bottazzi, A. Niceforo) (Napoli '33) 273 S. – Importanza biologica dello zolfo e dello iodo (Napoli '35) 22 S. – Lezioni di chimica biologica (Napoli '37) 390 S.; ('43); ('46) 748 S. – Lezioni di scienza dell'alimentazione (Napoli '46) 147 S. – Scienza dell'alimentazione [2](Napoli '53) 12+266 S.; [3]('58) 15+398 S.; [4]('66). – Chimica biologica (Milano '59) 959 S.

Acta, Pontificia Acad. Sci. Scissione enzimatica della fosforilcolina[9]): **7** ('43) Nr. 1.

Anales Fac. Med., Univ. Montevideo Lo stato colloidale della materia: **31** ('46) 517–42.

Archives ital. Biol. La présence dans la bile d'une enzyme qui déhydrogène l'acide stéarique: **88** ('32) 166–68. – Sur l'existence d'une lipase dans le tissu adipeux[7]): **89** ('33) 190–200. – Oxydation in vitro des graisses du tissu adipeux[7]): **90** ('33) 9–21.

Archivio ital. Sci. farmacol. Acido ascorbico e glutatione nel tessuto adiposo[4]): **6** ('37) Suppl., 581–86.

Archivio Sci. biol. Sulla esistenza di una lipasi nel tessuto adiposo[7]): **17** ('32) 513–29. – Ossidazione in vitro dei grassi del tessuto adiposo[7]): 530–45. – Nota al lavoro di Mazza e Marfori su "La deidrogenasi degli acidi grassi superiori": **27** ('41) 163–. – Filippo Bottazzi†: 395–404.

Archivio Tisiol. e Malattie Apparato respirat. L'alimentazione dei tubercolotici in regime sanatoriale[5]): **1** ('46) 341–.

Athena [Roma] Nuove conoscenze nel campo delle vitamine: **8** ('39) 74f. – La vitamina K_1 o vitamina antiemorragica: **9** ('40) 70–73. – Ossidazioni biologiche: **10** ('41) 140f.

Atti Convegni, Fondaz. Alessandro Volta Il metabolismo di base degli Italiani: **7**.1937 ('38) 53–64, 65.

Atti reale Accad. nazion. Lincei, Rend. La presenza nella bile di un enzima deidrogenante l'acido stearico: (6) **16** ('32) 387–89. – Presenza nelle cellule del tessuto adiposo di una deidrogenasi attiva su gli acidi grassi superiori: 552–54. – Solubilità di acidi grassi e di gliceridi nella bile e nei sali biliari[1]): **27** ('38) 503–05.

Atti Soc. ital. Progr. Sci. La presenza nella bile di un enzima deidrogenante l'acido stearico: **21**.1932, 3 ('33) 186–88. – Ricerche compiute e risultati conseguiti nell'anno **1934** nel campo della chimica biologica: **23**.1934, 3 ('35) 216–30 (Diskussion: 231–34).

Biochimica appl. Composizione chimica e valore nutritivo del latte: **3** ('56) 95–124.

Boll. Soc. ital. Biol. sperim. Attività metabolica del tessuto renale: **11** ('36) 608–27. – Azione idrotropa del glicocolato sodico e della bile sul colesterolo e sui suoi esteri[1]): **16** ('41) 446f. – Idrolisi e sintesi enzimatica degli esteri colesterinici[1])[8]): **447**f. – Influenza della lecitina e del colesterolo sulla diffusibilità degli acidi grassi sciolti in sali biliari[2]): **19** ('44) **37**f. – Commemorazione di Filippo Bottazzi in occasione del XXV anniversario della Società Italiana di Biologia Sperimentale: **26**('50) 363–68. – Ripartizione cromatografica su carta di acido nicotinico – nicotinamide: **27** ('51) 1688–91. – Sintesi ed idrolisi della nicotinamide[3])[6]): **28** ('52) 685–87. – Sulla amidazione enzimatica dell'acido nicotinico[6]): **29** ('53) 273–75. – Sulla presenza in un estratto di rene di un enzima amidante l'acido nicotinico[6]): 475–77. – Su di alcune proprietà della nicotinamidasi del rene di maiale[6]): 477–79. – Determinazione della nicotinamide in presenza di acido nicotinico[6]): **30** ('54) 64–68. – Alcuni aspetti del metabolismo in vitro della nicotinamide[6]): **31** ('55) 1330f.

Chimica e Industria Francesco Paolo Mazza, 1905–1943: **25** ('43) 93f.

Enzymologia Azione sintetizzante della lipasi del tessuto adiposo[1]): **4** ('37) 73–75 [m. deutscher Zusammenfassg.]. – In memoriam F. P. Mazza: **12** ('46/48) 138. – Sulla natura e sul meccanismo d'azione di alcuni enzimi: 142–47 [m. engl. Zusammenfassg.].

Ergebn. Physiol., biol. Chem. u. exper. Pharmakol. Filippo Bottazzi, 1867–1941: **45** ('44) 16–33.

Farmaco [Pavia] Nuove ricerche sulle vitamine e sul loro meccanismo di azione: **1** ('46) 41–50.

Italia agric. L'uva come alimento e come medicamento: **71** ('34) 71–.

J. amer. chem. Soc. Definitive rules for the nomenclature of amino acids, steroids, vitamins, and carotenoids[u.a.]: **82** ('60) 5575–84.

Memorie Cl. Sci. fisiche, mat. e natur., Reale Accad. Italia Ricerche sul metabolismo dei grassi: **4** ('33) 17–32.

Nuova Antol. Scienza e umanità in Luigi Pasteur: **440** ('47) 189–.

Progresso med. Inchiesta sullo stato di nutrizione degli alunni delle scuole comunali di Napoli: **1** ('44/45) Nr. 4. — Nuove ricerche sulle vitamine e sul loro meccanismo di azione: **1** ('44/45). — Dottrine del metabolismo proteico: ibid. — Sulla costituzione chimica della penicillina: **2** ('46) 353–55.

Quaderni Nutriz. Valore alimentare dei pesci: **1** ('34) 153–62. — Considerazioni sulla scelta dei "Coefficienti di famiglia": **2** ('35) 72f. — Sull'alimentazione della popolazione rurale in Italia: 78–92. — L'alimentazione della donna gravida: **5** ('38) 517–27. — Cenno biografico di Gioacchino Taddei: **6** ('39) 243–47. — Costituenti minerali e vitamine del frumento: 276–89.

Rassegna med. I processi ossidativi negli organismi viventi: **18** ('33) 149–61. — La vitamina B6: **20** ('40) 3–9.

Ricerca sci. Centro di studio per l'enzimologia – attività svolta dal giugno 1948 al dicembre 1949: **20** ('50) 1462–64.

Riforma med. Il XIV Congresso internazionale di fisiologia, Roma 1932: 48 ('32) 1450–.

Schweizerische med. Wschr. Contenuto in flavina del tessuto adiposo: **71** ('41) 334.

Scientia La chimica biologica negli ultimi cinquant'anni: **91** ('56) 309–15.

Tumori [Milano] Il "Quoziente de Ascoli" sul fegato di animali sarcomatosi: **11** ('37) 393–97.

Ferner Mitarbeit an der „Enciclopedia italiana di scienze, lettere ed arti".

Mit: [1]) F. Cedrangolo; [2]) D. Foscolo; [3]) D. Guerritore; [4]) F. Mancini; [5]) V. Monaldi; [6]) G. Porcellati; [7]) G. Scoz; [8]) C. Senise; [9]) V. Baccari.

VI **QUAM,** George Norman. Chem. — 1921–23 Assist., Iowa State College, Ames, Iowa; '24–25 Prof., Midland College, Fremont, Nebr.; '25–28 Assist. Prof., '28–29 Prof., Coe College, Cedar Rapids, Iowa; '29–46 Assoc. Prof., Long Island Univ., Brooklyn, N. Y.; '49–60 Prof. and Head of Departm. of Chem., '60 Prof. Emer. (active until '62), Villanova College → '53 Villanova Univ., Villanova, Pa. (☒)
*1891, Mai 7, Madison, Wis.

W. Laboratory exercises in general chemistry [4](Ann Arbor, Mich. '34) 3+100 S. — Typical questions and problems in general chemistry [5](Ann Arbor, Mich. '37) 110 S.; [6]('42) 102 S. — Laboratory practice of first year college chemistry (Ann Arbor, Mich. '37) 98 S. — Basic general chemistry in outline form; illustrative examples, recitation questions and problems (m. E. L. Haenisch) [5](Minneapolis, Minn. '53) 285 S.; [6]('60) 295 S. — Laboratory practice of general chemistry (m. E. L. Haenisch) (Minneapolis '54) 170 S. — Safety manual for chemical laboratories (m. M. Fishman, D. Carullo) (Villanova, Pa. '61) 44 S. — Safety practice for chemical laboratories (Villanova, Pa. '63) 8+78 S.

American J. publ. Health and Nation's Health Lead pipes as a source of lead in drinking water[4]): **26** ('36) 778–80.

Industrial and Engng. Chem. Corrosion testing – the Villanova cycling machine[7])[1]): **49** ('57) Nr. 10, 85Af.

Industrial and Engng. Chem., Analyt. Edit. Sintered Pyrex and soft glass sections in tubes and crucibles[2]): **15** ('43) 766.

J. chem. Educat. Types of graphic classifications of the elements, 1: Introduction and short tables[6]): **11** ('34) 27–32; ∼ 2: Long charts[6]): 217–23; ∼ 3: Spiral, helical, and miscellaneous charts[6]): 288–97. — Teaching manual skills to chemistry majors[3])[5]): **33** ('56) 547. — Safety in the chemical laboratory, 12b: Use of eye protection and body shields in college chemical laboratories: **41** ('64) Nr. 12, A936, A948; ∼ 91: An investigation of high impact body shields[8]): **49** ('72) Nr. 5, A295–A297.

Mit: [1]) W. Barnhurst; [2]) J. Henn; [3]) E. F. Jenkins; [4]) A. Klein; [5]) J. W. Paquette; [6]) M. B. Quam; [7]) D. Schwartz; [8]) J. Shea.

V,VI **QUARTAROLI,** Alfredo. Chem. (physik., landwirtsch.). — 1906–31 Libero Doc., poi Insegnante privato, Chim. fisica, '40–48 Prof. ord. Chim. agraria, Univ. di Pisa; '08–12 Prof. di ruolo, Ist. Tecn. di Viterbo; '10–14 Libero Doc., Univ. di Roma; '12–31 Prof. di ruolo, Ist. Tecn. di Pisa; '31–32 Prof. Chim. fisica e Dir. dell'Ist. di Chim. generale, Univ. di Camerino; '32–36 Prof., Consiglio Nazion. delle Ricerche, Roma; '36–39 Prof. straord. Chim. generale ed inorg., '39–40 Prof. ord., Dir. del Gabinetto di Chim. generale, Univ. di

Cagliari. — '12, '15, '18, '24 Premio ministeriale (Accad. dei Lincei).

*1877, Aug. 21, Forlì;

†1960, Jan. 8, Pisa.

Nekr. O. T. Rotini, Chimica e Industria **42** ('60) 199–202 (m. Bildn.).

S. Trabajos, IX Congreso internacional de química pura y aplicada, Madrid 1934, **3** (Madrid '34) 223–29: L'alterazione dell'idrato rameico in relazione a forme tautomere dell'acqua ossigenata. — Atti del V° Congresso nazionale di chimica pura ed aplicata, Sardinia 1935, **1** (Roma '36) 466–511: Sul meccanismo dell'azione di soluzioni acquose di acidi sui metalli. — Atti del X° Congresso internazionale di chimica, Roma 1938, **2** (Roma '39) 442–45: Sull'origine della tensione elettrolitica di soluzione; 750–55: Effetti del film dell'alluminio sul comportamento chimico ed elettrochimico del metallo.

W. Nozioni elementari di chimica per i licei [4](Firenze '32) 4+288 S.; Neudruck: ('34). — Elementi di chimica per gli istituti tecnici [4](Firenze '33) 347 S. — Elementi di chimica per gl'istituti tecnici commerciali. Corso d'avviamento alla merceologia (Firenze '33) 167 S. — Nozioni elementari di chimica e di mineralogia per gli istituti magistrali superiori. Neuauflagen (Firenze '33, '35) 276 S. — Chimica applicata per la sezione geometri degli istituti tecnici (Firenze '34) 80 S.; Neudruck: ('38). — Elementi di merceologia per gl'istituti tecnici (Firenze '34) 152 S. — Elementi di chimica e di mineralogia per le scuole medie (m. P. Aloisi) (Firenze '36) 388 S.; Neudruck: ('39). — La bomba atomica. Nozioni divulgative sull'energia atomica (Pisa '45) 22 S. — La catalisi in biologia (Pisa–Roma '47) 210 S. (Sapienza, 4); Neudruck: (Pisa '48). — Trattato di analisi chimiche di materie interessanti l'agricoltura (Pisa '47) 398 S. — Chimica generale e organica per la Facoltà di medicina (Pisa '48) 398 S. — Chimica inorganica (Pisa '48) 197 S. — Il ritorno alla "Vis vitalis" (Pisa '50) 121 S. — Complementi e sviluppi del sistema periodico di Mendeleeff (Pisa '53) 47 S. — La vecchiaia fisiologica dal punto di vista chimicofisico (Pisa '54) 111 S.

Agricoltura ital. [Pisa] Saggio rapido per stabilire la natura di un terreno: **52** ⟨N. S.: 7⟩ ('52) 109–13.

Annali Chim. appl. Il binomio ferro–rame in chimica e in biologia: **22** ('32) 517–43. — Catalisi negativa e microchimica: **24** ('34) 70–74. — Sull'azione catalitica specifica del rame nell'ossidazione del glutatione: 225f. — Sulla ricerca microchimica del magnesio: 383–90. — Sulla determinazione del calcio e del magnesio solubile nel terreno agrario: 458–64. — Il fattore dinamico nella teoria della nutrizione minerale delle piante: **25** ('35) 53–80. — Sulla quantità di magnesio nel sale prodotto in Italia: **27** ('37) 477–79. — Sul dosaggio micro-chimico della clorofilla e della cuprofilla[6]): **28** ('38) 160–64. — Sull'azione di miscele del sistema anidride solforica ed acqua sull'acido citrico[2]): 297–301. — Sull'ossidazione indotta di alcuni zuccheri semplici[6]): **29** ('39) 296–302. — Sulla solubilità dei componenti rameici nelle poltiglie cuprocalciche[6]): 419–24. — Applicazioni del potere assorbente di carboni attivi sui sali di metalli pesanti[6]): **31** ('41) 49–56. — Sulla solubilità degli idrati naturali e artificiali del magnesio[2]): 56–61. — Su alcuni fenomeni presentati dall'ossido di magnesio ottenuto dal carbonato ad elevata temperatura[2]): 61–64. — Reazione fra alcuni gas e varietà di ossido di magnesio[2]): **32** ('42) 37–42. — Sull'azione combinata dell'acqua e aria sul rame metallico e sulla formazione di film protettori del rame: 199–201. — Sull'influenza della presenza di sali sulla distillazione di soluzioni di acidi volatili: **33** ('43) 141–46. — Su alcuni speciali fenomeni di adsorbimento con più adsorbenti: **36** ('46) 260–65. — Evaporazione ed adsorbimento di soluzioni ammoniacali in presenza di sali e di composti organici: 266–72. — Ricerche sull'azione dell'ammoniaca sull'acido borico solo o in presenza di sostanze poliossidrilate: 273–75. — Sulla azione ossidante di alcuni idrati pesanti sull'idrato ferroso: Considerazioni sul sottogruppo del rame[3]): **39** ('49) 527–34.

Annali Fac. Agrar. (R.) Univ. Pisa Sulla somministrazione alle piante degli elementi micronutritivi[1]): (N. S.) **4** ('41) 311–13. — Sulla struttura chimica del fosfato tricalcico e del calcare nelle fosforiti e nelle ossa[5]): **5** ('42) 416–35. — Sull'azione graduale dell'acido solforico concentrato sopra sostanze organiche azotate: **8** ('47) 209–40. — Sull'azione degli ossidanti nel processo Kjeldahl: **9** ('48) 90–99. — Sul meccanismo energetico della fissazione biologica dell'azoto: 100–06. — Considerazioni sul meccanismo energetico della glicolisi: 107–15. — Sul meccanismo dell'azione anticrittogamica dello zolfo: Azione chimica dell'acqua sullo zolfo[3]): **10** ('49) 35–47. — Sull'azione fertilizzante dell'esametilentetrammina[3]): 63–66. — Su alcune sostanze di enorme attività contenute nei semi: **12** ('51) 179–99; ∼ 2: **15** ('54) 25–35.

Atti Soc. ital. Progr. Sci. La Sicilia prima tappa nella lavorazione delle fosforiti: **21.** 1932, 2('33) 347. — Sulla possibilità di aumentare con adatte concimazioni la produzione di vitamine, alcaloidi e altri principi attivi nei vegetali: **23.**1934, 2 ('35) 508f.

Boll. tecn. R. Ist. sperim. Coltivaz. Tabacchi "Leonardo Angeloni" Scafati Sulla probabile importanza di elementi catalitici nella produzione e nella combustibilità dei tabacchi[4]): **29** ('32) 77.

Chimica [Milano] Alcune osservazioni sulla lotta contro la peronospora: **17** ('41) 270f.

Gazz. chim. ital. Su di un idrato ferrico fortemente magnetico: **63** ('33) 279f. — Sull'ossidazione dell'idrato ferroso: 669–78. — Su gli equilibri fra possibili forme tautomere dell'acqua ossigenata in soluzione acquosa: **64** ('34) 243–57. — Sull'infezione mercurica dell'alluminio[2]): **67** ('37) 557–65. — Sui fattori chimici ed elettrochimici dell'attacco dei metalli con gli acidi. Ricerche sulla corrosione acida del magnesio e dell'alluminio[2]): 565–73. — Sui promotori nelle azioni catalitiche degli idrati ferrici: **69** ('39) 443f.

Georgofili Il rame come elemento biologico e curativo: **10** ('44/46) 41–44. — Su alcune sostanze floculanti di enorme attività contenute nei semi e sulla loro funzione biologica: **16** ('52) 120–30.

Korrosion u. Metallschutz Beitrag zur Erforschung des Aluminiumfilms[2]): **14** ('38) 7–9. — Einfluß des Aluminiumfilms auf das chemische und elektrochemische Verhalten des Metalls[2]): **15** ('39) 12f. — Wirkung von Wasser und atmosphärischer Luft auf Kupfer: **18** ('42) 368–70.

Rend. Semin. Fac. Sci. R. Univ. Cagliari Su particolari isomerie in composti inorganici sintetici e minerali[2]): **7** ('37) 111–42; ~ 2[2]): **9** ('39) 156–79. — Effetti del film dell'alluminio sul comportamento chimico ed elettrochimico del metallo[2]): **7** ('37) 156–58. — Incongruenze nelle applicazioni chimiche della teoria degli ioni: **9** ('39) 26–34. — La lotta anticrittogamica in Italia e la questione autarchica: 215–25.

Mit: [1]) L. Battistini; [2]) O. Belfiori; [3]) A. del Carratore; [4]) L. Delavigne; [5]) G. Fontanelli; [6]) A. Rattu.

VI **QUASTEL,** Juda Hirsch. Biochem. — 1929–41 Dir. of Research, Cardiff City Mental Hospital; '41–47 Dir. of Unit for Soil Metabolism, Agricultural Research Council, Engl.; '47–66 Prof., McGill Univ., Montreal, Quebec, Can.; '47–66 Dir., McGill-Montreal General Hospital Research Inst.; '66– Prof. Neurochem., Univ. of British Columbia, Vancouver, Can.; '50 Pres., Montreal Physiological Soc.; '63 Pres., Canadian Biochem. Soc. — '69 Hon. D.Sc. (McGill Univ., Montreal, Quebec, Can.); '70 Hon. Ph.D. (Hebrew Univ., Jerusalem). — '27 Meldola Medal (Roy. Inst. of Chem., London); '55 Pasteur Medal (Inst. Pasteur, Paris); '65 Canadian Microbiological Soc. Award; '70 Companion of the Order of Canada (Canadian Governm.); '74 Flavelle Medal (Roy. Soc. of Canada); '74 Gairdner International Award for Med. Research.

*1899, Okt. 2, Sheffield, Engl.

Zur Biogr. Nature [London] **159** ('47) 802f.

Zum 65. Geb.tag Festheft: Canadian J. Biochem. **43** ('65) Nr. 7 (S. 835–1222) (m. Bildn. u. Faks.); darin S. III–VI: R. M. Johnstone, P. G. Scholefield, Biogr.; S. VII–IX: K. A. C. Elliott, My colleague Q.

Autobiogr. Fifty years of biochemistry – a personal account: Canadian J. Biochem. **52** ('74) 71–82.

MH. Neurochemistry; the chemical dynamics of brain and nerve (Springfield, Ill. '55); 2. Aufl. u.d.T.: Neurochemistry; the chemistry of brain and nerve [2]('62). — Metabolic inhibitors; a comprehensive treatise **1** (New York '63); **2** ('63), darin eig. Beiträge: 473–502: Inhibitions in the citric acid cycle; 517–38: Metabolic inhibitions by narcotics, anaesthetics and tranquilizers; **3** ('72); **4** ('73).

HZ. Methods med. Res. **8** ('60), **9** ('61).

S. Perspectives in biochemistry. Thirty-one essays presented to Sir Frederick Gowland Hopkins by past and present members of his laboratory (N.J. Needham, D. E. Green) (Cambridge '37), Neudr. ('38) 296–307: Biochemistry and mental disorder. — I. H. Page, Chemistry of the brain (Springfield, Ill.-Baltimore, Md. '37) 369–423: Oxidations in the brain. — Report of Proc., 4th International congress for microbiology, Copenhagen 1947 (M. Bjørneboe) (København '49) 492–94: Chemical study of biological processes in soil. — Mécanisme de la narcose (Paris '51) (Colloques internationaux du Centre National de la Recherche Scientifique, 26) 105–16: Biochemical aspects of narcosis. — The biology of mental health and disease. 27th Annual conference of the Milbank Memorial Fund, New York 1950 (NewYork '52) 360–76: Effects of drugs on metabolism and physiologic activity of brain. — Gli enzimi (R. Peters, F. Dickens) (Roma '54): Azione dei farmaci sui sistemi enzimatici. — Origins of resistance to toxic agents. Proc. of a symposium, Washington, D. C., 1954 (M. G. Sevag u. a.) (NewYork–London '55) 209–22: Biochemical effects of administration of narcotics and alcohol. — Enzymes: units of biological structure and function (O. H. Gaebler) (NewYork '56) (Henry Ford Hospital [Detroit] international symposium, 4) 523–35: Action of drugs on enzyme systems. — Proc. 3rd International congress of biochemistry, Brussels 1955 (New York '56) 496–504: Biochemical aspects of anaesthesia. — Proc. 4th International congress of biochemistry, Vienna 1958, **3**: Biochemistry of the central nervous system (F. Brücke) (New York–London '59) (I. U. B. [International Union of Biochemistry] symposium series, 5) 90–114: Enzymatic mechanisms of the brain and the effects of some neurotropic agents. — A symposium on inorganic nitrogen metabolism: function of metallo-flavoproteins, Baltimore, Md., 1956 (W. D. McElroy, B. Glass) (Baltimore, Md. '56) (Contributions of the McCollum-Pratt Institute of the Johns Hopkins University, 125) 215–17: General processes of nitrification and denitrification. — Metabolism of the nervous system. Proc. 2nd International neurochemical symposium, Aarhus, Denm., 1956 (D. Richter) (London–New York' 57) 267–85: Metabolic activities of tissue preparations. — Proc. International symposium on enzyme chemistry, Tokyo and Kyoto 1957 (Tokyo '58) (International Union of Biochemistry symposium series, 2) 510–21: Enzymic basis of drug action. — Psychopharmacology; pharmacologic effects on behavior (H. H. Pennes) (New York '58) (Progress in neurobiology, 3) 1–22: Effects of chlorpromazine on brain metabolism in vitro. — Microbiology, yesterday and today; a symposium held in honor of the 70th birthday of Selman A. Waksman, New Brunswick, N. J., 1958 (V. Bryson) (New Brunswick, N. J. '59) 1–21: Microbial biochemistry and its development. — Structure and function of the cerebral cortex. Proc. 2nd International meeting of neurobiologists, Amsterdam 1959 (D. B. Tower, J. P. Schadé) (Amsterdam '60) 374–85: Carbohydrate – amino acid interrelations in brain cortex in vitro; effects of drugs affecting the nervous system. — Enzymes in health and disease (D. M. Greenberg, H. A. Harper) (Springfield, Ill. '60) 167–90: Action of drugs on enzyme systems. — Membrane transport and metabolism. Proc. of a symposium, Prague 1960 (A. Kleinzeller, A. Kotyk) (London–NewYork–Praha '61) 511–26: Transport at cell membranes and regulation of cell metabolism. — Bewußtseinsstörungen. Symposium in St. Moritz 1961 (H. Staub, H. Thölen) (Stuttgart '61) 59–82: Biochemical aspects of abnormal mental states. — Ultrastructure and metabolism of the nervous system. Proc. [of a symposium], New York 1960 (Baltimore, Md. '62) (Association for Research in Nervous and Mental Disease, Research publications, 40) 57–66: Carbohydrate metabolism in rat cerebral cortex in vitro and effects of neurotropic agents. — Proc. 16th Japan medical congress, Osaka 1963 (–'63) 199–: Drug action and tissue metabolism. — Proc. 6th International congress of nutrition, Edinburgh 1963 (Edinburgh–London '64) 342–49: Absorption by the intestine of substances of small molecular weight.

W. Lecture on "The mechanism of enzyme action" (London '40) 27 S. (Royal Institute of Chemistry of Great Britain and Ireland). — Lecture on soil metabolism (London '46) 22 S. (∼). — The influence of biochemistry in modern life (Fredericton, N. B., Can. '56) 20 S. (University of New Brunswick. The Bryan Priestman memorial lecture 1956). — The chemistry of brain in metabolism in health and disease (m. D. M. J. Quastel) (Springfield, Ill. '61) 11+170 S. (American lecture series, 406).

Acta, Unio int. contra Cancrum [Louvain] Energetics of, and factors controlling, amino acid incorporation into neoplastic and normal tissue proteins: **16** ('60) 995–1001.

Advancement Sci. The nitrogen cycle in nature: **7** ('50) 16–18.

Advances Chem. Ser. 2,4-Dichlorophenoxyacetic acid (2,4-D) as a selective herbicide: **1** ('50) 244–49.

American J. clin. Nutrit. Intestinal absorption of sugars and amino acids: **8** ('60) 137–46.

American J. Med. Biochemical aspects of cerebral dysfunction: **25** ('58) 420–29.

Anesthesiology Effect of local anesthetics on respiration of rat brain cortex in vitro[28]): **17** ('56) 666–70.

Annals Bot. The growth-inhibitory activity of the sulfonamides and plant-growth substances and the effects thereon of p-aminobenzoic acid[2]): **12** ('48) 27–34.

Annals New York Acad. Sci. Effects of steroids and diethylstilbestrol on dehydrogenase systems[43]): **54** ('51) 626–34. — Metabolic activity of the neurone: **109** ('63) 436–48.

Annual Rev. Biochem. Enzymes: **5** ('36) 25–62. — Metabolism of brain and nerve: **8** ('39) 435–62.

Annual Rev. Plant Physiol. Soil conditioners: **5** ('54) 75–92. — Soil metabolism: **16** ('65) 217–40.

Applied Microbiol. Sulfur metabolism in the soil[30]): **1** ('53) 70–77. — Urethanes and soil nitrification[84]): 282–87. — Effects of mercapto compounds on soil nitrification [12])[84]): **2** ('54) 235–39.

Applied Therapeutics Salicylates tissuemetabolism and transport processes: **5** ('63) 252–.

Archiv exper. Zellforsch. Oxidation of fatty acids by the liver: **15** ('34) 57f.

Archives Biochem. Catalytic decomposition of hydroxylamine by hemoglobin[16]): **27** ('50) 368–89.

Archives Biochem. and Biophysics The effect of nicotinamide on fermentations by fresh and by acetone-dried powders of cell-free yeast extracts[43]): **31** ('51) 278–84. — Conversion of alcoholic to lactic fermentation in yeast extracts by animal tissues[38])[50]): 337–50. — Manganese dioxide as a terminal hydrogen acceptor in the study of respiratory systems[43]): **36** ('52) 132–46. — Amino acid oxidations by snake venoms[9]): **40** ('52) 130–34. — Studies of effects of methylbis(2-chloroethyl)amine and anticholine oxidases on choline metabolism in vitro[16]): **41** ('52) 305–16. — Metabolism of DL-α-methylglutamate in the brain[9])[85]): 478–80. — Absorption of sugars from isolated surviving intestine[21]): **43** ('53) 194–206. — Bacterial oxidation of cholic acid[37])[84]): **52** ('54) 5–17. — Microestimation of ammonia by use of the Warburg manometric apparatus[9])[85]): 18–21. — Absorption of sugars from isolated surviving intestine[27]): **56** ('55) 412–23. — Absorption of amino acids from isolated surviving intestine[27]): 424–40. — Absorption of sugars and amino acids from isolated surviving intestine after experimental shock[35]): **62** ('56) 485–96. — Metabolism of carcinogenic hydrocarbons by soil microorganisms[62]): **63** ('56) 160–64. — Effects of anaerobiosis on bacteriophage synthesis[97]): **69** ('57) 524–34.

Archives Dermatol. and Syphilol. Studies of plasma changes in skin diseases by paper chromatography[54])[98])[92]): **68** ('53) 167–77.

Bacteriological Rev. Biochemistry of nitrification in soil[84]): **15** ('51) 1–53.

Biochemical J. Oxidations by the brain[106]): **26** ('32) 725–44. — Dehydrogenations by brain tissue. The effects of narcotics[22]): 1672–84. — The action of dyestuffs on enzymes, 3: Urease: 1685–96. — The relation of thiol compounds to glucose fermentation[106]): 2169–76. — The glyoxalase activity of the red blood cell. The function of glutathione[53]): **27** ('33) 486–98. — The action of polyhydric phenols on urease; the influence of thiol compounds: 1116–22. — The effects of amines on oxidations of the brain[106]): 1609–13. — Oxidation of fatty acids in the liver[106]): 1753–62. — The glyoxalase activity of tissues[53]): **28** ('34) 162–72. — An effect of ascorbic acid on fatty acid oxidations in the liver[106]): 1014–27. — Narcotics and brain oxidations. Reversibility of narcotic action in vitro[106]): 1521–29. — Removal of bromine from the blood in cases of mental disorder[110]): 1530–35. — Studies in fat metabolism, 1: The oxidation of butyric, crotonic and β-hydroxybutyric acids in presence of guinea pig liver slices[53]): **29** ('35) 2143–58; ∼ 2: The oxidation of normal saturated fatty acids in the presence of liver slices [53]): 2159–80; ∼ 3: The formation and breakdown of acetoacetic acid in animal tissues[53]): 2181–91; ∼ 4: Acetoacetic acid breakdown in the kidney[106]): 2773–86. — Choline ester formation in, and choline esterase activities of, tissues in vitro[100])[106]): **30** ('36) 1668–81. — Metabolic studies in phenylketonuria[76]): **31** ('37) 266–74. — Effects of hydroxymalonate on the metabolism of brain[53]): 275–81. — Micro-determination of ammonia in presence of aliphatic amines[78]): 282–85. — Oxidation of aliphatic amines by brain and other tissues[78]): 286–91. — The effects of narcotics on tissue oxidations[53]): 565–78. — The oxidation of choline by rat liver[67]): 869–78. — The effects of ether on brain oxidations[53]): 1101–12. — Oxidation of amines by animal tissues[78]): 2306–21. — On the mechanism of acetylcholine formation in brain in vitro[67])[100]): **32** ('38) 243–61. — Anaerobic oxidations. On ferricyanide as a reagent for the manometric investigation of dehydrogenase systems[106]): 936–43. — Hepatic oxidation of choline and arsenocholine[67])[109]): 1024–32. — Acetylcholine metabolism in the central nervous system. The effects of potassium and other cations on acetylcholine liberation[67])[100]): **33** ('39) 822–35. — Estimation of lactic acid in biological material by oxidation with ceric sulphate[32]): 1332–37. — Acetylcholine metabolism in the central nervous system[67])[100]): 1506–18. — Benzedrine (β-phenyl-isopropylamine) and brain metabolism[67]): **34** ('40) 414–31. — Vitamin B_1 and bacterial oxidations, 1: Dependence of acetic acid oxidation on vitamin B_1[105]): **35** ('41) 192–206; ∼ 2: The effects of magnesium, potassium and hexosediphosphate ions[105]): **36** ('42) 8–33. — Nicotinamide, cozymase and tissue metabolism[67]): **35** ('41) 502–17. — The site of action of narcotics in respiratory processes[70]): 518–33. — Toxic effects of oxygen and of hydrogen peroxide on brain metabolism[67]): **40** ('46) 139–44. — Biochemistry of nitrification in soil, 1: Kinetics of, and the effects of poisons on, soil nitrification, as studied by a soil perfusion technique[61]): 803–15; ∼ 2: The site of soil nitrification[61]): 815–23; ∼ 3: Nitrification of various organic nitrogen compounds[61]): 824–28. — Preliminary experiments in the study of the respiratory activity of microorganisms suspended in thin films of fluid adhering to solid surfaces[24]): **42** ('48) 214–18. — Effects of organic arsenicals on enzyme systems[32]): 337–50. — Oxidation of pyruvic acid oxime by soil organisms[84])[91]): **51** ('52) 278–84. — The isolation of bacteria from soil perfused with pyruvic acid oxime[84])[91]): 284–86. — Enzyme inhibitions by snake venoms[9]): **53** ('53) 88–102. — Studies of fatty acid oxidation, 3: The effects of acyl-CoA complexes on fatty acid oxidation[3])[84]): **60** ('55) 329–34. — Effects of L-phenylalanine and sodium phenylpyruvate on the formation of adrenaline from L-tyrosine in adrenal medulla in vitro[8]): **80** ('61) 644–48. — Effects of ouabain on cerebral metabolism and transport mechanisms in vitro[31]): **84** ('62) 394–406. — Effects of D-glucosamine and glucose analogues on glycogen biosynthesis in vitro[57]): **85** ('62) 24–32. — Particle uptake by polymorphonuclear leucocytes and Ehrlich ascites-carcinoma cells[81]): **89** ('63) 150–56. — Fluoroacetate and the metabolism of ammonia in brain[59]): 157–63. — Corticosteroids and ascorbic acid transport in adrenal cortex in vitro[86])[51]): **92** ('64) 564–73. — Transport and metabolism of thiamine in rat brain cortex in vitro[86]): **94** ('65) 790–800. — Transport and metabolism of thiamine in Ehrlich ascites-carcinoma cells[69]): **99** ('66) 766–75. — Transport and metabolism of acetate in rat brain cortex in vitro[31]): **100** ('66) 83–94. – Effects of actinomycin D on nucleic acid metabolism and protein biosynthesis during metamorphosis of Tenebrio molitor L.[45][46]): 441–47. – Effects of colchicine on nucleic acid metabolism during metamorphosis of Tenebrio molitor L. and in some mammalian tissues [45]): 448–57. – Acetoacetate metabolism in infant and adult rat brain in vitro[115]): **116** ('70) 641–55. – Water uptake and energy metabolism in brain slices from the rat[117]): **120** ('70) 25–36. – Tetrodotoxin-sensitive uptake of ions and water by slices of rat brain in vitro[117]): 37–47. – Effects of tetrodotoxin and anesthetics on brain metabolism and transport during anoxia[120]): **126** ('72) 851–67. – Locations of amino acids in brain slices from the rat. Tetrodotoxin-sensitive release of amino acids[112]): **128** ('72) 631–46. – Uptake and release of glutamate in cerebral-cortex slices from the rat[117]): 1117–24. – Control of synthesis and release of radioactive acetylcholine in brain slices from the rat: Effects of neurotropic drugs[114]): **132** ('73) 1–14.

Biochemical Pharmacol. Effects of morphine and Tofranil on the incorporation of phosphate (^{32}P) into phospholipids of rat-brain slices[10]): **12** ('63) 766–68. – Uptake of acetylcholine in rat brain cortex slices[116]): **18** ('69) 1169–85. – Effects of drugs on the uptake of acetylcholine in rat brain cortex slices[116]): 1187–94. – Effects of neurotropic drugs on sodium influx into rat brain cortex in vitro[14]): **19** ('70) 1071–85. – Effects of anesthetics on sodium uptake into rat brain cortex in vitro [120]): **21** ('70) 1763–73.

Biochimica et biophysica Acta Effects of inhibitors of glutamine synthesis on the inhibition of acetylcholine synthesis in brain slices by ammonium ions[9][25]): **10** ('53) 83–88 [m. französ. u. deutscher Zusammenfassg.]. – Effects of extracts of normal tissues and of tumours on yeast fermentation. Estimations of relative diphosphopyridine nucleosidase activities[111]): 256–67 [~]. – Amino acid interactions in strict anaerobes (Clostridium sporogenes)[66]): **12** ('53) 103–20 [~]. – Manometric estimation of peptidase activity[51]): **23** ('57) 88–91. – Energy supply and enzyme activity in strict anaerobes. Studies on peptidase activity in Clostridium sporogenes[51]): 372–84. – Effects of lipotropic agents on the metabolism of Ehrlich ascites-carcinoma cells and other tissues[51]): **46** ('61) 514–26. – Effects of lipotropic agents on exchange diffusion in Ehrlich ascites-carcinoma cells[51]): 527–32. – Effects of metabolic inhibitors on potassium- and acetylcholine-stimulated incorporation of phosphate into phospholipids of rat-brain cortex slices[52]): **57** ('62) 67–72. – Effect of cerebral stimulation on biosynthesis of nucleotides and RNA in brain slices in vitro[118]): **182** ('69) 285–94.

Bioscience Cold adaptation, membranes and lipid metabolism: **19** ('69) 654–56.

British J. exper. Pathol. Tissue anoxia and blood coagulation[79]): **22** ('41) 15–17.

British J. Pharmacol. and Chemotherapy Effect of melatonin on spontaneous contractions and response to 5-hydroxytryptamine of rat isolated duodenum[119]): **24** ('65) 433–61.

British med. Bull. Action of drugs on enzyme systems: **9** ('53) 142–45. – Effects of drugs on metabolism of the brain in vitro: **21** ('65) 49–56.

Canadian J. Biochem. (and Physiol.) Biochemical studies on chlorpromazine, 1: The effect of chlorpromazine on respiratory activity of isolated rat-brain cortex[63][95]): **35** ('57) 1135–44; ~ 2: Effects of chlorpromazine on incorporation into proteins, and breakdown of glycine-1-^{14}C by isolated rat-brain cortex[63][95]): 1145–50. – Effects of cations on sugar absorption by isolated surviving guinea pig intestine [80]): **36** ('58) 347–62. – Effects of metabolic inhibitors on potassium-stimulated glucose absorption by isolated surviving guinea-pig intestine [80]): 363–71. – Absorption of mixtures of sugars by isolated surviving guinea-pig intestine[80][36]): 373–80. – The effects of aliphatic aldehydes on the respiration of rat brain-cortex slices and rat brain mitochondria[6]): 531–41. – The effects of aliphatic alcohols on the respiration of rat brain-cortex slices and rat brain mitochondria[6]): 543–56. – Effects of dihydrostreptomycin on amino-acid incorporation into the proteins of Mycobacterium tuberculosis (BCG)[90]): **37** ('59) 687–97. – Role of phospholipids in mitochondrial respiration[77][84]): 975–87. – Role of phospholipids in oxidative phosphorylation and mitochondrial structure[77][84]): 989–98. – Symposium on some biochemical aspects of the cancer cell, Toronto, Ont., 1959. Introductory remarks: **38** ('60) 397f. – Amino acid accumulation in Ehrlich ascites-carcinoma cells [99]): 1311–26. – Effects of lead and tin organometallic compounds on the metabolism of rat brain-cortex slices[102]): **39** ('61) 1811–27. – Effects of aliphatic alcohols and fatty acids on the metabolism of acetate by rat liver slices[65]): 1895–909. – Amino acid transport in yeast and effects of nystatin[90]): **41** ('63) 397–407. – Reduced nicotinamide adenine dinucleotide phosphate (NADPH) and reduced nicotinamide adenine dinucleotide (NADH) oxidation by guinea pig polymorphonuclear leukocytes[49]): 427–34. – Effects of acetylsalicylate and 2,4-dinitrophenol on metabolism and transport in rat brain cortex in vitro[31]): 435–54. – Active transport of ascorbic acid in adrenal cortex and brain cortex in vitro and the effects of adrenocorticotropin (ACTH) and steroids[86][51]): 597–604. – Effects of aliphatic alcohols on the metabolism of glucose and fructose in rat liver slices[65]): **793**–

803. — Studies of the cationic, and acetylcholine, stimulation of phosphate incorporation into phospholipids in rat brain cortex in vitro[10]): 1243–56. — Symposium on transport reactions at the cell membrane. Introductory survey: **42** ('64) 907–16. — The effects of short-chain fatty acids and starvation on the metabolism of glucose and lactate by the perfused guinea pig heart[23]): 1605–21. — Effects of inorganic salts and of ouabain on some metabolic responses of rat cerebral cortex slices to cationic and electrical stimulations [72]): **46** ('68) 355–62. — Acetylcholine reversal of potassium inhibition of amino acid transport in rat brain cortex slices[72]): 363–65. — Inhibitory effects of ammonium ions and some amino acids on stimulated brain respiration and cerebral amino acid transport[72]): 543–48. — Effects of cerebral stimuli on adenine incorporation into nucleotides and RNA in brain slices from the rat[113]): **50** ('72) 672–83.

Canadian J. Microbiol. Respiration of Mycobacterium tuberculosis, BCG, in the presence of short-chain fatty acids[75]): **2** ('56) 372–79. — Effects of leucocytes on phage synthesis[97]): **8** ('62) 13–18.

Canadian med. Assoc. J. Transport processes in tumors: **93** ('65) 1211–16.

Cancer Biochemical studies of human tumors, 2: In vitro estimation of individual tumor sensitivity to anticancer agents[7])[40]): **19** ('66) 103–13.

Cancer Res. Effects of Ehrlich ascites antisera on the biochemical activities of Ehrlich ascites-carcinoma cells in vitro[7])[103]): **19** ('59) 602–07. — Effects of sulfur containing hydantoin derivatives on metabolism of Ehrlich ascites carcinoma[61]): **20** ('60) 1245 51. — Effects of alkylating agents on the incorporation of glycine-1-^{14}C into tissue proteins in vitro[15]) [51]): 1523–29. — Sarcomycin inhibition of deoxyribonucleic acid synthesis in the Ehrlich ascites-carcinoma cells[94]): **23** ('63) 1549–54.

Current Res. Anesthesia and Analgesia Biochemical aspects of narcosis: **31** ('52) 151–63.

Endeavour Enzymes and their mode of action: **2** ('43) 85–92. Metabolism of nitrogen in soil: **6** ('47) 129–.

Enzymologia On the action of dyestuffs on enzymes, 4: The action of dyestuffs on invertase; the nature of the union between yeast invertase and sucrose[110]): **1** ('36/37) 60–80. — Enzyme formation in bacteria: **2** ('37/38) 37–42.

Ergebn. Enzymforsch. Bacterial enzyme reactions: **1** ('32) 209–30.

Federat. Proc., Amer. Soc. exper. Biol. Effects of glutamine and methionine sulphoxide on inhibition of acetylcholine synthesis in brain by ammonium ions[9])[25]): **11** ('52) Nr. 1. — Enzyme inhibition by snake venoms in relation to their neurotoxic action[9]): **11** ('52). — Effects of amino acids on enzyme activities of strict anaerobes (Cl. sporogenes)[51]): **13** ('54) 237 f.

Indian J. Cancer Glutamine metabolism and tumor-host relation in vitro[87]): **2** ('65) 121–24.

J. agric. Sci. Effects of addition to soil of alginic acid and of other forms of organic matter on soil aeration[105]): **37** ('47) 257–66. — Control of manganese deficiency in soils, 1: Effects of sulfur and thiosulfates on crops growing on manganese deficient soils[42])[73]): **38** ('48) 315–22.

J. amer. chem. Soc. The antituberculosis activity of some ethylmercapto compounds[11]) [68])[5])[17])[18])[88])[107])[47]): **76** ('54) 3860.

J. biol. Chemistry The enzymatic breakdown of D-biotin in vitro[4]): **201** ('53) 751–64. — A comparison of the effects of narcotics and of 2,4-dinitrophenol on sulfanilamide acetylation[50]): **205** ('53) 163–71. —Inhibitory action of meso-tartrate on pyruvate oxidation [84]): **214** ('55) 245–50.

J. investigat. Dermatol. Changes in the electrophoretic patterns of the sera of psoriatics under various forms of therapy[54])[98])[83])[64]): **31** ('58) 161–66.

J. mental Sci. Somnifaine narcosis: Biochemistry: **82** ('36) 431 f.

J. nervous and mental Diseases The contributions of enzymology to neurochemistry: **128** ('59) 381–95.

J. Neurochem. Effects of heated snake venom on the phosphate metabolism of rat spinal cord[44])[84]): **5** ('60) 177–78. — Cerebral uptakes and exchange diffusion in vitro of L and D glutamates[119]): **26** ('76) 431–41.

J. Pharmacol. and exper. Therapeut. Trypanocidal activity and arsenic content of the cerebrospinal fluid after administration of arsenic compounds[39])[41]): **59** ('37) 157–75. — The action of morphine and its derivatives on contractions of leech muscle due to acetylcholine, choline and nicotine[100]): **60** ('37) 228–33.

Lancet Biochemistry and mental disorder: **223** II ('32) 1417–19. — Glucose-insulin administration in prolonged narcosis[93]): **224** I ('33) 464–66. — Faulty detoxication in schizophrenia. Abnormal excretion of hippuric acid after administration of benzoate[104]): **235** II ('38) 301 05. — Faulty detoxication in schizophrenia[104]): **239** I ('40) 402 f.

M and B Labor. Bull. Some aspects of enzyme activity, 1: Active centers: **8** ('68) 18–22; ∼ 2: 34–37.

Methods Enzymol. Choline oxidase: **1** ('55) 674–78. — Amino acid reductases[51]): **2** ('55) 217–20. — D-Biotin oxidase: 631 f.

Methods med. Res. Responsivity of isolated brain tissue to electrolytes: **9** ('61) 237–40. Technics for studies of intestinal absorption in vitro: 273–86.

Nature [London] Effect of carbon monoxide on the biological reduction of nitrate: **130** ('32) 207. – Glutathione, iodoacetic acid and glucose metabolism: **131** ('33) 206. – Reducing bodies, and fumarase, in tumours: **132** ('33) 101. – Mechanism of the biological synthesis of acetylcholine[67])[100]): **141** ('38) 374. – Vitamin B_1 and acetate oxidation by bacteria [105]): **144** ('39) 633f. – Benzedrine and brain metabolism[67]): 943f. – Vitamin B_1 and acetylcholine formation in isolated brain[67]): **145** ('40) 856f. – Nicotinamide, cozymase and tissue metabolism[67]): **147** ('41) 326f. – Rudolf Schoenheimer†: **149** ('42) 15f. – Urease activity and ascorbic acid: **152** ('43) 215. – Bacteriostatic effects of potassium chlorate on soil nitrification[61]): **155** ('45) 276–78. – Inhibition of plant growth by 2,4-dichlorophenoxyacetic acid and other plant-growth substances[74])[101]): 498–500. – Manganese metabolism in soils[67]): **158** ('46) 154–56, 662. – Effects of organic arsenic compounds on tissue enzymes and proteins and on tissue metabolism[32]): **159** ('47) 97f. – Coumarin as a selective phytocidal agent[2]): 320–24. – Toxic effects of amino acids and amines on seedling growth[2]): **160** ('47) 222f. – Selective toxic action of thiosulphate on plants[2]): 263f. – Phosphorylation of D-glucosamine by brain extracts[38]): **164** ('49) 693f. – Relations between acetylcholine synthesis and metabolism of carbohydrates and D-glucosamine in the central nervous system[38]): 779–82. – Diethylstilbœstrol as a competitive intracellular hydrogen carrier[43]): 865–67. – Influence of organic nitrogen compounds on nitrifications in soil[84]): 1068–72. – Nitrification of amino acids[84]): **166** ('50) 239. – Protection of enzymes by anticholine oxidases against inactivation by nitrogen mustard[16]): 773–75. – Oxidation of pyruvic oxime by soil organisms[84])[91]): 940–42. – Ornithine transaminase[108]): **167** ('51) 556. – Movement of proteins on filter paper[26])[92]): **168** ('51) 687–89. – Action of snake venom on acetylcholine synthesis in brain[9]): **169** ('52) 695–97. – "Krilium" and synthetic soil conditioners: **171** ('53) 7–10. – Inhibition of tumor growth by D-glucosamine [13]): 252–54. – Narcotics and biological acetylations[50]): 602–05. – Narcotics and brain respiration[29]): **174** ('54) 28–31. – Anaerobic deamination of D-glucosamine by bacterial and brain extracts[25]): **177** ('56) 1216–18. – Phenylalanine inhibition of tyrosine metabolism in the liver[7])[55]): **179** ('57) 1124–26. – Effects of sarcomycin on the metabolism of Ehrlich ascites-carcinoma cells[7])[19]) [84]): **180** ('57) 1109–11. – Metabolism of normal tissues and neoplasms in vitro[7]): **183** ('59) 281–86. – The McGill-Montreal General Hospital Research Institute: 716f. – Carbohydrate – amino acid interrelations in brain cortex in vitro[56]): **184** ('59) 252–56. – Biochemical aspects of phagocytosis[49])[48]): **192** ('61) 535–41. – Succinate – amino acid interrelations in rat brain cortex in vitro[31]): **193** ('62) 138–40. – Effects of L-phenylalanine and sodium phenylpyruvate on the formation of melanin from L-tyrosine in melanoma[8]): 376f. – Tetraethyl lead toxicity in rats[20]) [102]): **195** ('62) 607f. – Malignancy and tissue metabolism[87]): **196** ('62) 876–80. – x-Irradiation of deoxyribonucleic acid[94]): **200** ('63) 781f. – Oxidation of reduced triphosphopyridine nucleotide by guinea pig polymorphonuclear leucocytes[81]): **202** ('64) 85f. – Effects of metabolic inhibitors on energy metabolism of Ehrlich ascites-carcinoma cells[7]): **205** ('65) 44–46. – Effects of cerebral stimulation on the biosynthesis in vitro of nucleotides and RNA in brain[118]): **221** ('69) 1053.

Neuropharmacology [Trans. Conf.] Action of alcohol on the central nervous system: **3.** 1956 ('57) 169–75.

Physiological Rev. Respiration in the central nervous system: **19** ('39) 135–83.

Plant Physiol. [New York] Microbial activities of soil as they affect plant nutrition: **3** ('63) 671–756.

Proc., Canadian Cancer Res. Conf. Carbohydrate metabolism of cancer tissue: **1.**1954 ('55) 301–08. – Role of structure in mitochondrial metabolism[77])[84]): **2.**1956 ('57) 106–15. – Nucleic acids and protein synthesis: Introductory remarks: **3.**1958 ('59) 65–68. – Biochemical aspects of Ehrlich ascites carcinoma: **4.**1960 ('61) 3–27.

Proc. Nutrition Soc. Vitamin B complex. Role of members of the vitamin B complex in enzyme systems: **4** ('46) 92–106.

Proc. roy Soc. London, Ser. B Discussion on recent advances in study of enzymes and their action: **111** ('32) 294–97. – Narcosis and oxidations of the brain[106]): **112** ('32/33) 60–79. – Discussion on the chemical and physical basis of pharmacological action: Effects of narcotics on tissue metabolism: **121** ('36/37) 592–95. – Soil metabolism. (Leeuwenhoek lecture): **143** ('55) 159–78. – Factors influencing the anaerobic glycolysis of brain and tumour[1]): **145** ('56) 472–93. – Molecular transport at cell membranes: **163** ('65/66) 169–96. – Spontaneous action potentials in isolated guinea pig cerebral slices: Effects of amino acids and conditions affecting sodium and water uptake[117]): **184** ('73) 83–90.

Proc. roc. Soc. Med. Enzymic activity of the brain: **29** ('35/36) 200–04. – The significance of anoxæmia in modern psychiatric treatment: **32** ('39) 951–58.

Proc. Soc. exper. Biol. and Med. Paper chromatography of protein mixtures and blood plasmas[26]): **74** ('50) 803–08. — Effects of fat meals and heparin on blood plasma composition as shown by paper chromatography[96])[26]): **75** ('50) 850–54. — Paper chromatography of blood plasma in multiple sclerosis[69])[26]): **76** ('51) 183–98. — Paper chromatography of protein mixtures and blood plasmas[26])[92]): **77** ('51) 783–90. — Protein separations and interactions on filter paper [92]): **81** ('52) 6–9. — Factors underlying bacterial enzyme synthesis[58]): **82** ('53) 388–92. — Hydrolysis of succinylmonocholine by a liver esterase[33]): **90** ('55) 72–74. — Effects of croton oil on sugar absorption by isolated surviving guinea pig intestine[82]): **100** ('59) 711–14.

Psychiatric Quarterly Narcosis and mental function: 8 ('34) 227–34.

Psychopharmacology Service Center Bull. Effects of phenothiazine-like compounds on brain metabolism in vitro: **2** ('62) 56–.

Quarterly J. Studies Alcohol Current research on problems of alcoholism: Report of the Section on Physiological, Biochemical and Pharmacological Research: **15** ('54) 537–44. — Effects of aliphatic alcohols on the metabolism of brain and liver: **20** ('59) 428–31.

Science [USA] Paper chromatography of proteins and enzymes[26]): **110** ('49) 447–51. — Presence of iodinated amino acids in unhydrolyzed thyroid and plasma[34])[60])[26]): **111** ('50) 605–08. — Enzymic syntheses of oligo- and polysaccharides containing D-glucosamine[89]): **127** ('58) 143f. — Effects of veratrine and cocaine on cerebral carbohydrate - amino acid interrelations[56]): **131** ('60) 412–14. — Tetrodotoxin: Effects on brain metabolism in vitro[14]): **156** ('67) 1752f. Ribonucleic acid biosynthesis in adult and infant rat brain in vitro[115]): **164** ('69) 79f.

Science Progr. [London] Synthetic soil conditioners and soil structure: **40** ('52) 385–402.

Soc. biol. Chemists, India Biochemical aspects of narcotic action: **1955**, 97–106.

Soil Sci. Influence of organic matter on aeration and structure of soil: **73** ('52) 419–26. — Arsenite oxidation in soil[84]): **75** ('53) 279–85.

Symposia genetica et biol. ital. Metabolism of embryonic and neoplastic tissues in vitro: 8 ('61) 640–57.

Trans. Faraday Soc. Effects of narcotics and benzedrine on metabolic processes in the central nervous system: **39** ('43) 348–59.

Ferner die Artikel „Biological nitrogen fixation", „Carcinogenic hydrocarbons", „Glycolysis" und „Oxidizing enzymes" in der 4. Aufl. von „Thorpe's Dictionary of applied chemistry".

Mit: [1]) D. H. Adams; [2]) L. J. Audus; [3]) J. Avigan; [4]) R. M. Baxter; [5]) H. J. Becker; [6]) C. T. Beer; (I. J. Bickis; [8]) J. B. Boylen; [9]) B. M. Braganca; [10]) M. Brossard; [11]) H. D. Brown; [12]) W. T. Brown; [13]) A. Cantero; [14]) S. L. Chan; [15]) N. W. Coles; [16]) J. S. Colter; [17]) J. P. Conbere; [18]) J. M. Constantin; [19]) E. H. Creaser; [20]) J. E. Cremer; [21]) W. A. Darlington; [22]) D. R. Davies; [23]) E. J. Davis; [24]) G. Ellinger; [25]) P. Faulkner; [26]) A. E. Franklin; [27]) L. Fridhandler; [28]) I. C. Geddes; [29]) J. J. Ghosh; [30]) H. Gleen; [31]) O. Gonda; [32]) J. J. Gordon; [33]) R. M. Greenway; [34]) J. Gross; [35]) J. E. Guthrie; [36]) B. Haber; [37]) A. H. Halperin; [38]) R. P. Harpur; [39]) F. Hawking; [40]) I. W. D. Henderson; [41]) T. J. Hennelly; [42]) E. J. Hewitt; [43]) R. M. Hochster; [44]) A. J. Hudson; [45]) J. Ilan; [46]) Judith Ilan; [47]) E. Ironson; [48]) D. M. F. Islam; [49]) G. Y. N. Iyer; [50]) W. J. Johnson; [51]) R. M. Johnstone; [52]) H. Joshida; [53]) M. Jowett; [54]) F. Kalz; [55]) J. P. Kennedy; [56]) M. M. Kini; [57]) M. Kono; [58]) D. J. Kushner; [59]) S. Lahiri; [60]) C. P. Leblond; [61]) H. Lees; [62]) W. Lijinsky; [63]) O. Lindan; [64]) W. MacIntyre; [65]) E. Majchrowicz; [66]) R. Mamelak; [67]) P. J. G. Mann; [68]) A. R. Matzuk; [69]) I. A. Menon; [70]) M. Michaelis; [71]) —; [72]) S. Nakazawa; [73]) D. J. D. Nicholas; [74]) P. S. Nutman; [75]) E. Pascoe; [76]) L. Penrose; [77]) E. Petrushka; [78]) C. E. M. Pugh; [79]) E. Racker; [80]) E. Riklis; [81]) J. Roberts; [82]) J. P. du Ruisseau; [83]) A. Schafer; [84]) P. G. Scholefield; [85]) R. Schucher; [86]) S. K. Sharma; [87]) G. C. Shrivastava; [88]) M. Solotorovsky; [89]) S. Srinivasan; [90]) E. Stachiewicz; [91]) J. W. Stevenson; [92]) S. F. van Stratten; [93]) R. Ström-Olsen; [94]) Shan-Ching Sung; [95]) S. Sved; [96]) R. L. Swank; [97]) A. Taussig; [98]) P. Telner; [99]) A. Tenenhouse; [100]) M. Tennenbaum; [101]) H. G. Thornton; [102]) A. Vardanis; [103]) S. I. Vas; [104]) W. T. Wales; [105]) D. M. Webley; [106]) A. H. M. Wheatley; [107]) S. Winsten; [108]) R. Witty; [109]) H. E. Woodward; [110]) E. D. Yates; [111]) L. J. Zatman; [112]) A. M. Benjamin; [113]) N. B. Glick; [114]) D. S. Grewaal; [115]) T. Itoh; [116]) C. C. Liang; [117]) K. Okamoto; [118]) C. Prives; [119]) R. Rahamimoff; [120]) R. Shankar(an).

VI **QUDRAT-I-KHUDA,** Muhammad. Chem. (org.), Biochem. — 1931– Prof., Presidency College, Calcutta; ca. '38 Principal, Islamia College, Calcutta; later on Scientist, East-Regional Labor. of the Pakistan Council of Sci. and Industr. Research, Dacca (East Pakistan, now Bangla Desh). — — Weitere Daten nicht bekannt. (⊠)

*1900, Okt. 23, Margram, Bengal.

H. Proc. Bengal education week, Calcutta 1936 (Calcutta '36) [Speeches in English and Bengali].

Chemistry and Industry Bitter constituents from Caesalpinia bonducella, Flem.[4]): **1960**, 463f.

J. chem. Soc., London Studies in keto-lactol tautomerism, 5: The influence of methylcyclohexane rings on the tautomerism of δ-ketonic acids[23]): **1936**, 570–73.

J. indian chem. Soc. Strainless monocyclic rings, 2: Synthesis of 3-methylcyclohexane-1-carboxy-1-acetic acid and separation of its isomers[23])[5]): **15** ('38) 462–70; ∼ 3: Synthesis of 2-methyl-cyclohexanesuccinic acid and the separation of its isomers[19])[23]): 489–94. — Substituted ring compounds, 1: Synthesis of 2,2,4-trimethylcyclopentanone[13]): **16** ('39) 287–95; ∼2: Synthesis of 1,1,3- and 1,3,3-trimethylcyclopentanones[23]): **23** ('46) 435–44. – Spiro-compounds, 1: Preparation of cyclopentanespirocyclopentanone and cyclohexanespirocycloheptanone[29]): **16** ('39) 525–31; ~ 2: Synthesis of cyclopentanespirocyclopentanone[23]): 532–35. – Essential oil from rhizome of Acorus calamus, 1: Isolation and examination of calamol[23])[13]): 583–88. – Stereochemistry of monocyclic rings, 1: Interconversion of methylcyclohexane into methylcycloheptane ring and synthesis of 4-methylcycloheptanone[13]): **17** ('40) 19–31. – Oleo margosa from Melia azadirachta, neem oil, 1: Isolation of the constituents of the oil[13])[23]): 189–94. – Keto–lactol tautomerism, 7: Syntheses of 1-acetyl- and 1-benzoyl-cyclohexylacetic acid and related compounds; examination of their behaviour[6]): **24** ('47) 15–20.

Nature [London] Strainless monocyclic rings: **132** ('33) 210. – Multiplanar cyclohexane rings: **136** ('35) 301.

Pakistan J. sci. and Industr. Res. Determination of optimum conditions for cooking and treating intact fish slices with special reference to bone softening [12])[25])[26]): **1** ('58) 151–55. – Some valuable constituents of oil cakes from East Pakistan[25])[12])[22])[16]): **2** ('59) 10–12. – Biochemical and nutritional studies on East Pakistan fish, 1: Applicability of an improved iodine absorption and titratable acidity measurement to investigate fish spoilage[10])[11]): 217–22; ~ 2: Assessment of dehydrogenase activity in fish tissue and investigation on the mechanism of fish spoilage by this new method[10])[16]): **3** ('60) 10–12; ~ 3: Mechanism of fish spoilage by study of the influence of visceral contents and boiling treatment on the autodehydrogenase activity of fish tissues[10])[17]): 79–82; ~ 4: Evaluation of the mechanism of fish spoilage by measurement of tyrosine values[10])[32]): 187–90; ~ 5: Influence of age of fish on the distribution of protein in their body[10])[17]): **5** ('62) 20–23. – Urea complexes: Fractionation of acids from a typical oleic-rich safflower oil and preparation of oleic and linoleic acids[9])[16]): **2** ('59) 241–44. – Wax and fat from sugarcane pressmud[1]): 256–58. – Studies on East Pakistan coconuts[27]): 259–66. – Distribution of ascorbic acid in red-skinned radish and its relation to anthocyanin pigments [10])[32]): 279–86. – Preliminary note on Xanthoxylum budranga fruits[24]): **3** ('60) 4f. – [Studies on Caesalpinia bonducella, 1:] Seed constituents of Caesalpinia bonducella[4])[34]): 48–51; ~ 2: Chemical examination of the leaves[4])[2]): **4** ('61) 104–08; ~ 3: Isolation of α, β- and γ-caesalpine and determination of their functional groups[4]): **6** ('63) 65–76. – An examination of Amoora rohituka[36]): **3** ('60) 122–24. – Determination of unsaponifiable matter in fats[9])[16]): 156–58. – Früchte und Fruchterzeugnisse, 6: Die Bewertung einiger saisongebundener Früchte Ost-Pakistans für die industrielle Verarbeitung[22])[30])[16]): 191–94 [engl.]. – Biochemical and nutritional studies on East Pakistan banana, 1: Investigation on the mechanism of banana ripening by evaluation of their autodehydrogenase activities[10])[17]): **4** ('61) 113–17. – Indigenous starches of Pakistan, 2: Starches from the rhizomes of Curcuma zedoaria, tubers of Manihot utilissima and of Ipoemea batata and their in vitro digestion by saliva and Taka-diastase[10])[11]): **5** ('62) 30–34; ~ 3: Microphotographic and spectrophotometric study of the iodo complexes of starches from Curcuma zedoaria, Manihot utilissima and Ipoemea batata[10])[21])[26]): 62–66. – Biochemische und Ernährungsuntersuchungen an Gemüsen in Ost-Pakistan, 1: Gesamtascorbinsäure in ost-pakistanischen Gemüsen, ihre Koexistenz mit Pflanzenpigmenten und der Einfluß traditioneller Kochgewohnheiten auf ihre Erhaltung[10])[32]): 232–37 [engl.]. – Biochemische und Ernährungsuntersuchungen an Reis und Reisprodukten aus Ost-Pakistan, 1: Verschiedene Untersuchungen über Größenveränderungen bei Paddyreis und Reis und mikrophotographische Untersuchungen über die Veränderungen der Stärkebestandteile durch das Vorkochen[10])[26]): 238–46 [~]; ~ 2: Unterschiedliche autoamylolytische Aktivität von vorgekochtem und ungekochtem Reis in Beziehung zum Lagerungs- und Kochverhalten[10])[11]): 247–50 [~]. – Andrographis paniculata Nees, 1: Preliminary examination of some leaf constituents[7])[3]): **6** ('63) 152–57. – Inhaltsstoffe von Jutesamen, 1: Isolierung von Jutesamenöl, Strophanthidin und Raffinose[15])[8]): 158–60 [engl.]; ~ 2: Identifizierung und Charakterisierung eines Glykosids und Aglykons aus den Samen[15])[8]): 161–63 [~]; ~ 3 [15])[8]): 169–73. – Studies in ring transformation, 1: Clemmensen reduction of 1,4-dimethyl-1-ethyl cyclohexane-3,5 dione[20])[14]): **7** ('64) 81–85. – Investigations on Faridpur peat, 2: Fraction and infra-red studies of peat bitumen[31])[28]): **8** ('65) 249f.

Pakistan J. Sci. Res. Indigenous starches of Pakistan, 1: Iodine affinity values of indigenous starches and assessment of their amylose and amylopectin contents[10])[35]): **12** ('60) 171–75.

Mehrere Publikationen in Bengali.

Mit: [1]) N. Ahmed; [2]) Qu. A. Ahmed; [3]) M. A. Ali; [4]) M. E. Ali; [5]) Ph. Banerji; [6]) K. C. Bhattacharya; [7]) K. M. Biswas; [8]) D. C. Das; [9]) H. C. Das; [10]) H. N. De; [11]) J. C. Debnath; [12]) S. Fazl-i-Rubbi; [13]) S. K. Ghosh; [14]) N. A. Jeelani; [15]) A. Khalique; [16]) N. A. Khan; [17]) N. M. Khan; [18]) –; [19]) A. A. Mallick; [20]) M. Manzoor-i-Khuda; [21]) N. H. Mia; [22]) B. D. Mukherjee; [23]) A. Mukherji (Mukerjee); [24]) Qu. A. K. M. Nurul Haq; [25]) H. Rahman; [26]) M. Rahman; [27]) M. Rahmatullah; [28]) A. Rashid; [29]) A. K. Ray; [30]) S. F. Rubbi; [31]) S. A. Samad; [32]) M. A. H. Sharif(f); [33]) –; [34]) M. Siddiqullah; [35]) M. Yasin; [36]) M. Hosain.

VI **QUELET,** Raymond Pierre. Chem. (org.). — 1929–35 Maître de Conférences, Univ. de Caen, Calvados; '35–48 Prof. Chim. minér. et Chim. physique, Univ. de Bordeaux; '49– Prof. et (plus tard) Dir. du Labor. de Chim. org. II, Fac. des Sci., Univ. de Paris. — Chevalier de la Légion d'Honneur; Officier de l'Instruct. Publ.; '29 Prix Cahours, '38 Prix Charles-Adam Girard, '38 Médaille Berthelot, '46 Prix Paul Marguerite de La Charlonie (Acad. Sci. Paris).

*1897, Jan. 2, Anzème, Creuze;
†1967, März 12, Paris.

Zur Biobibliogr. Annales Univ. Paris **19** ('49) 113f. (m. Bildn.).

S. Mélanges scientifiques offerts à M. Luc Picart par ses collègues et collaborateurs (Bordeaux '38) (Publications de l'Université de Bordeaux, 2) 151–65: Sur la chloroalcoylation des éthers-oxydes phénoliques; nouvelle méthode de synthèse du para-vinylanisol et de ses homologues.

W. Précis de chimie **1**: Chimie générale (Paris '52) 291 S., [2]('55) 12+292+8 S., [3]('57), [4]('58), [5]('59), [6]('60) 20+292 S., [7]('61) 8+302+9 S., [8]('63) 12+323 S., [9]('66), (S. David) [10]('69) 340 S.; **2**: Chimie minérale ('52), [2]('55) 9 S. + S. 293–493, [3]('58) 8 S. + S. 293–500, [4]('59), [5]('60), ..., [7]('61) 215 S., [8]('64) 8+255 S.; **3**: Chimie organique ('53) S. 495–781, [2]('56), [3]('58) S. 501–792, [4]('59) S. 501–820, [5]('60), ..., [7]('64) 335 S., (S. David) [8]('70) 336 S. — Chimie médicale. Notions de chimie générale, de chimie minérale et de chimie organique (Paris '62) 499 S.; 2. Aufl. u.d.T.: Chimie propédeutique médicale ('64) 479 S.

Annales Chim. Préparation de gem-diaryléthylènes à partir des β-chloro diaryléthanes correspondants; synthèse de diaryl-6,6 tétrahydro-oxazines-1,3 et de quelques-uns de leurs dérivés[33]): (14) **1** ('66) 107–11. — Contribution à l'étude de l'acide triméthyl-2,2,6 tétrahydropyranne dicarbolique-3,6 cis (acide cinéolique) et de ses dérivés[7])[35]): **2** ('67) 23–34. — Contribution à l'étude des dérivés du monohydrazide de l'acide malonique: Les esters de N'-acyl monohydrazides maloniques[25]): 159–67.

Bull. mens. Informat. ITERG Etude de la formation des acides oxydés dans les pâtes de neutralisation des huiles [2])[15])[28]): **3** ('49) 73–77.

Bull. Soc. chim. France Sur quelques dérivés du paraxylylène glycol: (4) **53** ('33) 222–34. — Sur la synthèse du chlorure d'anisyle et de ses homologues: 851f. — Préparation synthétique des dérivés chlorométhylés du parabromoanisol et des nitranisols: (5) **1** ('34) 539–45. — Sur la synthèse du para-méthoxy-α-chloro-éthylbenzène: 1026f. — Sur la synthèse des dérivés α-chloro-alcoylés des éthers-oxydes phénoliques: 1027–29. — Préparation de l'alcool méthoxy-2-méthyl-5-benzylique et de ses éthers-oxydes[14]): **3** ('36) 355f. — Chloro-alcoylation de l'anisol: Synthèse des vinylanisols: 953f. — Sur la synthèse de l'alcool anisique[2]): 1794–800. — Dichlorométhylation de l'anisol; passage au glycol correspondant[3]): 2200f. — Préparation de deux alcools méthoxy-méthylbenzyliques[2]): 2201f. — Synthèses réalisées à partir de l'éther méthylique du thymol[2]): **4** ('37) 620. — Préparation synthétique d'alcools méthoxybenzyliques[2])[14])[20]): 1092–101. — Sur la déshydratation des alcools méthoxybenzyliques par l'acide chlorhydrique[2]): 1468–72. — Synthèses à partir du parabromoanisol, alcool méthoxy-2 bromo-5 benzylique et aldéhyde méthoxy-2 bromo-5 benzoïque[26]): **5** ('38) 15f. — Chlorométhylation de l'aldéhyde anisique. Passage au méthylol-2 méthylal-4 anisol[2]): 16f. — Condensation de l'aldéhyde monochloracétique avec l'anisol en milieu chlorhydrique: Synthèse du para-méthoxy-(α,β-dichloréthyl)-benzène; passage à l'α- et au β-chloro-para-méthoxy styrolènes[2]): 1273f. — Hydrogénation par le nickel de Raney de quelques dérivés de l'ortho-nitroanisol[14]): **6** ('39) 466f. — Chlorométhylation du para-propylanisol; synthèse de l'aldéhyde méthoxy-2 propyl-5 benzoïque[14]): 467f. — Préparation des α- et β-chlorométhoxystyrolènes[2]): 781f. — Sur la fixation de l'oxygène par le para-méthoxy-α-chlorostyrolène[2]): 782f. — Synthèse de l'alcool méthoxy-2 propyl-5 benzylique et de quelques dérivés[14]): 783f. — Action de la pyridine et de l'éthylate de sodium sur le para-méthoxy-α,β-dichloropropylbenzène[14]): 1146f. — Action de l'alcool éthylique en présence de cyanure de potassium sur le p-méthoxy-α,β-dichloro-éthylbenzène et sur le p-méthoxy-α,β-dichloro-propylbenzène[2])[14]): **7** ('40) 52–54. — Sur la chloroalcoylation des éthers-oxydes phénoliques, 1: Synthèse des méthoxystyrolènes: 196–205; ~ 2: Synthèses de vinylanisols et de dérivés des méthoxy-(α-hydroxy)-éthylbenzènes: 205–15. — Préparation des α,β-dichloroéthylanisols; passage aux α- et aux β-chloro-méthoxystyrolènes[2]): 215–27. — Sur les polymères de l'isobutanal [29]): **8** ('41) 35–37. — Sur une nouvelle transposition effectuée sur le noyau benzénique: Permutation entre le groupement carboxyle et l'halogène des acides hydroxy(ou méthoxy)-2 bromo(ou chloro)-5 benzoïques[26]): **11** ('44) 505–11. — Synthèse de dérivés du butynyl-1 benzène[21]): **14** ('47) 313–16. — Hydrogénolyse du diéthylamino éthane nitrile en présence du nickel de Raney[26]): 795–97. — Condensation du chloro éthoxyacétate d'éthyle sur les noyaux aromatiques; nouvelle méthode de synthèse d'acides arylacétiques et de leurs dérivés αhydroxylés[19]): **17** ('50) 1075–78. — Application de la chlorométhylation à la synthèse d'acides polyalcoxy-phénylacétiques: **20** ('53) C46–C48. — Dibromo-éthylation de l'éther benzylique du phénol. Synthèse de nouveaux éthers dérivant du para-hydroxyphényl-1 amino-2 éthanol et de ses homologues N-alcoylés[4]): C50f. — Hydroxy-alcoylation du noyau benzénique: Condensation du chloral sur le vératrole[19])[28]): **21** ('54) 932–34. — Nouvelles synthèses au moyen de l'amino-acétal diéthylique[22])[8])[24])[28])[30])[34]): **1956**, 26–29. — Contribution à l'étude de la réactivité des chloronitro et bromo-nitro éthers-oxydes dérivant du pyrocatéchol et de l'hydroquinone. Passage aux mono et poly éthers-oxydes de la nitro-5 hydroxyhydroquinone[1]): **1959**, 349–52. — Action de l'ammoniac et de quelques amines aliphatiques et hétérocycliques sur les bis(halogéno-méthyl)-2,2' tétraméthoxy-4,5,-4',5' biphényles[30]): 630–33. — Sur la synthèse des éthoxy-4 tétrahydro-1,2,3,4 isoquinoléines: Etude de la cyclisation par BF_3 des N-(α-méthylbenzyl)aminoacétals méthylés ou méthoxylés sur le noyau benzénique[34]): 1164–66. — Condensation des γ-lactones sur les noyaux benzéniques. Etude des produits obtenus par condensation du diméthyl-3,3 hydroxy-2 butanolide-1,4 sur le benzène et le toluène[8]): **1962**, 1882–86. — Préparation des acides aryl-3 tétrahydro-1,2,3,6 phtaliques; étude de leur cyclisation en acides tétrahydro-1, 2,4a,9a fluorénonecarboxyliques-1[17])[23]): **1963**, 1533. — Synthèse de dérivés orthosubstitués du para-nitroanisole[12]): 2445–49. — Action des organo-magnésiens sur les acétals α-éthyléniques, 1: Etude des acétals de l'aldéhyde acrylique[7])[13]): **1966**, 3258–64; ~ 2: Etude du comportement de quelques homologues et dérivés des acétals du propénal[13]): **1967**, 1503–11 [m. engl. Zusammenfassg.]; Action des organo-magnésiens sur les acétals éthyléniques, 3: Comportement de l'acétal diéthylique du pentadiène-1,3-al et de quelques acétals cycliques[13]): 3390–95 [~].

C. R. hebd. Séances Acad. Sci., Paris Préparation d'un dérivé chloro-méthylé du para-bromo-anisol (méthoxy-2 bromo-5 α-chlorotoluène): **195** ('32) 155f. — Sur la synthèse des dérivés chlorométhylés du para-bromo-anisol et des nitro-anisols: **196** ('33) 1411–13. — Sur une méthode de préparation synthétique des dérivés chlorométhylés des éthers-oxydes phénoliques: **198** ('34) 102–05. — Sur la préparation du méthoxy-2 bromo-5 α-chlorotoluène et son action sur les organomagnésiens: 2107–09. — Sur une méthode de préparation synthétique des dérivés α-chloroéthylés des éthers-oxydes phénoliques; application à la synthèse des quelques vinylanisols: **199** ('34) 150–52. — Sur une nouvelle méthode de synthèse des alcoxy (α-hydroxyéthyl-)benzènes et des éthers-oxydes correspondants: 483–85. — Chloro-alcoylation de l'anisol: synthèse des vinylanisols: **202** ('36) 956–58. — Sur la préparation synthétique de l'alcool nitro-3 méthoxy-4 benzylique et de ses éthers-oxydes[20]): 1442–44. — Synthèse du méthoxy-1 diméthylol-2,4 benzène et de quelques-uns de ses dérivés[3]): **203** ('36) 262–64. — Préparation synthétique d'alcools méthoxy-méthyl-benzyliques[2]): **204** ('37) 130–32. — Nouvelles méthodes de préparation de l'alcool bromo-5 méthoxy-2 benzylique et de l'aldéhyde bromo-5 méthoxy-2 benzoïque[26]): **205** ('37) 146–48. — Chlorométhylation de l'aldéhyde anisique; passage au méthoxy-1 méthylol-2 méthylal-4 benzène[2]): 238–40. — Nouvelle méthode de synthèse du para-méthoxy α,β-dichloro éthylbenzène; passage au β- et à l'α-chloro para-méthoxy styrolènes[2]): **207** ('38) 1109–11. — Chloro-alcoylation du para-propylanisol; application à la synthèse de quelques dérivés[14]): **208** ('39) 1317–19. — Sur les polymères de l'isobutanal[29]): **212** ('41) 162–64. — Transposition de l'acide bromo-5 salicylique et de ses éthers-oxydes par hydrolyse des sels de bromo-magnésium[26]): **217** ('43) 229–31. — Sur la transposition des acides dérivés de l'acide bromo-5 salicylique par hydrolyse de leurs sels de bromo-magnésium[26]): **220** ('45) 324–26. — Condensation du dibromo-1,2 éthoxyéthane sur le noyau benzénique; synthèse de dérivés α,β-dibromoéthyles des éthers-oxydes phénoliques[9]): **222** ('46) 88–90. — Préparation et propriétés de dérivés du bromo-2 chloro-3 propanal[28]): 1237f. — Préparation de l'ortho-méthoxy styrolène; passage à l'ortho-méthoxy phénylacétylène[21]): **223** ('46) 159f. — Sur l'hydrogénolyse du diéthylaminoéthane nitrile en présence du nickel de Raney[26]): **224** ('47) 400–02. — Dérivés bromés dans la chaîne du butynyl-1 benzène. Passage au phényl-1 buténype-3,1[21]): 661–63. — Synthèse des α-méthoxy β-amino phényl éthanes dérivant de l'anisole et du vératrole[4]): **226** ('48) 1020–22. — Synthèse de dérivés du diméthoxy-3,6 octyne-4[21]): **227** ('48) 350–52. — Condensation du chloro-éthoxy-acétate d'éthyle sur les noyaux aromatiques: nouvelle méthode de synthèse d'acides arylacétiques[19]): **230** ('50) 394–96. — Synthèse d'éthers-oxydes dérivant du para-éthoxy α-hydroxy β-amino éthylbenzène et de ses homologues N-alcoylés[4]): 969f. — Sur une prétendue transposition des acides dérivés de l'acide bromo-5 salicylique. Action d'un excès de bromure d'éthyle-magnésium sur l'acide méthoxy-2 bromo-5 benzoïque[28]): **235** ('52) 496–98. — Utilisation de la réaction de Leuckart pour la synthèse de l'éther méthylique de la diphényl-1,2 éthanolamine. Séparation des inverses optiques[18]): **236** ('53) 492–94, 1515. — Contribution à l'étude de l'hydroxy-alcoylation du noyau benzénique; condensation du chloral sur le vératrole en présence de chlorure d'aluminium[19])[28]): **238** ('54) 1427–29. — Contribution à la synthèse des isoquinoléines[22]): 1887–89. — Contribution à l'étude des éthers-oxydes de la nitro-5 hydroxyhydroquinone[1]): **240** ('55) 1439f. — Etude des produits obtenus dans la condensation du chloral sur le naphtalène, en présence de chlorure d'aluminium[8])[16]): 1900–02. — Condensation de l'aminoacétal diéthylique et de ses dérivés N-acylés sur l'anisole et le vératrole[24])[28]): **241** ('55) 755–57. — Action des organomagnésiens sur les N-benzylidène aminoacétals[22])[34]): 1583–85. — Chlorométhylation du tétraméthoxy-3,4,3',4' diphényle. Synthèse de dérivés du tétraméthoxy-2,3,9,10 dibenzo (a,c) heptadiène[30]): **242** ('56) 918–20. — Synthèse de dérivés du diméthyl-2,2' tétraméthoxy-4,5,4',5' biphényle; passage à des dérivés du tétraméthoxy-2,3,6,7 phénanthrène[30]): **244** ('57) 467–70. — Synthèse des éthoxy-4 tétrahydro-1,2,3,4 isoquinoléines substituées en position 1[34]): 909–11. — Addition de dérivés halogénés sur les allylbenzènes en présence de peroxydes; préparation des ω-bromopropylbenzènes[17])[28]): 1218–20. — Synthèse de dérivés de l'amino-6 tétraméthoxy-2,3,9,10 dibenzo (a,c) cycloheptadiène; passage au tétraméthoxy-2,3,9,10 (a, c) heptatriène[30]): 2518–20. — Synthèse de dérivés de la diméthoxy-6,7 (diméthoxy-3',4'-phényl)-4 isoquinoléine[24])[28]): **245** ('57) 537–39. — Addition du tétrachlorure de carbone sur les allylbenzènes; préparation du phényl-4 dichloro-1,1 butadiène et de quelques-uns de ses dérivés[17]): **246** ('58) 774–77. — Synthèse de dérivés ω-halogénés et aminés du méthyl-9 tétraméthoxy-2,3,6,7 fluorène[30]): 1227–29. — Contribution à l'étude des ω-halogéno et ω-amino-gem-diaryléthanes; dérivés obtenus par condensation du chloracétal et de l'aminoacétal sur l'α-méthoxynaphtalène[8]): 1566–68, 2957. — Sur les éthoxy-4 tétrahydro-1,2,3,4 isoquinoléines et leurs dérivés N-méthylés; ouverture du cycle azoté suivant la réaction d'Hofmann[34]): 1712–14. — Action des amines sur le bi-(chlorométhyl)-2,2' tétraméthoxy-4,5,4',5' biphényle. Synthèse de dérivés N-substitués du tétraméthoxy-2,3,9,10 dibenzo (c,e) dihydro-5,6 azépine[00]): **247** ('58) 1012–14. — Synthèse de l'α-chloronaphtalène et de quelques-uns de ses dérivés à partir des produits d'addition de CCl_4 sur les allylbenzènes[17]): 2380–83. — Méthode générale de synthèse des N-arylaminoacétals diéthyliques α-substitués[11]): **248** ('59) 2602–04. — Sur la synthèse des indoles α-substitués[11]). **249** ('59) 1526–28. — Méthode de synthèse des esters des acides bis-(alcoxyaryl) acétiques symétriques; préparation de l'acide bis-(méthoxy-4 naphtyl-1) acétique et de quelques dérivés[8]): 1761–63. — Synthèse de dérivés orthoformylés des acides diméthoxy-3,4 phénylpropionique et triméthoxy-3,4,5 phénylpropionique[17])[36]): **250** ('60) 2727–29. — Dérivés fluoréniques obtenus à partir de l'acide fluorène carboxylique-4[5]): **251** ('60) 1019f. — Sur la préparation du dérivé orthochlorométhylé du paranitranisole et son utilisation à la synthèse de l'alcool amino-5 méthoxy-2 benzylique[12]): **252** ('61) 894f. — Condensation du diméthyl-3,3 hydroxy-2 butanolide-1,4 sur le benzène. Synthèse de l'acide hydroxy-2 diméthyl-3,3 phényl-4 butyrique et de l'hydroxy-2 diméthyl-3,3 tétralone[8]): 3066–68. — Sur la condensation des acétals sur l'acide gallique; étude du produit obtenu avec le chloracétal diéthylique[8])[32]): **254** ('62) 1811–13. — Synthèse de quelques dérivés α-alcoylés du diméthoxy-3,4 diphénylméthane[7]): **255** ('62) 130–32. — Sur l'hydroxy-2 diméthyl-3,3 tétralone[8]): 2114–16. — Synthèse de l'amino-4 diméthoxy-3',4' phénylthiobenzène et de quelques-uns de ses dérivés N-(aminoacétylés)[30])[10]): **257** ('63) 169–71. — Synthèse de dérivés polyméthoxylés du dibenzo-[b-f], [1-4]-thiazépine[10]): **258** ('64) 1251–54. — Synthèse des acides tétrahydro-1,2,4a,9a et hexahydro-1,2,3,4,4a,9a fluorénone carboxyliques-1 par cyclisation des acides polyhydro-aryl-3 phtaliques correspondants[17])[23]): 1826–29. — Synthèse des acides fluorénone carboxyliques-1; étude de l'acide diméthoxy-6,7 fluorénone carboxylique-1[17])[23]): 2590–92. — Synthèse des diméthoxy-2,3 méthyl-10 phénothiazines[8])[10]): 3504–06. — Sur les diaza-1,2 dihydro-2,3 oxo-3 fluoranthènes obtenus par cyclisation des aryl et acylhydrazones de l'acide fluorénone carboxyliques-1 et de ses esters. Passage aux diaza-1,2 dihydro-2,3 thiocarbonyl-3 fluoranthènes[17])[23]): **259** ('64) 590–93. — Etude des produits de condensation du chloracétal et du dichloracétal diéthyliques sur l'acide gallique[8])[32]): 3571–74; **260** ('65) 927. — Action des organomagnésiens sur les acétals de l'aldéhyde acrylique; nouvelle méthode de synthèse d'aldéhydes[7])[13]): 1191–94. — Contribution à l'étude des dérivés de l'acide cinéolique[7])[35]): 6126–29. — Synthèse de dérivés éthyléniques bromo-vératriques et étude de leur aptitude à former des réactifs de Grignard[6]): **261** ('65) 3833–36; **262C** ('66) 239. — Contribution à l'étude des hydrazides dérivant de l'acide malonique. Synthèse de dérivés de l'acide oxodiazole-1,3,4 éthyloïque-2[25]): **261** ('65) 5520–23.

C. R. hebd. Séances Acad. Sci., Paris, Sér. C Contribution à l'étude des oxadiazoles: Dérivés de l'acide phényl-5 oxadiazole-(1,3,4) éthyloïque-2[25]): **262** ('66) 1583–86. — Synthèse des (éthoxy-2 cyclobutyl) alkyl (ou aryl) carbinols par action des organomagnésiens sur l'éthoxy-2 dihydro-2,3 γ-pyranne[13]): **264** ('67) 216–19. — Action des composés organométalliques sur les acétals α-éthyléniques[8])[13]): 1316–19.

J. Chem. UAR Derivatives of veratrole. Synthesis of homoveratric acid and some substituted diphenylmethane and fluorenone derivatives[1]): **5** ('62) 137–46 [m. arab. Zusammenfassg.].

Procès-verbaux Séances Soc. Sci. physiques et natur. Bordeaux Préparation du bromo-6 et du dibromo-4,6 méthoxy-3 toluène. Action sur le magnesium[26]): **1944/45**, 19–23. – Condensation de l'oxyde d'éthyle α-β-dibromé sur le noyau des éthers phénoliques[9]): **1946/48**, 62–68. – Hydrogénolyse du diéthylamino éthane nitrile en présence du nickel de Raney[26]): 79–87.

Einige Vorlesungsskripten „Chimie organique".

Mit: [1]) A. Aboul Ezz (Aboulezz); [2]) J. Allard; [3]) M. Anglade; [4]) P. Bapsères; [5]) J. Barge; [6]) J. P. Batt; [7]) P. Berçot; [8]) C. Broquet (Broquet-Borgel, Borgel); [9]) L. Calcagni; [10]) P. Catsoulacos; [11]) M. Chastrette; [12]) H. Coudanne; [13]) J. D'Angelo; [14]) J. Ducasse; [15]) N. Duffaud; [16]) R. Durand = [17]) R. Durand-Dran (Dran); [18]) E. Frainnet; [19]) J. Gavarret; [20]) Y. Germain; [21]) R. Golse; [22]) J. Hoch; [23]) G. Lukacs; [24]) M. Mansouri; [25]) R. Milcent; [26]) M. Paty; [27]) –; [28]) R. Pineau; [29]) G. Sicard; [30]) E. Tchiroukhine (Matarasso-Tchiroukhine); [31]) –; [32]) M. F. Touré (Ruasse-Touré); [33]) A. M. Touzin; [34]) N. Vinot; [35]) Vu Moc Thuy; [36]) M. Lecocq.

IV–VI **QUÉNISSET,** Ferdinand Jules. Astron. — 1906–51 Astronome, Observat. C. Flammarion, Juvisy-sur-Orge, Essonne. — 1899 Prix des Dames, '26 Médaille Commémorative, '33 Prix Camille Flammarion, '[?] Prix Dorothéa Klumpke et Isaac Roberts (Soc. Astron. de France); '11 Donohoe Medal (Astron. Soc. of Pacific); '33 Chevalier de la Légion d'Honneur (France); '34 Prix Benjamin Valz (Acad. Sci. Paris).

*1872, Aug. 8, Paris;

†1951, Apr. 8, Juvisy-sur-Orge, Essonne.

Zur Biogr. E. Touchet, Les "Cinquantenaires" de la Société Astronomique de France: L'Astronomie (BSAF) **54** ('40) 51–55.

Nekr. L'Astronomie (BSAF) **65** ('51) 356–60 (m. Bildn.).

W. Annuaire astronomique et météorologique Camille Flammarion pour 1944 (Paris '44) 390 S.; ~ pour 1945 ('45) 15+382 S.

L'Astronomie (BSAF) La "lumière cendrée" de Venus en 1932: **46** ('32) 370f. – Un grand groupe de taches sur le Soleil[20]): **47** ('33) 9, 135. – Observations de la planète Mars: 121f. – Rapprochements remarquables des planètes Mars et Jupiter et de la Lune en 1933: 190–. – Occultation de Régulus par la Lune[17])[18])[7])[21]): 205, 265, 276. – La nouvelle tache blanche de Saturne[11])[8]): 393–96. – La tache blanche de Saturne[11])[9])[10])[24])[13]): 446–51. – La pluie d'étoiles filantes du 9 octobre 1933[u.a.]): 489–514, 575–80. – Utilisation d'un système optique spécial pour photographies d'un hémisphère céleste sur une seule plaque: **48** ('34) 92–. – Enigmatiques fluctuations d'éclat de l'étoile RS Ophiuchi[11])[16])[22]): 137–41. – Tache sombre sur Jupiter[11]): 200. – Observations de la planète Venus 1934: 200f. – Deux causes photographiques possibles des singularités qui entourent l'image de la Nova Herculis sur le cliché du 11 janvier de M. DeKerolyr[1]): **49** ('35) 130–33. – Comparaison des dix dernières novae les plus brillantes: 133–36. – La planète Mars en 1935[12]): 283–85. – Une auréole optique autour de la Nova Herculis: 363–65. – Un petit observatoire astrographique d'amateur à Paris: **50** ('36) 140–43. – La couleur de Nova Herculis 1934[11]): 224f. – Observations et photographies de la comète Peltier (1936 a): 287–89, 393f. – Passages du satellite Titan et de son ombre au devant de la planète Saturne: 395. – La tache rouge de Jupiter[11]): 441. – Disparition des anneaux de Saturne[u.a.]): 465–67. – La Nova de l'Aigle 1936: 478–. – Photographie de la comète Wilk (1937 c): **51** ('37) 143. – La comète Finsler (1937 f): 338f., 393–95. – L'immense tache solaire d'octobre 1937: 480–82. – La comète d'Encke (1937 h): **52** ('38) 27f. – L'aurore boréale du 25–26 janvier 1938[u.a.]): 49–68, 113–25. – La petite planète Eros: 130–32. – Le croissant lunaire d'avril: 232–34. – L'activité du Soleil: 310. – La brillante planète Jupiter: 385–88. – La comète Cosik-Peltier (1939 a): **53** ('39) 54–56, 128f. – L'activité solaire. Deux groupes de taches importants[20]): 320. – Les grands groupes de taches solaires de juillet 1939: 327f. – La comète Rigollet (1939 h): 377f. – L'activité solaire: 419f., 458–60. – Une curieuse et rare disposition des satellites de Jupiter: 422f. – Une phénomène rarissime. Toutes les planètes au dessus de notre horizon[11]): **54** ('40) 25–27. – Photographie de la Nova de la Licorne: 92. – Cinq planètes, groupées dans le ciel et photographiées ensemble[11]): 97f. – Intéressantes conjonctions des cinq principales planètes autour du Soleil le 11 mai 1941[11]): **55** ('41) 14f. – Le crépuscule lunaire: 18f. – La comète Paraskevopoulos (1941 c): 33. – L'aurore boréale du 1er mars 1941[2])[4])[14])[19]): 35. – La comète van Gent (1941 d)[11]): 188. – L'éclipse totale de Lune du 2–3 mars 1942[11]): **56** ('42) 49f., 107–09, 121f. – L'éclipse totale de Lune du 26 août 1942[11]): 145. – Photographie de la Nova Zwicky: 159. – La Nova 86.1942 Puppis[23]): 174. – La nouvelle étoile de la constellation australe de la Poupe[11]): **57** ('43) 1f. – Visibilité extraordinaire de la lumière zodiacale en janvier: 30. – La comète Whipple-Fedtke (1942 g)[11]): 33–36. – La plus grosse tache photographiée à la surface du Soleil: **61** ('47) 96. – Photographie de la grande comète 1948 l[2]): **63** ('49) 33. – Photographie d'un groupe de taches solaires le 11 mars 1947: **64** ('50) 129.

Ciel et Terre Photographie de la comète Whipple-Fedtke-Tevsadse (1942 g = **1943 I**)[5])[3])[15])[6]): **59** ('43) 360f.

C. R. hebd. Séances Acad. Sci., Paris Sur l'apparition d'une tache blanche à la surface de Saturne[11]): **197** ('33) 516f. — L'observation et la photographie des météores du 9 octobre 1933[11]): 978f. — Photographies des variations d'éclat de l'étoile RS Ophiuchi[11]): **198** ('34) 154–56.

Illustration [Paris] Photographie des nuages sous un très grand angle: **189** ('34) 423.

Mit: [1]) J. Baillaud; [2]) F. Baldet; [3]) A. Becvar; [4]) C. Bertaud; [5]) C. Biemans; [6]) E. Delporte; [7]) E. Douillet; [8]) P. Emanuelli; [9]) E. Falbisaner; [10]) C. Fehrenbach; [11]) G. C. Flammarion; [12]) G. Fournier; [13]) P. Gaudemet; [14]) E. Grégoire; [15]) G. Haefner; [16]) E. Loreta; [17]) P. Luizard; [18]) P. Mallet; [19]) C. Maurin; [20]) H. Mémery; [21]) G. Oriani; [22]) E. C. Pickering; [23]) K. Rapp; [24]) L. Roy.

VI **QUERCIGH,** Emanuele. Mineral., Petrogr. — 1920–22 Prof. straord. e Dir. del Gabinetto mineral., Univ. di Sassari; '23–29 Prof. incar., poi Prof. stabile e Dir. della Scuola di Farm. e del Gabinetto di Mineral., Univ. di Palermo; '29–39 Prof. ord. e Dir. del Gabinetto di Mineral., Univ. di Napoli. — Commendatore dell'Ordine della Corona d'Italia.

*1885, Jan. 9, Cividale, Udine; †1939, Apr. 21, Napoli.

Nekr. G. D'Erasmo, Rend. reale Accad. Sci. fisiche e mat., Napoli (4) **9** ('39) 108–16. — C. Perrier, Giorn. Sci. natur. ed econ. Palermo **40**.1938/39 ('40) Nr. 6, 13 S. (m. Bildn. u. Schr.verz. 57 Nrn.).

H. F. Zambonini, Mineralogia Vesuviana [2](Torino '36) (Atti reale Accad. Sci. fisiche e mat., Napoli 20 ('35), Suppl.).

W. Ferruccio Zambonini in memoriam (Napoli '34) 148 S.

Rend. reale Accad. Sci. fisiche e mat., Napoli Sulla presenza della nahcolite al Vesuvio: (4) **7**('37) 19–25. — Sulla termonatrite vesuviana[1]): 239–46.

Mit. [1]) L. Pavone.

VI **QUILICO,** Adolfo Luigi Agostino. Chem. (org.). — 1929–36 Libero Doc., poi Prof. incar., R. Politecnico di Milano; '36–37 Prof. incar. e Dir. dell'Ist. di Chim. generale, Univ. di Parma; '37–43 Prof. incar., poi Prof. ord., Univ. di Firenze; '43–73 Prof. ord. e Dir. dell'Ist. di Chim. generale, '73– Prof. fuori ruolo, Politecnico di Milano; Pres. della Sezione Lombarda, Soc. Chim. Ital. — '77 Dr. h.c. (Univ. di Bologna). — '34 Premio Cagnola (Ist. Lombardo di Sci. e Lettere); '50 Premio Nazionale per la Chimica "Luigi Einaudi" (Accad. dei Lincei, Roma); Medaglia d'oro al Merito della Scuola (Ministero della Pubbl. Istruz.); Grand'Ufficiale dell'Ordine della Repubbl. Ital.; Paul-Karrer-Medaille (Univ. Zürich).

*1902, Nov. 12, Milano.

Zur Biogr. Chimica e Industria **32** ('50) 295 (m. Bildn.).

S. Atti del IV Congresso nazionale di chimica pura ed applicata, Roma 1932 (Roma '33)576–92: Sopra i prodotti di reazione dell'acido nitrico sull'acetilene: Gli azoici del trinitrometano. — Trabajos del IX Congreso internacional de química pura y aplicada, Madrid 1934, **5** (Madrid '36) 308–14: Contributo alla conoscenza dell'origine delle sostanze umiche. — Atti del V Congresso nazionale di chimica pura ed applicata, Sardegna 1935 (Roma '36) 511–13: Sulla struttura dei prodotti di reazione dell'acido nitrico sull'acido citraconico; 514–22: Azione degli acidi alogenidrici sulle arilazoformammidossime. — La chimica in Italia. X Congresso internazionale di chimica, Roma 1938 (N. Parravano) (Roma '38) 361–68: L'alcool butilico e l'acetone di fermentazione. — Atti del X Congresso internazionale di chimica, Roma 1938, **2** (Roma '38) 446–51: Ricerche röntgenografiche sull'aspergillina[56]); **3** ('39) 324–45: Nuove ricerche nella chimica dell'isossazolo. — Conferenze dell'anno XVII [= 1939] (Associazione Italiana di Chimica, Sezione toscana) (Firenze '40): Il problema della produzione sintetica della glicerina. — Proc. 11th International congress of pure and applied chemistry, London 1947, **2** (London '50) 253–58: Sulla preparazione dell'isossazolo[47]); 259–66: Sulla costituzione dell'echinulina[49])[58]). — Gli antibiotici dal punto di vista chimico, naturalistico e farmacologico. Relazioni e discussione (Roma '52): Struttura chimica ed origine degli antibiotici. — Five- and six-membered compounds with nitrogen and oxygen (excluding oxazales) (R. H. Wiley) (NewYork–London '62) (The chemistry of heterocyclic compounds, 17) 1–176, 223–32: Isoxazoles and related compounds.

W. I pigmenti neri animali e vegetali. Esposizione riassuntiva e contributo sperimentale alla conoscenza della loro natura chimica e della loro genesi (Pavia '37) 178 S.

Annales Soc. entomol. France Propriétés biologiques et composition chimique de la pédérine[11])[27])[40])[51]): **1** ('65) 813–16.

Annali Chim. appl. Ricerche sulla fermentazione citrica[10]): **24** ('34) 355–63.

Atti (reale) Accad. nazion. Lincei, Rend. Sopra l'aspergillina, il pigmento delle spore dell'Aspergillus niger, 1[10]): (6) **17** ('33) 93–98; ∼ 2[10]): 177–82. — Ricerche sulla fermentazione citrica con mutanti indotti di "Aspergillus niger"[49])[67]): (8) **6** ('49) 40–48. — Sulla preparazione dell'isossazolo[47]): 168–74. — Sulla diffusione dell'echinulina nelle muffe del gruppo dell'Aspergillus glaucus[11]): **9** ('50) 220–28. — I pigmenti del Deuterophoma tracheiphila[11])[52])[61]): **12** ('52) 650–57. — Sulla struttura della flavoglaucina[11])[49]): **14** ('53) 358–64. — Sul comportamento dei derivati dell'isossazolo di fronte agli alcoolati alcalini: **15** ('53) 357–64. — Sulla struttura dell'echinulina[11])[52]): **17** ('54) 315–22; **22** ('57) 411–17; ~ [11])[13])[14]): **24** ('58) 488–93. — Nuova sintesi dell'isossazolo e del pirazolo[26])[54]): **21** ('56) 253–57. — Sul comportamento chimico dei diisossazoli[26])[54]): **26** ('59) 164–71. — Sul secreto odoroso del formicide Myrmicaria natalensis Fred.[31])[51]): **28** ('60) 293–300. — Attrattilina e attrattiligenina[1])[52])[64]):545–50. — Sull'ossidazione del cicloesano e ciclododecano con ipoazotide[39]):**31** ('61) 357–61. — Sull'azione dell'ipoazotide sui chetoni aliciclici e alifatici[39]): **32** ('62) 155–61. — Sintesi parziali dell'idroechinulina[52])[38]): 162–66. — Sulla costituzione della lucensomicina[26])[5]): **36** ('64) 589–95.

Ber. dtsch. chem. Ges. Chemische Untersuchungen über Aspergillus echinulatus, 1[49]): **76** ('43) 348–58.

Chimie et Industrie Recherches sur la fermentation citrique avec les mutants artificiels de l'Aspergillus niger[49])[67]): **60** ('48) No. spéc. 3bis. — Récents développements de la chimie des produits naturels: La chimie des moisissures et des bactéries: **66** ('51) 49–55, 205–14.

Experientia The secretion of the myriapod Polydesmus collaris collaris (Koch)[13])[44])[51])[54])[59]): **19** ('63) 409–11 [m. italien. Zusammenfassg.]. — A study on the metabolism of some dienoic compounds[70])[16]): **25** ('69) 912– [~]. — Advances in nitrile oxides chemistry: **26** ('70) 1169–83 [~].

Gazz. chim. ital. Sull'azione dei diazocomposti sui composti non saturi, 7: Sopra un nuovo caso di copulazione anomala[21]): **62** ('32) 253–64. — Sull'acetilene e sui derivati isossazolici, 9: Sopra alcuni derivati dell'isossazolo[21]): 436–44; ~ 11: Sulla struttura dei prodotti di reazione dell'acido nitrico sull'acetilene: 505–18; Sull'azione dell'HNO_3 sui composti non saturi, 12: Sulla struttura dei prodotti di reazione dell'acido nitrico sull'acido citraconico: **65** ('35) 1203–13; Sul gruppo dell'isossazolo e sull'azione dell'HNO_3 sui composti non saturi, 13: Sui prodotti di reazione dell'acido nitrico sull'acido citraconico[23]): **66** ('36) 278–86; ~ 14: ≈[23]): 287–93; ~ 15: ≈[23]): 293–99; ~ 16: Sopra il diisossazolchetone[21]): **76** ('46) 3–29; Sui derivati dell'isossazolo da acido nitrico e composti non saturi, 17: Sulla struttura dell'eulite[23])[58]): 30–43; ~ 18: ≈[23])[58]): 87–107; ~ 19: Sul meccanismo di formazione dell'eulite[23]): 195–99; ~ 20: Sopra la γ-isossazolammina[62]): 255–64. — Sui neri di pirrolo, 5: Ricerche sull'ossidazione del pirrolo: **62** ('32) 478–87; ~ 6: Sopra la struttura dei neri di pirrolo: 822–39. — Sopra gli azoici del trinitrometano: 912–27. — Sopra le nitrosocarboidrazine [, 1 **63**]: ('33) 269–79; ~ 2: Acidi idrazo e azoidrossammici[32]): 862–70; ~ 3: ≈[32]): **65** ('35) 201–14; ~ 4: Sopra gli azoidrossaminici[32]): **66** ('36) 19–22. — Sull'aspergillina, 3: Sulla natura del pigmento delle spore dell'Aspergillus niger: **63** ('33) 400–10. — Sopra le azoformammidossime[32]): **64** ('34) 577–83. — Nuove ricerche nel gruppo dell'isossazolo, 4: Azione dei cloruri benzoidrossammici sugli eteri β-chetonici[23]): **67** ('37) 589–603; ~ 5: Le aldeidi isossazoliche[49]): **68** ('38) 411–21; ~ 6: Derivati amminici del tipo alifatico[49]): 625–40; ~ 7: Alcooli primari e aldeidi[49]): **69** ('39) 536–46; ~ 8: Derivati solfonici[32]): **70** ('40) 3–11; ~ 9: Sopra gli acidi isossazolsolfonici[32]): 11–18; ~ 10: Sopra i nitro, ammino e diazoderivati dell'isossazolo[43]): **71** ('41) 327–42; ~ 11: Sopra il dimetilnitroisossazolo[43]): **72** ('42) 399–411. — Sintesi di derivati dell'isossazolo con l'acido fulminico, 1[63]): **69** ('39) 508–23; ~ 2[63]): **70** ('40) 779–88; Sintesi fulminica dei derivati dell'isossazolo, 3[49]): **72** ('42) 155–65; ~ 4: Sopra gli acidi α- e γ-isossazolcarbonici[49]): 458–74; ~ 5: Sopra gli ossidi di nitrili[63]): **76** ('46) 148–66; ~ 6: Azione degli acidi nitrolici sui complessi a triplo legame[62]): 200–14; ~ 7: Acidi nitrolici e composti acetilenici[62]): **77** ('47) 586–95; ~ 8: Acido fulminico e composti acetilenici[65]): **79** ('49) 654–66; ~ 9: Sulle reazioni fra acido fulminico e composti a triplo legame[65]): 703–16. — Sopra i diisossazoli, 1[43]): **70** ('40) 676–85. — Azione dei diazocomposti sull'acido kojco I[43]): **74** ('44) 26–42. — Ricerche chimiche sull'Aspergillus echinulatus, 2: Sulla costituzione dell'echinulina[49])[58]): **78** ('48) 111–35; ~ 3: Struttura della flavoglaucina e della auroglaucina[49])[42]): **79** ('49) 89–111; ~ 4: Sopra alcuni derivati chetonici insaturi dell'idrochinone di struttura analoga alla flavoglaucina[11])[49]): **80** ('50) 325–46; ~ 5: Sintesi della tetraidrodesossiflavoglaucina[49])[46]):610–25; Ricerche chimiche nel gruppo dell'Aspergillus glaucus, 6: Sull'echinulina, 3[11])[52]): **83** ('53) 155–78; ~ 7: ≈ 4[11])[52]): 179–91; ~ 8: Sulla struttura della flavoglaucina: Prodotti di degradazione con H_2O_2 e alcali[11])[65]): 754–73; ~ 10: Sulla struttura della flavoglaucina: Spettri U.V. e I.R. e reazioni cromatiche delle aldeidi idrochinoniche[11]): 1088–105; ~ 11: Sull'echinulina, 5[11])[52]): **85** ('55) 3–33; ~ 12: ≈ 6[11])[52]): **86** ('56) 211–33; ~13: ≈ 7[52])[11]): **88** ('58) 125–48; ~ 14: ≈ 8: Bromoderivati[52])[18]): 1308–18; ~15: ≈9[52])[13])[11]): **90** ('60) 451–75; ~ 16: ≈ 10[13])[52])[11]): 476–500; ~ 17: ≈ 11[13])[15])[52]): **92** ('62) 105–28; ~ 18: ≈ 12[13])[54]): 129–37; ~ 19: ≈ 13: Echinina, un nuovo amminoacido indolico di provenienza naturale[13])[54]): **93** ('63) 349–54. — Ricerche sugli ossidi di nitrili, 1: Nitrilossidi e chinoni[65]): **80** ('50) 140–50; ~ 2: Nitrilossidi e composti a doppico legame [65])[31]): 479–95; ~ 5: Sull'isomeria degli esteri fenilisossazolindicarbonici[31)]: **82** ('52) 140–54; ~ 6: Ossido di benzonitrile e dieni[31)][36)]: 349–61; ~ 11: Sull'isomeria degli esteri fenilisossazolindicarbonici[31)]: **85** ('55) 1250–70; ~ 13: Sull'isomeria degli esteri arilisossazolindicarbonici[31)]: 1449–67. – Ricerche sulla apertura ossidativa di sistemi aliciclici, 1: Acidi bibasici C_{10} derivati dalla decalina[16)][39)]: **87** ('57) 90–99; ~ 2: Acidi bibasici C_9 e C_8 da acidi cicloesanon- e ciclopentanonpropionici[16)][39)]: 100–08. – Sintesi del γ,γ'-diisossazolo e di alcuni suoi derivati α,α'-disostituiti[26)][54)]: 638–47. – Sintesi di isossazolo-isossazoli[26)][38)]: **89** ('59) 571–86. – Acido sebacico, decametilendiammina e acido amminodecanoico da butadiene[3)][17)][39)]: 1390–96. – Azione della idrossilammina sul γ-pirone[50)][4)]: **90** ('60) 903–18. – Sintesi di ottaisossazoli lineari[26)][54)]: 1253–65. – Una nuova sintesi dei 3-cloro-isossazoli[5)][26)][54)]: **91** ('61) 47–64. – Sintesi di spiroisossazoline[2)]: 326–48. – Sopra i 3-isossazoloni[6)][26)]: **92** ('62) 501–18. – Azione della idrossilammina sul 2,6-dimetilpirone[50)][4)]: 1138–40. – Sulla costituzione dell'attrattiligenina[1)][52)][64)]: **93** ('63) 867–915. – Trasposizione di Beckmann delle 3-fenil-2-isossazoline[8)][41)]: **95** ('65) 1115–29 [m. französ. u. engl. Zusammenfassg.]. – Struttura della pederina[11)][27)][40)]: **96** ('66) 3–38 [~]. – Sintesi di 5,3'- e 5,5'-metilendiisossazoli, intermedi per la preparazione di β-tetrachetoni[13)][54)][68)]: 1064–72 [~]. – Sintesi di β-furanoni e di 2,3-diidropironi da α-isossazolilcarbinoli[13)][54)][68)]: 1073–83 [~]. – Struttura della lucensomicina, 1[26)][5)]: 1322–50; ~ 2[26)][5)]: 1351–70; ~ 3[26)][5)][28)][55)]: 1470–91 [~]. – Stuttura dell'attrattiloside[52)][22)][1)][64)]: **97** ('67) 935–54 [~]. – Reazione dei p-chinoni con benzonitrilossido in presenza di BF_3 eterato[41)][54)][60)]: **98** ('68) 891– [~].

Giorn. Chim. industr. ed appl. Sopra l'influenza del ferro sulla fermentazione citrica dell'Aspergillus niger[10)]: **14** ('32) 289–303. – La fermentazione citrica: **16** ('34) 128–40. – La chimica biologica al IX Congresso internazionale: 218–36.

Chimica e Industria Ricerche sulla fermentazione citrica del sorgo[49)]: **19** ('37) 629–34. – Sopra il comportamento dei derivati dell'isossazolo di fronte agli alcoolati alcalini: **27** ('45) 102f. – Giuseppe Bruni†: **28** ('46) 1–. – Il XX Congresso di chimica industriale: 185–87. – La Chimica organica all'XI Congresso internazionale di chimica pura e applicata (London 1947): **30** ('48) 5–. – Ricerche sulla nitrazione del cicloesano in fase di vapore: 135–39. – Alcuni recenti sviluppi della chimica delle sostanze naturali: **33** ('51) 255–. – Reazioni tra nitrile acrilico e alogenoderivati alifatici[34)][39)][48)][69)]: **38** ('56) 371–404. – Sulla costituzione dell'attrattiligenina[1)][52)][64)]: **42** ('60) 876f. – Sulla costituzione dell'echinulina: sintesi del 2-terz. amil-5,7-diisoamiltriptofano[13)][52)][54)]: **43** ('61) 412f. – Pederina e pseudopederina[11)][27)][51)]: 1434–36. – Cattura del benzino con benzonitrilossido. Una nuova sintesi degli indossazeni[39)]: **46** ('64) 428. – Sulla costituzione degli acidi trisporici[7)][8)][9)][40)][53)][59)][60)]: 961–66. – Nuova sintesi di β-polichetoni: 1,5-dibenzoilacetilacetone[13)][54)][68)]: **47** ('65) 993. – Stereochimica dell'attrattiligenina[52)][40)][1)][64)][37)]: **48** ('66) 371–73. – Struttura del trisporone e dell'anidrotrisporone[8)][9)][30)][40)][41)][53)][60)]: **49** ('67) 748–51. – La chimica degli ossidi di nitrili: **53** ('71) 157–73.

J. amer. chem. Soc. Permanganate oxidation of ergosterol[20)][45)][57)][66)][19)]: **75** ('53) 4066–71.

Nature [London] Structure of flavoglaucin and auroglaucin[49)][42)]: **164** ('49) 26f. – A new reaction of ethylenic double bonds[65)][31)]: **166** ('50) 226f.

Organic Preparat. and Procedures Preparation and reactivity of 2-nitroso-2-nitrocyclohexanone[39)]: **1** ('69) 5–.

Problemi attuali Sci. e Cultura Alcune nuove prospettive nella lotta contro gli insetti nocivi: **58** ('62) 57–71.

Rend. Accad. nazion. XL Struttura dell'attrattiloside[52)][22)][1)][64)]: (4) **18/19**. 1967/68 ('[?]) 59–76. – Reazione dei p-chinoni con benzonitrilossido in presenza di BF_3 eterato [41)][54)][60)]: **20/21**.1969/70 ('72) 5–18 [m. französ. u. engl. Zusammenfassg.].

Rend., (Reale) Ist. lombardo Sci. e Lettere Sui neri di pirrolo, 6: Sopra la struttura dei neri di pirrolo: (2) **65** ('32) 737–54. – Gli azoici del trinitrometano, una nuova classe di sostanze esplosive: 855–69. – Sull'aspergillina, 3: Sulla natura del pigmento delle spore dell'Aspergillus niger: **66** ('33) 758–70. – Nuove ricerche nel gruppo dell'isossazolo, 1[23)]: **69** ('36) 439–57; ~ 2: I derivati alogenati[32)]: 587–601. – Sul gruppo dell'isossazolo e sull'azione dell'acido nitrico sui composti non saturi, 16: Sopra il diisossazolchetone[21)]: (3) **78** ('44/45) 113–40. – Nitrilossidi e composti eninici[31)]: **88** ('55) 990–99. – Ricerche chimiche sui formicidae: Sostanze prodotte dal Lasius (Chthonolasius) umbratus Nyl.[52)][51)]: **91** ('57) 271–79.

Rend., Ist. lombardo Sci. e Lettere, A Sulla isomeria cis trans delle Δ^2-isossazoline[31)][25)]: **93** ('59) 407–94.

Rend., Ist. lombardo Sci. e Lettere, Parte gen. e Atti uffic. Mario Giacomo Levi, Commemorazione: (3) **87** ('54) 209f.

Res. Progr. organic-biol. and med. Chem. The constitution of echinulin: **1** ('64) 225–57.

Ricerca sci. Sintesi del nucleo isossazolico da acido fulminico e composti a triplo legame[63)]: **10** ('39) 470f. – Sulla dendrolasina[52)][51)]: **26** ('56) 177–80. – Centro di Studio per la Chimica delle Sostanze Naturali, Milano: **40** ('70) 655–59.

Tetrahedron The structure of dendrolasin[52)][51)]: **1** ('57) 177–85. – Synthesis of tetrahydro- and perhydro-dendrolasin[31)][52)]: 186–94. –

Synthesis of 5,5'-bi-isoxazole[26)38)]: **2** ('58) 359f. – The structure of periplanetin[52)51)35)]: **5** ('59) 10–14. – Polyisoxazoles[26)54)]: **7** ('59) 24–30.

Tetrahedron Letters The constitution of echinulin[11)13)52)]: **1959**, No. 16, 1–8. – Addition reaction of nitrile oxides on cyclo-olefins[2)31)33)]: **1961**, 89–91. – Addition reaction of nitrile oxides on aromatic nitrosoderivatives; a novel synthesis of the benzimidazole ring[39)24)]: **1963**, 785–90. – Beckmann rearrangement of 3-phenyl-2-isoxazolines[8)41)]: 1959–64. – The structure of atractyligenin[52)1)64)37)]: **1965**, 1829–36. – The structure of pederin[11)27)40)]: 2537–45. – Some synthetic applications of the reaction of reductive opening of the isoxazole ring[13)54)68)]: **1966**, 233–38. – The structure and stereochemistry of atractyligenin[52)40)1)64)37)]: 515–. – The structure of lucensomycin, 1[26)5)]: 3559–65; ~ 2[26)5)28)55)]: 3567–71. – The structure of pederone[11)27)60)]: **1967** 4023–25. – Free radical reactivity of nitriloxides: 1,3-addition[12)39)]: **1970**, 3633–36.

Tetrahedron Suppl. The structure of trisporic-C acid[7)8)9)40)53)59)60)]: **7** ('66) 175–87. – The structure and stereochemistry of atractyligenin[52)40)1)64)37)]: **8** ('66) Nr. 2, 515–29.

Ferner einige weitere Beiträge in Kongreßberichten. – Wiedergabe des Eröffnungsvortrags für das Studienjahr 1948/49 beim Politecnico di Milano: "Le recenti conquiste della chimica organica nei loro riflessi sulla industria chimica" sowie einer Gedenkrede auf Giuseppe Bruni am Politecnico di Milano.

Mit: 1) T. Ajello; 2) N. Barbulescu; 3) G. Boffa; 4) P. Bovina; 5) P. Bravo; 6) S. Cabiddu; 7) L. Caglioti; 8) G. Cainelli; 9) B. Camerino; 10) A. di Capua; 11) C. Cardani; 12) T. Caronna; 13) G. Casnati; 14) B. Cavalleri; 15) R. Cavalleri; 16) G. P. Chiusoli; 17) D.Costabello; 18) M. Dubini; 19) L.F. Fieser; 20) M. A. Fieser; 21) M. Freri; 22) C. Fuganti; 23) R. Fusco; 24) R. Galli; 25) C. Gandini; 26) G. Gaudiano; 27) D. Ghiringhelli; 28) B. T. Golding; 29) –; 30) P. Grasselli; 31) P. Grünanger; 32) R. Justoni; 33) M. R. Langella; 34) M. de Maldê; 35) E. Mantica; 36) R. Mazzini; 37) A. Melera; 38) L. Merlini; 39) F. Minisci; 40) R. Mondelli; 41) S. Morrocchi; 42) E. Mugnaini; 43) C. Musante; 44) G. Nencini; 45) A. Nickon; 46) R.A. Nicolaus; 47) G. Palazzo; 48) U. Pallini; 49) L. Panizzi; 50) F. Parisi; 51) M. Pavan; 52) F. Piozzi; 53) A. Prieto; 54) A. Ricca; 55) R. W. Rickards; 56) M. A. Rollier; 57) W. E. Rosen; 58) V. Rosnati; 59) T. Salvatori; 60) A. Selva; 61) P.Serivani; 62) M. Simonetta; 63) G. Speroni; 64) V. Sprio; 65) G. Stagno d'Alcontres; 66) E. J. Tarlton; 67) N. Visconti di Modrone; 68) P. Vita-Finzi; 69) E. Volterra; 70) G. Agnès.

VI **QVIST,** Walter Gunnar Theodor. Chem. Technol. – 1922–26 Doz., '22–60 Dir. d. Inst. f. techn. Chem., '26–60 ord. Prof., '28–54 Dekan d. Chem.-Techn. Fak., '42–48 Prorektor, Åbo Akad., Turku (= Åbo); '27–60 Prof. Chem. u. Warenkunde, '27–29 Prorektor, '29–57 Rektor, Handelshögskolan vid Åbo Akad., Turku; '21–24 Sekretär, '25, '28, '31, '33, '41–42, '49 Vorsitzender, Chem. Ges. in Turku. – '58 ED. [Dr. rer. oec.] h.c. (Handelshögskolan vid Åbo Akad., Turku).

*1890, Juli 19, Helsinki;

†1961, Febr. 8, Turku.

Nekr. J. Salin, Årsskr. Åbo Akad. **45/46**, 1960/62 ('63) 110–14 (m. Bildn.).

Zur Biogr. C.-E. Sundman, Åbo akademis lärare och tjänstemän 1918–1968 (Åbo '68) 174f. (m. Bildn.).

S. Festskrift tillägnad J. Arvid Hedvall, den 18 Januari 1948 (Göteborg '48) 499–504: Einige Kristallisationsversuche mit übersättigten Lösungen [ ].

W. Syntetiska produkter och ersättningsämnen (Helsinki '42) (Skriftserie utgiven av Handelshögskolan vid Åbo akademi, B:1). – Om aerosoler, deras allmänna egenskaper samt tekniska och militära betydelse (Helsinki '43) 25 S. (~ B:3). – Drag ur Finlands industriella expansion 1920–38 (Helsinki '43) 29 S. (~ B:4). – Drag ur den industriella utvecklingen i Finland sedan slutet av 1930-talet (Åbo '57) 31 S. (~ B:14).

Acta Acad. åboensis, Math. et Physica Untersuchungen über die kernsubstituierten Chlorderivate des p-Cymols: **6** ('32) Nr. 14, 28 S. – Hydratstudien, 1: Natriumsulfat: **7** ('33) Nr. 15, 45 S. [schwed. m. deutscher Zusammenfassg.]; ~ 2: Natriumacetat: **9** ('36) Nr. 2, 20 S. [~]. – Die kernsubstituierten Chlorderivate des Isopropylbenzols[13)]: **8** ('35) Nr. 4, 32 S. – Die kernsubstituierten Bromderivate des Isopropylbenzols: **10** ('37) Nr. 5, 41 S. – Qualitative Trennung der isomeren kernsubstituierten Tetrabromnitrotoluole[11)2)14)]: **12** ('40) Nr. 1, 17 S. – Die kernsubstituierten Bromderivate des p-Cymols[11)2)16)14)]: Nr. 7, 27 S. – Über die Konstitution der 2-Halogendinitro-p-cymole[6)]: **13** ('42) Nr. 10, 16 S. – Über die Konstitution der 3-Halogendinitro-p-cymole und des Dinitrothymols[9)]: Nr. 12, 10 S. – Die kernsubstituierten Bromderivate des o-Cymols[1)6)12)9)]: **14** ('44) Nr. 1, 36 S. – Über die Konstitution der niedriger schmelzenden festen Nitrierungsprodukte der 3-Halogen-p-cymole[9)]: Nr. 3, 9 S. – Die kernsubstituierten Chlorderivate des m-Cymols: **15** ('46) Nr. 5, 21 S. – Über die Einwirkung des Ammoniaks und verschiedener Stickstoffbasen auf aromatische Halogendinitro-Verbindungen, 1: 6-Halogen-2,3-dinitro-p-cymol: **16** ('49) Nr. 1, 14 S.; ~ 2: 4-Brom-2,3-dinitrotoluol: **19** ('54) Nr. 1, 12 S.; ~ 3: 3,6-Dichlor-1,2-dinitrobenzol: Nr. 4, 12 S,; ~ 4: 4,5-Dichlor-1,2-dinitrobenzol: Nr. 5, 16 S.; ~ 5: 2,3,5,6-Tetrachlor-1,4-dinitrobenzol[7)]: **20** ('55/56) Nr. 6, 12 S.; ~ 6: 2,6-Dichlor-1,4-dinitrobenzol[10)]: Nr. 13, 12 S.; ~ 7: 2,3,5,6-Tetrabrom-1,4-dinitrobenzol[15)]: **21** ('57/60)

Nr. 15, 12 S.; ~ 8: 2,6-Dibrom-1,4-dinitrobenzol[4]): Nr. 18, 16 S. — Neue Untersuchungen über die kernsubstituierten Halogenderivate des Isopropylbenzols: **17** ('51) Nr. 6, 10 S. — Über einige Bromierungen aromatischer Kohlenwasserstoffe mit N-Bromsuccinimid: **18** ('52) Nr. 7, 15 S. — Über das 3,5-Dinitro-p-cymol und einige verwandte Verbindungen: **19** ('54) Nr. 12, 14 S. — Über einige aus dem p-Cymol dargestellte Indazolverbindungen[3]): **22** ('60/62) Nr. **3**, 7 S.

Chalmers tekn. Högskolas Handl. Beiträge zur industriellen Entwicklung in Finnland: **5** ('42) Kemi och kemisk teknologi Nr. **3**, 22 S. [schwed.].

Finska Kemistsamfundets Medd. Ossian Aschans publizierte Schriften: **52** ('43) 210–28 [schwed.]. — Bestimmung von Halogen in organischen Verbindungen[5]): **64** ('55) 68–72 [ ].

IVA Das neue chemische Laboratorium der Akademie Åbo: **23** ('52) 31–34 [schwed.].

Liebigs Ann. Chem. Über Pyrensynthesen: **532** ('37) 302.

Teknisk Tidskr. Nebel und Stäube (Aerosole): **73** ('43) Nr. 33, 65–72 [schwed.].

Z. anorg. u. allg. Chem. Über die Pufferwirkung von Woframatlösungen[8]): **205** ('32) 87–94.

Mit: [1]) G. A. Ahlgren; [2]) G. Forssell; [3]) J. Gardshol; [4]) G. Grönroos; [5]) T. Holmström; [6]) L. Kajander; [7]) G. Lindroos; [8]) A. Lund; [9]) M. Moilanen; [10]) E. O. Nermes; [11]) L. Nyman; [12]) N. Sahlberg; [13]) A. Salo; [14]) R. Swanljung; [15]) H. Wikman; [16]) O. Reims.